输电线路测量与新技术应用

张中原　王建立　孙建勇　王绍宏　著

黄河水利出版社
·郑州·

内 容 提 要

本书以河南省电力勘测设计院在多年的架空输电线路工程中总结出来的工作经验及作业模式为参考,依据架空输电线路勘测、设计及施工规范,对各种作业方法进行总结、分析,并对每一种作业方法进行了较为详尽的阐述。

全书共分九章,第1章为概述,介绍了输电线路测量的作用及测量新技术;第2章讲述了输电线路常规测量技术;第3章讲述了输电线路卫星定位测量技术的基本知识及基本原理;第4章介绍了输电线路摄影测量与遥感技术;第5章详细介绍了输电线路的规划设计;第6章介绍了输电线路三维优化测量技术;第7章详细介绍了输电线路施工图设计阶段的测量方法;第8章详细介绍了输电线路施工测量的方法等;第9章介绍了输电线路三维地理信息系统及其在工程规划、设计中的应用。

本书可供架空输电线路工程勘测、设计、施工、检测技术人员及科研、教学人员阅读参考。

图书在版编目(CIP)数据

输电线路测量与新技术应用 / 张中原等著. —郑州:黄河水利出版社,2012.7

ISBN 978-7-5509-0307-4

Ⅰ.①输… Ⅱ.①张… Ⅲ.①输电线路测量 Ⅳ.①TM75

中国版本图书馆 CIP 数据核字(2012)第 161363 号

出 版 社:黄河水利出版社

地址:河南省郑州市顺河路黄委会综合楼 14 层　　邮政编码:450003

发行单位:黄河水利出版社

发行部电话:0371-66026940、66020550、66028024、66022620(传真)

E-mail:hhslcbs@126.com

承印单位:河南省瑞光印务股份有限公司

开本:787 mm×1 092 mm　1/16

印张:13.25

字数:306 千字　　印数:1—1 000

版次:2012 年 7 月第 1 版　　印次:2012 年 7 月第 1 次印刷

定价:39.00 元

前 言

随着国民经济及电力工业的高速发展,大电网的格局已经形成。作为电力工业基础设施之一的电网,由于电压等级逐步升高,输电线路走廊日益狭窄,因此在可研、初设、施工图设计及施工阶段的难度也越来越大,这就对测量的设计工作提出了更加严格的要求。

测量作为工程勘测设计的基础专业,是一门实践性很强的学科,来源于实践,服务于实践。它依靠各门成熟的学科理论,解决工程测量中各种复杂的实践问题。架空输电线路测量是一种集勘测、设计、施工、检测于一体的实践性极强的测量技术手段,利用各种不同的测量方法来解决在工程中所遇到的不同的问题,在现场发现问题并找出最合理、简便快捷的测量方法,以尽量减少野外工作量,降低测量工作的难度。

高密度的电网建设为架空输电线路测量提供了丰富的实践机会。近十几年来,由河南省电力勘测设计院负责完成的架空输电线路工程的电网建设涵盖了河南及周边部分地区,由于每个工程的地理位置、地形地貌、高压走廊的通畅程度都不尽相同,在作业过程中,每位作业人员对作业方法的理解都不尽相同,同样的地形情况在作业方法上都不尽相同,因此从这点上说,各种方法的结合应用更值得研究和学习。更重要的是,它能为读者提供以综合分析为方向的思路,提供丰富且宝贵的工程经验,使工作人员在野外测量过程中,能快速应对各种情况,顺利完成野外的测量工作。

参与本书编撰的各位高级工程师均饱含热忱,希望把多年的忙碌与思考沉淀成珍贵的资料,使之成为可与业内同行共享的财富。在此过程中,我们再次认识到将理论知识与实践相结合的重要性和必要性,也体验到了能对本专业理论的丰富与进步有所贡献而获得的一丝成就感。

本书由张中原、王建立、孙建勇、王绍宏著。在资料收集和整理过程中,得到了河南省电力勘测设计院线路部的大力支持,也得到了河南省电力勘测设计院勘测工程部的积极配合。河南省电力勘测设计院王宇教授级高级工程师对本书编撰工作给予了具体指导和大力支持,在此一并表示感谢。

限于作者水平和经验,不当之处在所难免,敬请读者批评指正。

作 者

2012 年 3 月

目 录

第1章 概 述

§1.1 测量工作的任务及其在输电线路工程中的作用

1.1.1 测量学的任务和作用

测量学研究的对象主要是地球的形状、大小和地球表面上各种物体的几何形状及其空间位置,主要任务是测定地球表面上各种物体的点位和几何形状,并绘制成图,以及测定和研究地球的形状与大小。

随着科学技术的发展,测量学已发展为多门学科。按照研究对象和研究范围的不同,测量学可划分为以下几门学科:

(1)大地测量学:该学科主要研究在广大区域内建立国家大地控制网,测定地球形状、大小和地球重力场的理论、技术与方法。

(2)地形测量学:该学科主要研究测绘地形图的基本理论、技术与方法。地形测量学的任务就是将地球表面的地物和地貌测绘成按一定比例尺和图式符号表示的地形图。

(3)摄影测量学:该学科主要研究如何利用光学或数码摄影机摄影得到的影像,确定被摄物体的形状、大小、位置、性质和相互关系。

(4)工程测量学:该学科主要研究城市建设、道路、水利枢纽、农田水利、军事、工业与民用建筑等工程建设在勘测设计、施工放样、竣工验收和运营管理等各个阶段的测绘工作。这门学科的主要任务有三方面,即:把地面上的情况描绘到图纸上,把图纸上设计的建筑物放样到地面上,以及观测建筑物施工过程中和竣工后产生的各种变化或变形。

(5)制图学:该学科主要利用测量所得的资料,研究如何投影编绘成地图,以及地图制作的理论、工艺技术和应用等。

以上各门学科,既自成系统,又密切联系、互相配合。

1.1.2 测量工作在输电线路工程中的作用

输电线路工程建设离不开测量工作,输电线路测量属于工程测量学的范畴,它的主要任务是:

(1)为输电线路工程的规划设计提供所需的地形资料,规划时需提供中、小比例尺地形图及有关信息,从而进行线路路径方案的优化设计。

(2)在工程施工设计阶段,按照设计要求,测量并绘制线路的平断面图,进行杆塔排位设计,测量并绘制塔基断面图及塔基地形图,进行杆塔基础设计。

(3)在施工过程中及工程建成后的运行管理中,都需要对杆塔位置、基础进行施工放样,对线缆进行观测,确保工程的安全。

§1.2　输电线路测量新技术发展概况

近些年来,我国测量技术进步很大,发展很快,取得了显著成绩。在输电线路测量中,我们充分利用了控制测量技术、地形图测绘技术、全站仪数字测图技术、GPS 技术、高分辨率航空摄影测量及遥感技术、机载激光雷达系统、水下测绘系统等,使传统的手工测量向电子化、数字化、自动化方向发展。

在输电线路工程的勘测设计、施工和管理各个阶段,测量工作直接影响着工程的进度与质量,因此测量科学与技术的发展及应用、测绘方式的多样化和集成化、测绘过程的自动化和实时化,以及测绘成果的数字化和可视化,是当今测绘最主要的特点。

1.2.1　输电线路全站仪数字测图技术

1.2.1.1　全站仪数字测图

在输电线路工程勘测设计及施工过程中,传统作业方式主要是手工作业,即野外测量人工记录,人工绘制平断面图、塔基断面图、塔位地形图及拆迁分图等;数字测图则是野外测量自动记录,自动解算处理,自动成图、绘图,并向用图者提供可供处理的数字地图,用户可自动提取各种信息,实现测图过程的自动化。

1.2.1.2　测量方法的拓展应用

在输电线路测量过程中,线路的选、定线测量,平断面测量,定位及辅助测量等方面,可以利用全站仪的各种优势,采用新的测量方法,如三角形法、导线法、无定向导线法、交会法等,充分发挥全站仪的作用,提高工作效率,减少外业工作量。

1.2.2　GPS 技术

随着科技的进步,测绘科学无论在理论上,还是在生产实践中,都发生了巨大的变化。GPS 技术因其高精度、全天候、高效率、多功能、操作简便、应用广泛等显著特点,已被广泛应用于测量领域的各个方面,具有广泛的发展和应用前景。

1.2.2.1　利用 GPS 建立平面高程控制网

随着差分 GPS 定位技术的发展与应用,不仅高等级的首级网和加密网,而且航空摄影测量像控点的测定也广泛采用了 GPS。在输电线路测量中,通常利用 GPS 进行控制网的布置及测量工作。

1.2.2.2　RTK GPS 测量技术

RTK GPS 测量技术是一种先进的测量技术手段,能给测量工作带来极大的方便。利用 RTK GPS 进行测量,可以提高效率,降低成本;在精度要求高的情况下,可以结合全站仪(水准仪)进行工作,克服外业的通视条件、测站测定等方面的限制,极大地降低了测绘人员的劳动强度。

1.2.2.3 CORS 技术

连续运行卫星定位系统(CORS)具有操作简便、成本低、精度高、实时性强、覆盖广等优点,特别是CORS内网络RTK测量功能的实现改变了传统测量作业模式,可以极大地提高测量的工作效率。

1.2.3 航空摄影测量及遥感技术

航空摄影测量及遥感技术是当今科技发展的一项前沿技术,作为基于影像的空间信息科学,是地球空间信息学(Geospatial Information Science)的核心。地球空间信息学是空间数据的采集、量测、分析、存储、管理、显示和应用的集成科学与技术,属于现代空间信息科学与技术范畴。

近年来,在输电线路工程测量中,充分利用航空摄影测量及遥感技术的发展成果,在输电线路路径的优化、线路平断面图的成图、线路的三维可视化等方面,航空摄影测量及遥感技术都得到了较多的应用和发展。

1.2.4 机载激光雷达系统

机载激光雷达系统是近几十年来摄影测量与遥感领域最具革命性的成就之一,是目前最先进的对地摄影测量系统。在DGPS、IMU支持下,激光扫描系统通过激光扫描器和距离传感器,经由计算机对测量资料进行内部处理,显示或存储、输出距离和角度等资料,并与距离传感器获取的数据相匹配,经过相应软件进行一系列处理来获取被测目标的表面形态和三维坐标数据,从而进行各种量算或建立立体模型。

1.2.5 水下测绘系统

水下测绘系统是一种移动测绘系统,主要由GPS接收机、自动测深仪、数据采集软件和通信设备等组成,平面测绘精度取决于GPS的作业方式和接收机的性能,高程精度则与测深仪有关。

第2章　输电线路常规测量技术

§2.1　输电线路测量基本知识

2.1.1　地球形状

测绘工作的主要研究对象是地球的自然表面。地球表面形状十分复杂。通过长期的测绘工作和科学调查,了解到地球表面上海洋面积约占71%,陆地面积约占29%,世界第一高峰珠穆朗玛峰高达8 844.43 m,而在太平洋西部的马里亚纳海沟深达11 034 m。尽管有这样大的高低起伏,但相对地球庞大的体积来说仍可忽略不计。因此,测量中把地球总体形状看做是由静止的海水面向陆地延伸所包围的球体。

地球上的任一点,都同时受到两个作用力,其一是地球自转产生的离心力,其二是地心引力。这两种力的合力称为重力,重力的作用线又称为铅垂线(见图2-1(a))。

铅垂线是测量工作的基准线。用细绳悬挂一个垂球G,其静止时所指示的方向即为悬挂点O的重力方向,也称为铅垂线方向(见图2-1(b))。

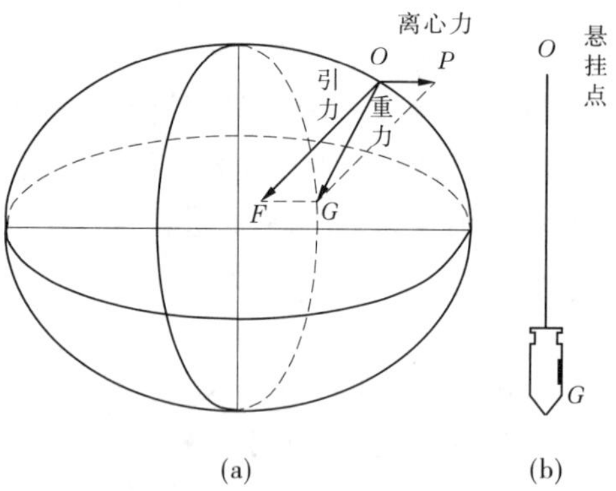

图2-1　铅垂线及其方向

处于自由静止状态的水面称为水准面。由物理学知识知道,这个面是一个重力等位面,水准面上各点处处与点的重力方向(铅垂线方向)垂直。在地球表面上、下重力作用的范围内,通过任何高度的点都有一个水准面,因而水准面有无数个。

在测量工作中,把一个假想的、与静止的海水面重合并向陆地延伸且包围整个地球的特定重力等位面称为大地水准面。通常用平均海水面代替静止的海水面。大地水准面所包围的形体称为大地体。

大地水准面和铅垂线是测量外业所依据的基准面和基准线。

由于地心引力的大小与地球内部的质量有关,而地球内部的质量分布又不均匀,因此地面上各点的铅垂线方向产生不规则的变化。大地水准面(见图2-2)实际上是一个略有起伏的不规则曲面,无法用数学公式精确表达。

长期的测量实践和研究表明,地球形状极近似于一个两极稍扁的旋转椭球(见图2-3),即一个椭圆绕其短轴旋转而成的形体。而其旋转椭球面是可以用较简单的数学公式准确地表达出来的。在测量工作中就是用这样一个规则的曲面代替大地水准面作为测量计算

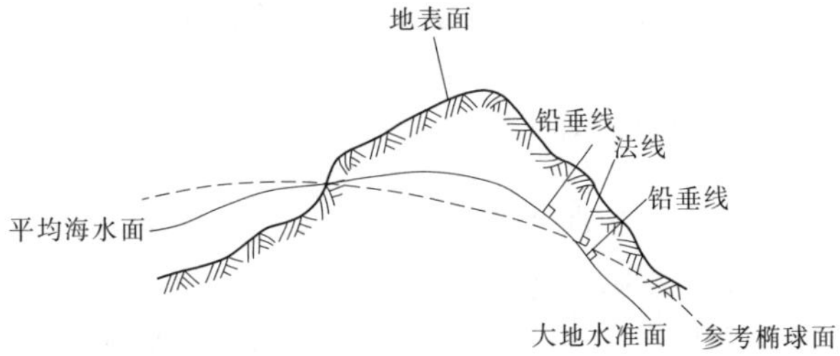

图 2-2　**大地水准面**

的基准面。

世界各国通常均采用旋转椭球代表地球的形状，并称其为地球椭球。测量中把与大地体最接近的地球椭球称为总地球椭球，把与某个区域如一个国家大地水准面最为密合的椭球称为参考椭球，其椭球面称为参考椭球面。由此可见，参考椭球有许多个，而总地球椭球只有一个。

椭球的形状和大小是由其基本元素决定的。椭球体的基本元素是：长半轴 a、短半轴 b、扁率 $\alpha=\dfrac{a-b}{a}$。

我国 1980 年国家大地坐标系采用了 1975 年国际椭球，该椭球的基本元素是：$a=6\ 378\ 140$ m，$b=6\ 356\ 755.3$ m，$\alpha=1/298.257$。

根据一定的条件，确定参考椭球面与大地水准面的相对位置所做的测量工作，称为参考椭球的定位。在一个国家的适当地点选一点 P，设想大地水准面与参考椭球面相切，切点 P' 位于 P 点的铅垂线方向上，这样椭球面上 P' 点的法线与该点对大地水准面的铅垂线重合，并使椭球的短轴与地球的自转轴平行，且椭球面与这个国家范围内的大地水准面差距尽量地小，从而确定了参考椭球面与大地水准面的相对位置关系，这就是参考椭球的定位（见图 2-4）。

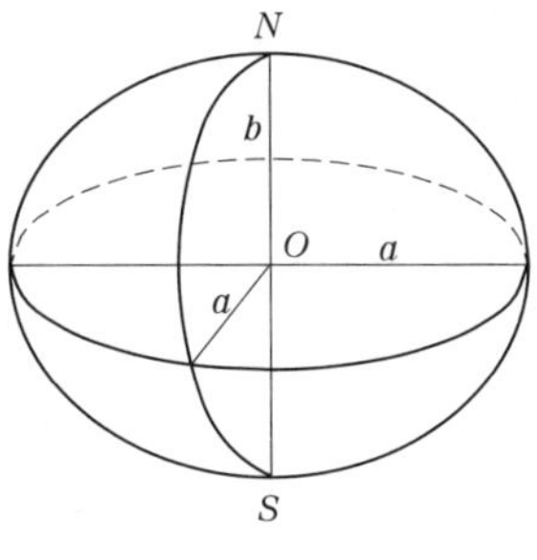

图 2-3　**旋转椭球**

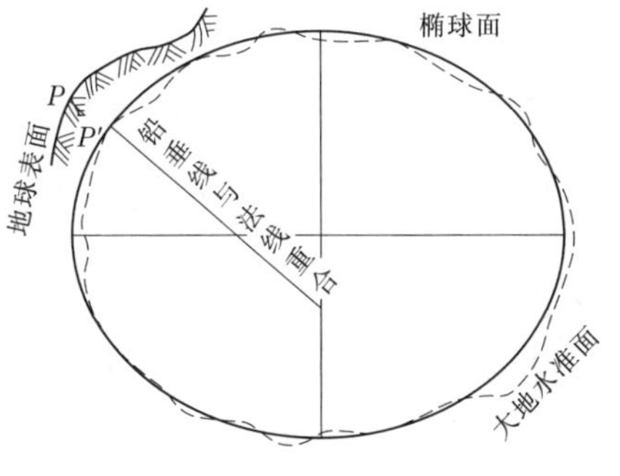

图 2-4　**参考椭球的定位**

这里，P 点称为大地原点。我国大地原点位于陕西省泾阳县永乐镇，在大地原点上进行了精密天文测量和精密水准测量，获得了大地原点的平面起算数据，以此建立的坐标系称为 1980 西安坐标系。

由于参考椭球的扁率很小，在普通测量中可把地球看做圆球体，其平均半径为

$$R = \frac{1}{3}(a + a + b) \approx 6\ 371 \text{ km}$$

2.1.2　用水平面代替水准面的限度

实际测量工作中，在一定的测量精度要求和测区面积不大的情况下，往往以水平面直接代替水准面。因此，应当了解地球曲率对水平距离、水平角、高差的影响，从而决定在多大面积范围内容许用水平面代替水准面。在分析过程中，将大地水准面近似看成圆球，半径 $R = 6\ 371$ km。

2.1.2.1　水准面曲率对水平距离的影响

在图 2-5 中，AB 为水准面上的一段圆弧，长度为 S，所对圆心角为 θ，地球半径为 R。自 A 点作切线 AC，长度为 t。如果将切于 A 点的水平面代替水准面，即以切线段 AC 代替圆弧 AB，则在距离上将产生误差 ΔS

$$\Delta S = t - S$$

式中

$$t = R\tan\theta$$

$$S = R\theta$$

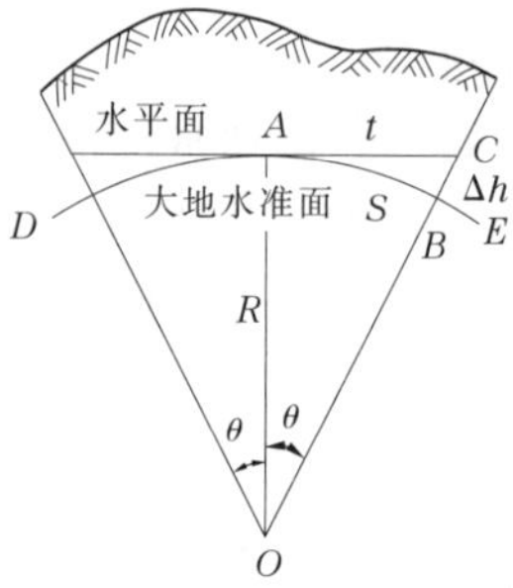

图 2-5　用水平面代替水准面

则

$$\Delta S = R\left(\frac{1}{3}\theta^3 + \frac{2}{15}\theta^5 + \cdots\right)$$

（注：根据三角函数的级数公式，即 $\tan\theta = \theta + \frac{1}{3}\theta^3 + \frac{2}{15}\theta^5 + \cdots$）

因角值一般很小，故略去五次方以上各项，并以 $\theta = \frac{S}{R}$ 代入，则得

$$\Delta S = \frac{1}{3}\frac{S^3}{R^2} \quad 或 \quad \frac{\Delta S}{S} = \frac{1}{3}\frac{S^2}{R^2} \tag{2-1}$$

当 $S = 10$ km 时，$\frac{\Delta S}{S} = \frac{1}{1\ 217\ 700}$，小于目前精密距离测量的容许误差。因此，可得出结论：在半径为 10 km 的范围内进行距离测量工作时，用水平面代替水准面所产生的距离误差可以忽略不计。

2.1.2.2　水准面曲率对水平角的影响

由球面三角学知识知道，同一个空间多边形在球面上投影的各内角之和，较其在平面上投影的各内角之和大一个球面角超 ε''，它的大小与图形面积成正比，公式为

$$\varepsilon'' = \rho''\frac{P}{R^2} \tag{2-2}$$

式中，P 为球面多边形面积；R 为地球半径；$\rho'' \approx 206\ 265''$。

当 $P = 100\ \text{km}^2$ 时，$\varepsilon'' = 0.51''$。

由上式计算表明，对于面积在 100 km^2 内的多边形，地球曲率对水平角的影响只有在最精密的测量中才考虑，一般测量工作是不必考虑的。

2.1.2.3　水准面曲率对高差的影响

图 2-5 中 BC 为水平面代替水准面产生的高差误差。令 $BC=\Delta h$，则

$$(R+\Delta h)^2 = R^2 + t^2$$

即

$$\Delta h = \frac{t^2}{2R+\Delta h}$$

上式中可用 S 代替 t，Δh 与 $2R$ 相比可略去不计，故上式可写成

$$\Delta h = \frac{S^2}{2R} \tag{2-3}$$

式(2-3)表明，Δh 的大小与 S 的平方成正比。当 $S=1$ km 时，$\Delta h=8$ cm。因此，地球曲率对高差的影响，即使在很短的距离内也必须加以考虑。

综上所述，在面积为 100 km^2 的范围内，进行水平距离或水平角测量，都可以不考虑地球曲率的影响，在精度要求较低的情况下，这个范围还可以相应扩大，但地球曲率对高差的影响是不能忽视的。

2.1.3　测量坐标系

为了确定地面点的空间位置，需要建立测量坐标系。一个点在空间的位置，需要三个量来表示。

在一般测量工作中，常用地面点的空间大地经度、纬度（或高斯平面直角坐标）和高程表示，它们分别从属于大地坐标系（或高斯平面直角坐标系）和指定的高程系统，即用一个二维坐标系（椭球面或平面）与一个一维坐标系的组合来表示。

2.1.3.1　大地坐标系

地面上的物体大多具有空间形状，例如丘陵、山地、河谷、洼地等。为了研究空间物体的位置，数学上采用投影的方法加以处理。如上所述，一个点在空间的位置，需要三个量来确定。在测量工作中，这三个量通常用该点在基准面（参考椭球面）上的投影位置和该点沿投影方向到基准面（一般实际应用中是大地水准面）的距离来表示。

在图 2-6 中，NS 为椭球的旋转轴，N 表示北极，S 表示南极。通过椭球旋转轴的平面称为子午面，而其中通过格林尼治天文台的子午面称为起始子午面。子午面与椭球面的交线称为子午圈，也称为子午线。通过椭球中心且与椭球旋转轴正交的平面称为赤道面，它与椭球面相截所得曲线称为平行圈或纬圈。起始子午面和赤道面，是在椭球面上确定某一点投影位置的两个基本平面。在测量工作中，点在椭球面上的位置用大地经度 L 和大地纬度 B 表示。所谓某点的大地经度，就是通过该点（如图 2-6 中的 P 点）的子午面与起始子午面的夹角；大地纬度就是在椭球面上的 P 点作一与椭球体相切的平面，过 P 点作一垂直于此平面的直线，这条直线称为 P 点的法线（此法线不通过椭球中心点 O），它与赤道面的交角就是 P 点的大地纬度。大地经度 L 和大地纬度 B 统称为大地坐标。由此可见，大地经度与大地纬度是以法线为依据的，也就是说，以参考椭球面作为基准面。

为求得 P 点的位置，可在该点上安置仪器，用天文测量的方法来测定。这时，仪器的竖轴必然与铅垂线相吻合，即仪器的竖轴与该处的大地水准面相垂直。因此，用天文观测所得的数据是以铅垂线为准的，也就是说，以大地水准面为依据。由天文测量求得的某点

位置，可用天文经度 λ 和天文纬度 φ 表示。由于铅垂线与法线并不重合，所以 $\lambda \neq L, \varphi \neq B$。依据铅垂线相对于法线的关系（称为垂线偏差），可以将 λ、φ 改算为 L、B。

用经度、纬度表示 P 点位置的坐标是在球面上建立的，故称为球面坐标，亦称为地理坐标。

不论大地经度 L 还是天文经度 λ，都要从一个起始子午面算起。在原格林尼治以东的点从起始子午面向东计，由0°到180°，称为东经。同样，在原格林尼治以西的点从起始子午面向西计，由0°到180°，称为西经。实地上东经180°与西经180°是同一个子午面。我国各地的经度都是东经。不论大地纬度 B 还是天文纬度 φ，都从赤道面起算。在赤道以北的点的纬度由赤道面向北计，由0°到90°，称为北纬；在赤道以南的点，其纬度由赤道面向南计，也是由0°到90°，称为南纬。我国疆域全部在赤道以北，各地的纬度都是北纬。

在测量工作中，某点的投影位置一般用大地坐标 L 及 B 来表示。但实际进行观测时，如量距或测角都是以铅垂线为准，因而所测得的数据若要求精确地换算成大地坐标则必须经过改化。在普通测量工作中，由于要求的精确程度不必很高，所以可不考虑改化。

2.1.3.2　空间直角坐标系

空间直角坐标系以椭球体中心 O 为原点，起始子午面与赤道面交线为 X 轴，赤道面上与 X 轴正交的方向为 Y 轴，椭球体的旋转轴为 Z 轴，指向符合右手规则。在该坐标系中，P 点的点位用 OP 在这三个坐标轴上的投影 x, y, z 表示（见图2-7）。由于空间直角坐标系的 X 轴通过起始子午面，Z 轴为椭球旋转轴，故也称地心坐标系，它与大地坐标系有一定的换算关系。

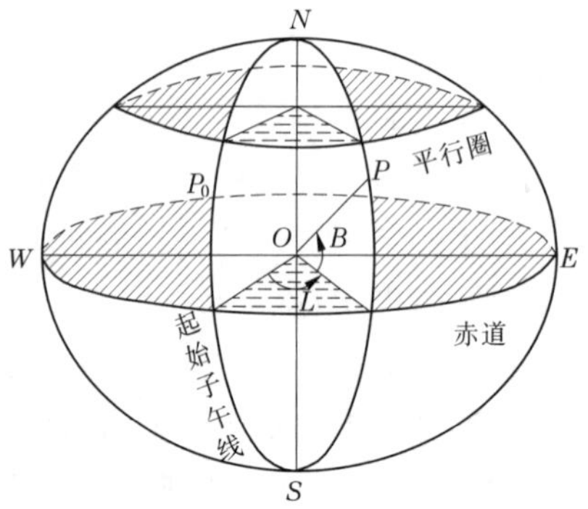

图2-6　大地坐标系

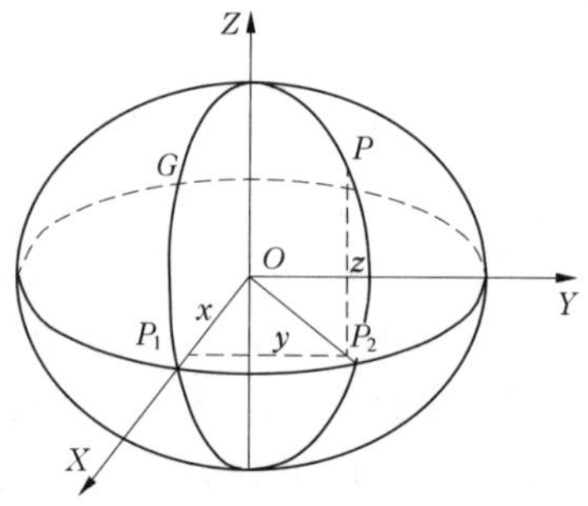

图2-7　空间直角坐标系

2.1.3.3　独立平面直角坐标系

在小区域内进行测量工作，若采用大地坐标来表示地面上点的位置是不方便的，通常采用平面直角坐标。某点用大地坐标表示的位置，是该点在球面上的投影位置。研究大范围地面形状和大小时必须把投影面作为球面才符合实际。但研究小范围地面形状和大小时，常把球面的投影面当做平面看待，这就可以采用平面直角坐标来表示地面上的点在投影面上的位置。测量工作中所用的平面直角坐标与解析几何中所介绍的基本相同，只是测量工作以 X 轴为纵轴，表示南北方向，以 Y 轴为横轴，表示东西方向。这是由于在测量工作中以极坐标表示点位时其以北方向为准按顺时针方向计算夹角，而数学中则是从横轴按逆时针计算。把 X 轴与 Y 轴纵横互换后，全部平面三角学公式都能在测量计算中应用。

测量工作中采用的平面直角坐标系规定：南北方向为纵轴 X 轴，向北为正；东西方向为横轴 Y 轴，向东为正。坐标原点有时是假设的，假设的原点位置应使测区内各点的 x、y 值为正。测量平面直角坐标系与数学平面直角坐标系的区别如图 2-8 所示。

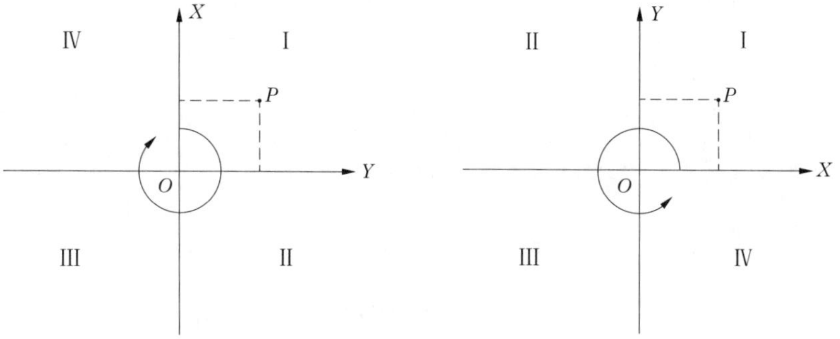

(a)测量平面直角坐标系　(b)数学平面直角坐标系

图 2-8　两种平面直角坐标系的比较

2.1.3.4　高斯平面直角坐标系

1. 高斯投影

高斯平面直角坐标系采用高斯投影方法建立。高斯投影是由德国测量学家高斯于 1825 年至 1830 年首先提出，到 1912 年由德国测量学家克吕格推导出实用的坐标投影公式，所以又称高斯－克吕格投影。

如图 2-9 所示，设想有一个椭圆柱面横套在地球椭球体外面，使它与椭球上某一子午线（该子午线称为中央子午线）相切，椭圆柱的中心轴通过椭球体中心，然后用一定的投影方法，将中央子午线两侧各一定经差范围内的地区投影到椭圆柱面上，再将此柱面展开即成为投影面。所以，高斯投影又称为横轴椭圆柱投影。

2. 高斯平面直角坐标系

在投影面上，中央子午线和赤道的投影都是直线，以中央子午线和赤道的交点 O 作为坐标原点，以中央子午线的投影为纵轴 X 轴，X 轴向北为正，以赤道的投影为横轴 Y 轴，Y 轴向东为正，这样便形成了高斯平面直角坐标系（见图 2-10）。

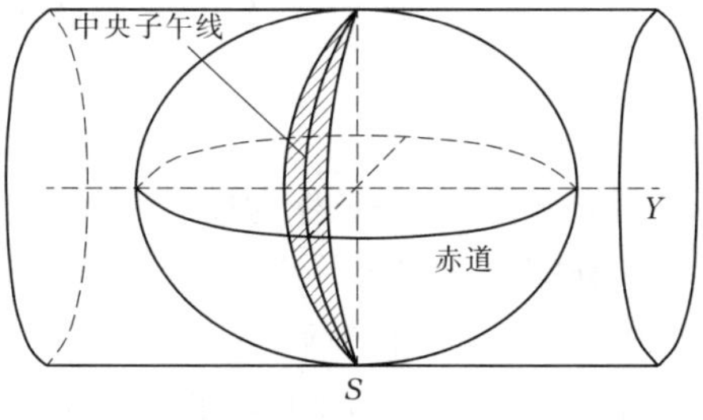

图 2-9　高斯投影

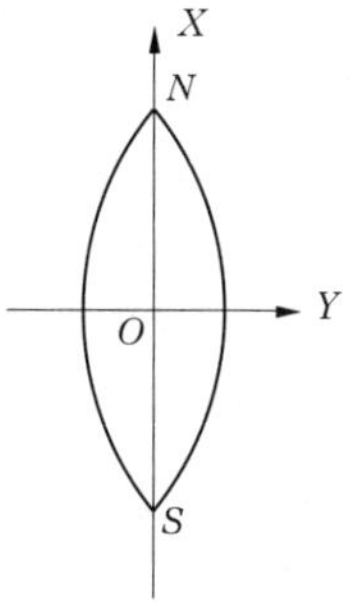

图 2-10　高斯平面直角坐标系

3. 投影带

高斯投影中，除中央子午线外，各点均存在长度变形，且距中央子午线愈远，长度变形愈大。为了控制长度变形，将地球椭球面按一定的经度差分成若干范围不大的带，称为投影带。带宽一般分为经差 6°、3°，分别称为 6°带、3°带（见图 2-11）。

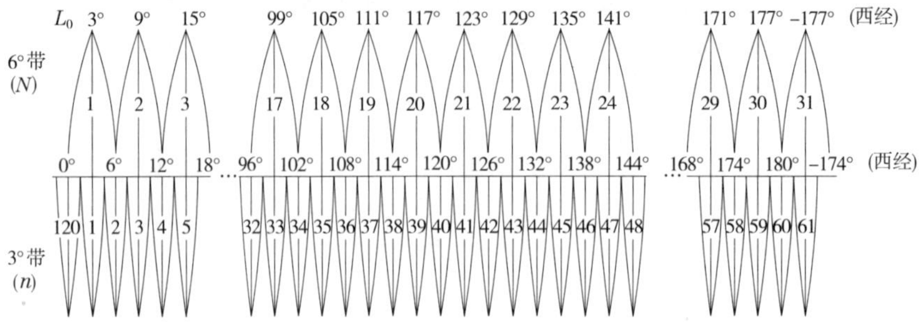

图 2-11　6°带与 3°带

6°带：从 0°子午线起，每隔经差 6°自西向东分带，依次编号 1，2，3，…，60，各带相邻子午线称为分界子午线。带号 N 与相应的中央子午线经度 L_0 的关系是

$$L_0 = 6N - 3° \tag{2-4}$$

3°带：以 6°带的中央子午线和分界子午线为其中央子午线。即自东经 1.5°子午线起，每隔经差 3°自西向东分带，依次编号 1，2，3，…，120，带号 n 与相应的中央子午线经度 l_0 的关系是

$$l_0 = 3n \tag{2-5}$$

4. 国家统一坐标

我国位于北半球，在高斯平面直角坐标系内，X 坐标均为正，而 Y 坐标有正有负。为避免 Y 坐标出现负值，规定将 X 坐标轴向西平移 500 km，即所有点的 Y 坐标值均加上 500 km（见图 2-12）。此外，为便于区别某点位于哪一个投影带内，还应在横坐标值前冠以投影带带号，这种坐标称为国家统一坐标。

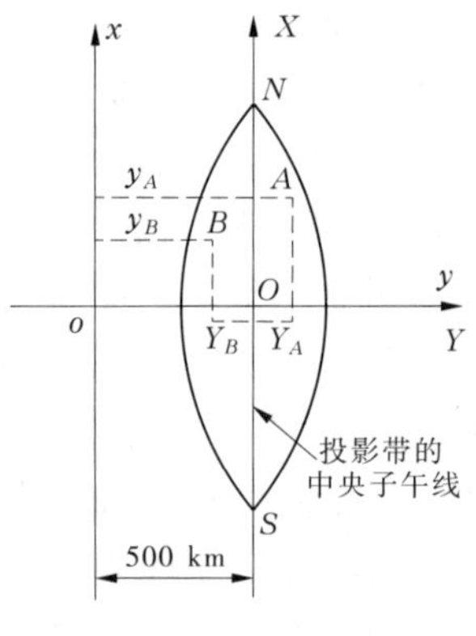

图 2-12　国家统一坐标

例如，P 点的高斯平面直角坐标 X_P = 3 275 611.188 m，Y_P = −376 543.211 m，若该点位于第 19 带内，则 P 点的国家统一坐标表示为 x_P = 3 275 611.188 m，y_P = 19 123 456.789 m。

5. 高斯投影变形

将球面上的图形投影到平面上，将会出现差异，这种差异称为投影变形。投影变形一般分为距离变形、角度变形和面积变形三种。在制作地图时，可根据需要来控制使某一种变形为零，如等角投影（又称正形投影）、等距投影以及等积投影等。

高斯投影是正形投影的一种，正形投影在一个小范围内地图上的图形同椭球面上的原形保持相似，即投影前后的角度相等，除此以外，高斯投影还具有如下特点：

（1）中央子午线投影后为直线，且长度不变。距中央子午线愈远的子午线，投影后变曲程度愈大,长度变形也愈大。

(2)椭球面上除中央子午线外,其他子午线投影后,均向中央子午线弯曲,并向两极收敛,同时还对称于中央子午线和赤道。

(3)在椭球面上对称于赤道的纬圈,投影后仍成为对称的曲线,同时与子午线的投影曲线互相垂直,且凹向两极。

6. 距离改化

根据球面上的长度,将其拉长改化为投影面上的距离,叫做距离改化。

设球面上两点间长度为 S,其在投影面上的长度为 σ,则

$$\sigma = S + \frac{y^2}{2R^2}S \tag{2-6}$$

由式(2-6)可知,只要知道球面上两点间的长度 S 及其在球面上离开轴子午线的近似距离 y(可取两点横坐标的平均值),便可求出其在高斯投影面上的距离 σ,并且 σ 总比 S 大,其改化数值为

$$\Delta S = \sigma - S = \frac{y^2}{2R^2}S \tag{2-7}$$

由式(2-7)可知,离开轴子午线的距离愈远,长度变形愈大。

为了减少长度变形的影响,在采用 1∶5 000 或更大比例尺测量地图时,应采用 3°带或 1.5°带的投影,有时也用任意带(即选择测区中央的子午线为轴子午线)投影计算。

7. 方向改化

图 2-13(a)表示了球面上 AB 线的方向,由 Q 经 A、B 两点的大圆与轴子午线围成球面四边形 ABB_1A_1。由球面三角学知识得知:四边形 ABB_1A_1 的内角之和等于 360°加其球面角超。球面角超 ε''为

$$\varepsilon'' = \rho'' \frac{P}{R^2} \tag{2-8}$$

式中,P 为球面四边形面积;R 为地球半径。

由于正形投影是等角投影,要想保持球面上的角度转移到投影面上时没有变形,由图 2-13(b)可知,要用曲线而不是用直线连接图形顶点 a 和 b,只有这样,才能达到等角的目的。所以,球面上 AB 方向线,应以曲线表示在投影面上,且该曲线对轴子午线来说是凸出来的。

在投影面上,为了利用平面三角学公式进行计算,须将 a、b 两点之间的曲线以 a、b 两

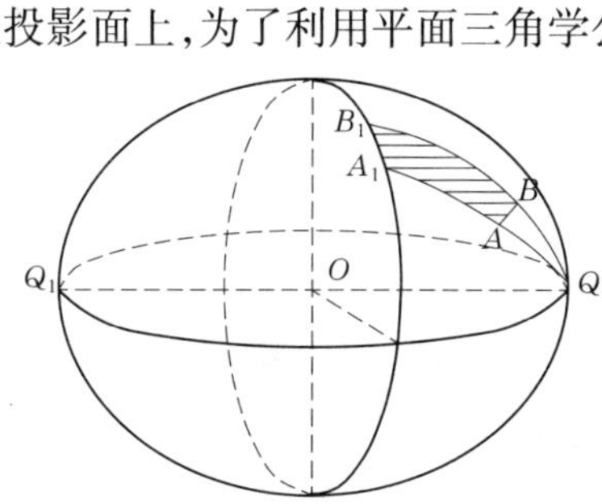

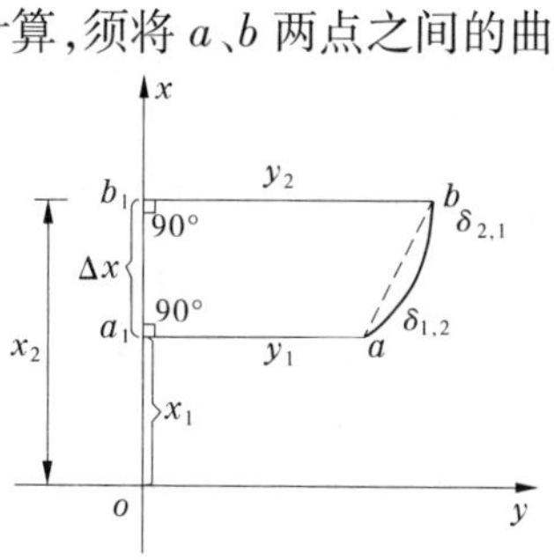

图 2-13　方向改化

点之间的直线代替。所谓方向改化,即计算曲线的切线与直线之间的夹角 δ''。当距离很小时(几千米),可认为角 $\delta_{1,2}$ 与 $\delta_{2,1}$ 是相等的,因此

$$\delta'' = \rho'' \frac{\delta_{1,2} + \delta_{2,1}}{2} = \frac{1}{2}\varepsilon'' \tag{2-9}$$

如果将球面的面积 P 用投影面上四边形的面积代替,则

$$P = \frac{1}{2}(y_1 + y_2)(x_2 - x_1) = y_m(x_2 - x_1) \tag{2-10}$$

故式(2-9)可改写为

$$\delta'' = \rho'' \frac{y_m}{2R^2}(x_2 - x_1) \tag{2-11}$$

上式即为方向改化公式,δ''的数值取决于 AB 线离开轴子午线的远近及纵坐标增量的大小,R 取 6 371 km。

根据以上所述,即可求得球面上观测的角度与其在投影面上的角度之间的关系。由图 2-14 可得

$$\beta_{平面} = \beta_{球面} + \delta_{1,2} - \delta_{1,3}$$

根据以上所述,如果已知高级控制点的坐标已归化到投影面上,那么对所敷设的导线或三角测量的观测元素(长度和角度)进行改化(将其转换成为投影面上的元素)以后,就可以按平面几何的原理,计算所有控制点的平面直角坐标。

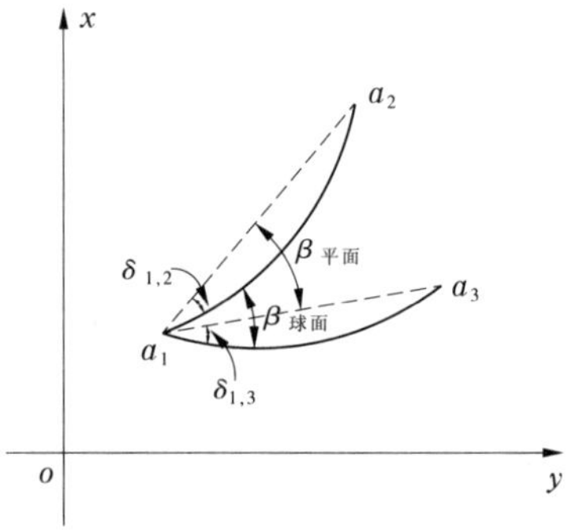

图 2-14 球面角度与平面角度的关系

2.1.3.5 高程系统

如上所述,仅说明了空间某点在基准面上的投影位置。除此以外,还应确定该点沿投影方向到基准面的距离。在一般测量工作中都以大地水准面作为基准面,因而某点到基准面的高度是指某点沿铅垂线方向到大地水准面的距离,通常称它为绝对高程或海拔,简称高程。在图 2-15 中,符号 H 代表高程,图中 H_A 及 H_B 都是绝对高程。某点距任意一个水准面的距离,则称为相对高程,如图中 H'_A 及 H'_B。我国的绝对高程(以后只简称高程)以青岛验潮站历年记录的黄海平均海水面高为准,并在青岛市内一个山洞里建立水准原点,其高程为 72. 260 m(称 1985 国家高程基准,原 1956 年高程为 72. 289 m)。全国布置的国家高程控制点——水准点,都以这个水准原点为准。

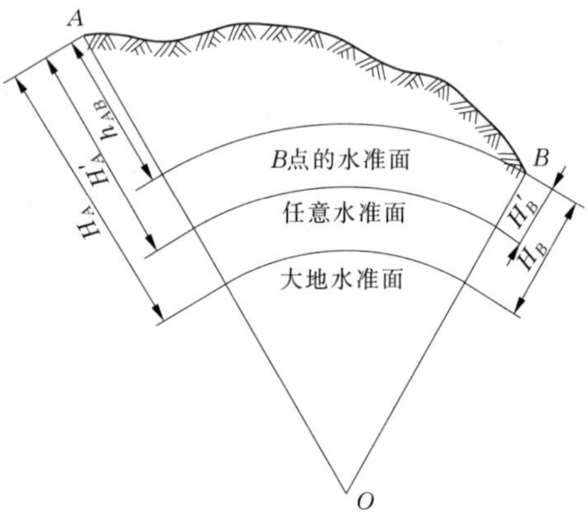

图 2-15 高程系统

在局部地区,如果远离已知高程的国家控制点,也可临时以任意水准面为准,即所测得的各点高程都是以同一任意水准面为准的假设高程(也称相对高程)。将来如有需要,

只需与国家高程控制点联测，再换算成绝对高程就可以了。

两点高程之差称为高差。图 2-15 中，H_A、H_B 为 A、B 点的绝对高程，H'_A、H'_B 为相对高程，h_{AB}为 A、B 两点间的高差，即

$$h_{AB} = H_B - H_A = H'_B - H'_A$$

所以，两点之间的高差与高程起算面无关。

2.1.4　测量误差

2.1.4.1　观测误差

在各项测量工作中，如测距、测角等，每次观测的结果通常是不一致的，产生这种现象的原因是观测结果中存在着观测误差，而观测条件是产生观测误差的几个主要因素。观测者、测量仪器、外界环境是进行测量工作的必要条件。

(1)观测者：技术水平、感觉器官的鉴别能力；

(2)测量仪器：仪器本身的精密度及仪器结构的不完善；

(3)外界环境：空气温度、湿度、风力、大气折光、地形等，并且外界环境时刻在变化。

以上三个方面是引起观测误差的主要因素，总称为观测条件。

在相同的观测条件下进行的一组观测称为等精度观测，观测条件不相同时的各次观测称为不等精度观测。

2.1.4.2　真误差

任何一个观测量，客观上总是存在着一个能代表其真正大小的数值，这一数值就称为该观测量的真值。

使用测量仪器对某一被观测量进行直接观测，所得到的数值称为该量的观测值。设在相同的观测条件下，对未知量观测了 n 次，观测值分别为 $L_1, L_2, \cdots, L_n$，未知量的真值为 X，则观测值的真误差(简称误差)为

$$\Delta_i = L_i - X \qquad (i = 1,2,\cdots,n) \tag{2-12}$$

实践证明，由于测量工作受观测条件的限制，一切观测值都不可避免地含有误差。

2.1.4.3　观测误差的分类

根据观测误差对观测结果影响性质的不同，观测误差可分为系统误差、偶然误差和粗差三类。

1. 系统误差

在相同的观测条件下作一系列的观测，如果误差在大小、符号上表现出系统性，或者在观测过程中按一定的规律变化，或者为某一常数，这种误差称为系统误差。

系统误差对观测结果的影响具有累积性，因而对成果质量的影响也特别显著。但由于它有规律性，可用下列方法消除或削弱其影响。

(1)计算改正数。例如，在用钢尺量距时，可利用尺长方程式对观测结果进行尺长改正。

(2)采用一定的作业方法。例如，在水准测量中，可以用前后视距离相等的方法来减少由于仪器视准轴不平行于水准管水准轴给观测结果带来的影响；可以在测站上以后黑、前黑、前红、后红的观测程序来减弱由于仪器下沉对观测结果的影响等。

2. 偶然误差

在相同的观测条件下作一系列的观测，如果误差在大小、符号上都表现出偶然性，即从单个误差看，其大小和符号没有规律性，但就大量误差的总体而言，具有一定的统计规律，这种误差称为偶然误差。例如，用经纬仪测角时的照准误差，各种测量工作中读数时估读小数的误差。

3. 粗差

观测数据中存在的粗大误差，称为粗差。粗差是由于作业人员的疏忽大意而造成的错误。例如，在观测时读错、记错等。在观测结果中是不允许存在粗差的，只要观测者认真负责和细心地进行作业，粗差是可以避免的。

在进行观测数据处理时，按照现代测量误差理论和测量数据处理方法，可以消除或削弱系统误差的影响，探测粗差的存在并剔除粗差，对偶然误差进行适当处理，来求得被观测量的最可靠值。

2.1.4.4　偶然误差的特性

在观测结果中主要存在偶然误差，为了研究观测结果的质量，以及根据观测结果求出未知量的最可靠的值（亦称为最或然值），就必须进一步研究偶然误差的性质。

对于单个的偶然误差而言，其数值的大小、符号均是偶然的、随机的、无规律的，但就大量的偶然误差而言，则又具有一定的统计规律性。

根据大量试验统计结果，可以总结出偶然误差具有如下的特性：

（1）在一定的观测条件下，偶然误差的绝对值不会超过一定的限值；

（2）绝对值小的误差比绝对值大的误差出现的可能性大；

（3）绝对值相等的正误差与负误差，出现的可能性相等；

（4）当观测次数无限增多时，偶然误差的算术平均值趋近于零，即

$$\lim_{n\to\infty}\frac{[\Delta]}{n}=0 \tag{2-13}$$

式中，“[ ]”为总和符号。

实践证明，对于在相同条件下独立进行的一组观测来说，不论其观测条件如何，也不论是对一个量还是对多个量进行观测，这组观测误差必然具有上述四个特性。而且，当观测的个数 n 愈大时，这种特性就表现得愈明显。

§2.2　全站仪角度测量与距离测量

2.2.1　角度测量原理及经纬仪

2.2.1.1　角度测量原理

角度测量是确定地面点位的基本测量工作之一，包括水平角测量和竖直角测量。用于角度测量的仪器是经纬仪。

1. 水平角测量原理

所谓水平角，即相交的两直线之间的夹角在水平面上的投影。例如在图 2-16 中，

$\angle AOB$ 为直线 OA 与 OB 之间的夹角，测量中所要观测的水平角是 $\angle AOB$ 在水平面上的投影，即 $\angle A_1O_1B_1$，而不是斜面上的 $\angle AOB$。

由图可以看出，水平角就是通过 OA 与 OB 的两竖面所形成的两面角。此两面角在两竖面交线 O_1O_2 上任意一点可进行量测。设想在竖线 O_1O_2 上的 O_2 点放置一个按顺时针注记的全圆量角器（称为度盘），使其中心正好在 O_1O_2 竖线上，并处于水平位置。从 OA 竖面与主盘的交线得一读数 a，再从 OB 竖面与度盘的交线得另一读数 b，则 b 减去 a 就是圆心角 β，即

$$\beta = b - a$$

这个 β 就是水平角 $\angle A_1O_1B_1$ 的值。

2. 竖直角测量原理

竖直角是同一竖直面内目标方向与一特定方向之间的夹角。目标方向与水平方向间的夹角称为高度角，习惯上又称为竖角，一般用 α 表示。视线上倾所构成的仰角为正，视线下倾所构成的俯角为负，角值都是0°～90°。另一种是目标方向与天顶方向（即铅垂线的反方向）所构成的角，称为天顶距，一般用 Z 表示，天顶距的大小为0°～180°，没有负值，见图2-17。

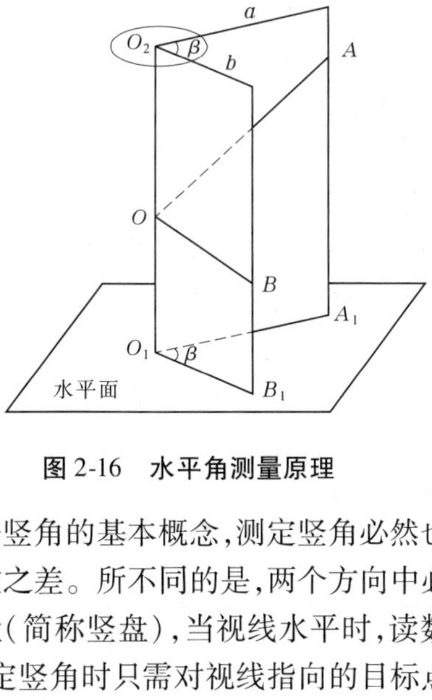

图2-16　水平角测量原理

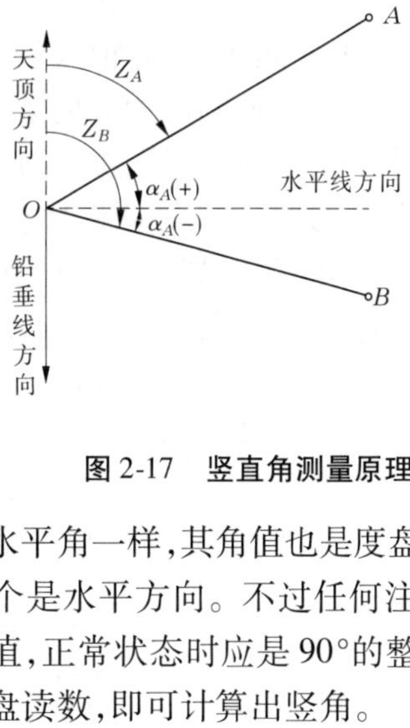

图2-17　竖直角测量原理

根据竖角的基本概念，测定竖角必然也与观测水平角一样，其角值也是度盘上两个方向的读数之差。所不同的是，两个方向中必须有一个是水平方向。不过任何注记形式的竖直度盘（简称竖盘），当视线水平时，读数应为定值，正常状态时应是90°的整倍数。所以，在测定竖角时只需对视线指向的目标点读取竖盘读数，即可计算出竖角。

2.2.1.2　经纬仪的分类

经纬仪依据度盘刻度和读数方式不同，分为游标经纬仪、光学经纬仪及电子经纬仪。目前主要使用电子经纬仪，光学经纬仪已很少使用，而游标经纬仪早已淘汰。

光学经纬仪是采用光学度盘，借助光学放大和光学测微读数的一种经纬仪。它的主要部件包括望远镜、水准器、水平度盘和竖直度盘。

电子经纬仪是利用光电技术测角，带有角度数字显示和进行数据自动归算及存储装置的经纬仪。

2.2.2　角度观测

2.2.2.1　经纬仪的安置

经纬仪安置包括对中和整平。对中的目的是使仪器的水平度盘中心与测站点标志中心在同一铅垂线上;整平的目的是使仪器的竖轴竖直,从而使水平度盘居于水平位置。安置经纬仪可使用垂球对中、光学对点器对中、强制对中和激光对中。

安置好经纬仪后,即可开始观测。在角度观测中,为了消除仪器的某些误差,一般用盘左和盘右两个位置进行观测。盘左又称正镜,就是观测者对着望远镜的目镜时,竖盘在望远镜的左边;盘右又称倒镜,是指观测者对着望远镜的目镜时,竖盘在望远镜的右边。全站仪的盘左和盘右,也沿用老式光学经纬仪的称谓。

2.2.2.2　水平角观测

水平角观测通常采用方向观测法。

如图2-18所示,在测站 O 上,观测 O 到 A、B、C、D 各方向之间的水平角,用方向观测法进行观测,步骤如下:

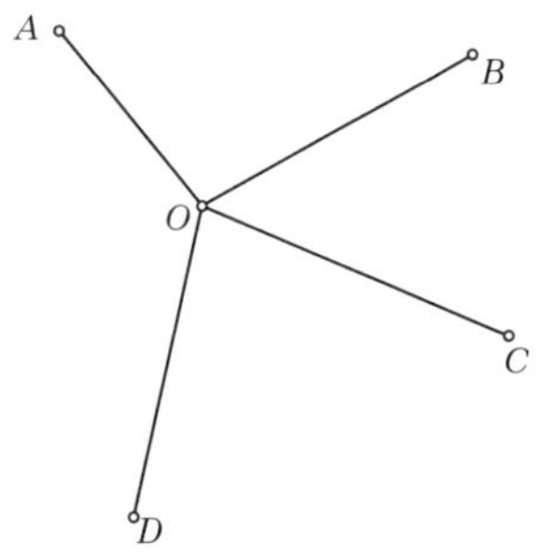

图2-18　测点布置图

(1)盘左观测:将度盘配置在0°00′或稍大的读数处(目的是便于计算),先观测所选定的起始方向(又称零方向)A,再按顺时针方向依次观测 B、C、D 各方向,每观测一个方向均读取水平角读数,并记入观测手簿。因为方向数超过3个,最后还要回到起始方向 A,读数并记录,这一步称为归零,其目的是检查水平度盘的位置在观测过程中是否发生变动。上述全部工作叫做盘左半测回或上半测回。

(2)倒转,用盘右位置按逆时针方向依次照准 A、D、C、B、A,读数并记录。此为盘右半测回或下半测回。

上、下半测回合起来为一测回。表2-1为用Leica－1202全站仪观测两个测回的方向观测法手簿记录和计算示例。

表2-1　水平角观测手簿

仪器:Leica－1202　　　　水平度盘读数精度:1″

观测:　　　记录:　　　检查:　　　日期:　　　天气:

点号		水平角读数(° ′ ″)		2C(″)	观测角度(° ′ ″)	水平角度(° ′ ″)	平均角度(° ′ ″)
测站	观测点	盘左	盘右				
第一测回							
O					(08)		
	A	0 00 00	180 00 06	－6	0 00 03	0 00 00	0 00 00
	B	101 55 12	281 55 17	－5	101 55 14	101 55 06	101 55 08

续表 2-1

点号		水平角读数 (° ′ ″)		2C (″)	观测角度 (° ′ ″)	水平角度 (° ′ ″)	平均角度 (° ′ ″)
测站	观测点	盘左	盘右				
	C	152 27 09	312 27 16	-7	152 27 12	152 27 04	152 27 06
	D	233 24 11	53 24 20	-9	233 24 16	233 24 08	233 24 10
	A	0 00 08	180 00 15	-7	0 00 12		
第二测回							
O					(25)		
	A	90 00 20	270 00 24	-4	90 00 22	0 00 00	
	B	191 55 33	11 55 36	-3	191 55 34	101 55 09	
	C	242 27 30	62 27 35	-5	242 27 32	152 27 07	
	D	323 24 32	143 24 39	-7	323 24 36	233 24 11	
	A	90 00 26	270 00 31	-5	0 00 28		

半测回中零方向有前、后两个读数，两次读数之差称为半测回归零差。若不超过限差规定，则取平均值记在有关列的上面。如第一测回盘左的08″是03″和12″的平均数。

为了便于以后的计算和比较，要把起始方向值改化成0°00′00″，在水平角度一列的方向值中，是把原来的方向值减去起始方向 *A* 的两次读数平均值(0°00′08″)而算得的。

取同一方向两个半测回归零后方向的平均值，即得一测回平均方向值。当水平角需要观测多个测回时，为了减少水平度盘误差的影响，各测回盘左零方向应变换度盘位置，使读数改变 180°/n，其中 n 为测回数。如果观测了多个测回，还需计算各测回同一方向归零后方向值之差，称为各测回方向差，若该差值在规定限差内，取各测回同一方向的方向值的平均值为该方向的各测回平均方向值。

所需要的水平角可以用有关两个方向的观测值相减得到。

每半测回观测完毕，应立即计算归零差，并检查是否超限。表 2-1 中 $2C$ 值的计算如下

$$2C = L - (R \pm 180°) \tag{2-14}$$

式中，L、R 分别为盘左读数和盘右读数；±180°是顾及同一方向的盘右读数与盘左读数相差为 180°。

$2C$ 值也是观测成果中一个有限差规定的项目，但它不是以 $2C$ 的绝对值作为是否超限的标准，而是以各个方向的 $2C$ 的变化值（即最大值与最小值之差）作为是否超限的标准。如果 $2C$ 的变化值没有超限，则对每一个方向取盘左、盘右读数的平均值。

2.2.2.3 竖直角观测

竖直角观测步骤如下：

(1)在测站上安置好仪器，对中、整平、量取仪器高 i（这一读数在三角高程测量计算

时会用到)。

(2)盘左观测:以盘左位置,用中横丝的中央部分瞄准目标,转动竖盘微动螺旋,使中横丝切于目标点,读出竖盘读数 L。

(3)盘右观测:以盘右位置,按上述同样方法,读出竖盘读数 R。

(4)计算盘左、盘右一个测回的竖直角 α 和指标差 x。为提高精度,需要增加测回数,可按以上步骤继续观测。

由于竖盘读数 L、R 含有误差,因此竖直角应按式(2-15)计算(取其平均值)

$$\alpha = \frac{1}{2}[(R - L) - 180°] \tag{2-15}$$

竖直角指标差按式(2-16)计算

$$x = \frac{1}{2}[(L + R) - 360°] \tag{2-16}$$

表 2-2 为用 Leica－1202 全站仪观测竖直角的观测记录及计算示例。

表 2-2　竖直角观测手簿

仪器:Leica－1202　　　　竖直度盘读数精度:1″

观测:　　记录:　　检查:　　日期:　　天气:

测站	仪器高(m)	觇点	觇标高(m)	竖盘位置	竖盘读数(° ′ ″)	两倍指标差(″)	一测回竖直角(° ′ ″)
1001	1.56	1002	1.30	盘左	85 42 31	－13	4 17 23
				盘右	274 17 16		
		1003	1.30	盘左	79 35 19	－16	10 24 33
				盘右	280 24 25		
		1004	1.30	盘左	94 22 38	－12	－4 22 44
				盘右	265 37 10		

2.2.3　距离测量及三角高程测量

2.2.3.1　距离测量

地面上两点间的距离是指这两点沿铅垂线方向在大地水准面上投影点间的弧长。在测区面积不大的情况下,可用水平面代替水准面。两点间连线投影在水平面上的长度称为水平距离。不在同一水平面上的两点间连线的长度称为两点间的倾斜距离。

测量地面两点间的水平距离是确定地面点位的基本测量工作。距离测量方法有多种,常用的距离测量方法有钢尺量距、视距测量、光电测距。

全站仪是全站型电子速测仪的简称,它集电子经纬仪、光电测距仪和微处理器于一体。现在在工程的实际应用中,主要是利用全站仪。下面着重介绍光电测距。

1. 电磁波测距概述

随着光电技术的发展,电磁波测距仪的使用越来越广泛。与传统量距方法比较,电磁波测距具有测程远、精度高、操作简便、作业速度快和劳动强度低等优点。

电磁波测距的基本原理是通过测定电磁波在待测距离两端点间往返一次的传播时间 t,利用电磁波在大气中的传播速度 c,来计算两点间的距离。

若测定 A、B 两点间的距离 D,把测距仪安置在 A 点,反射镜安置在 B 点,则其距离 D 可按下式计算

$$D = \frac{1}{2}ct \tag{2-17}$$

电磁波测距仪的精度公式为

$$m_D = A + BD$$

式中,A 为仪器标称精度中的固定误差,mm;B 为仪器标称精度中的比例误差系数,mm/km;D 为测距边长度,km。

当 $D = 1$ km 时,则 m_D 为 1 km 的测距中误差。

2. 距离测量

测距时,将测距仪和反射镜分别安置在测线的两端,仔细地对中。接通测距仪的电源,然后照准反射镜,检查经反射镜反射回的光强信号。合乎要求后即可开始测距。为防止出现粗差和减少照准误差的影响,可进行若干个测回的观测。这里,一测回的含义是指照准目标一次,读数 2 ~ 4 次。一测回内读数次数可根据仪器读数出现的离散程度和大气透明度作适当增减。根据不同精度要求和测量规范的规定确定测回数。往、返测回数各占总测回数的一半,精度要求不高时,只作单向观测。

将测距读数值记入手簿中,接着读取竖盘读数,将竖盘读数记入手簿的相应栏内。测距时尚应由温度计读取大气温度值,由气压计读取气压值。观测完毕可按气温和气压进行气象改正,按测线的竖角值进行倾斜改正,最后求得测线的水平距离。

测距时应避免各种不利因素影响测距精度,如避开发热体(散热塔、烟囱等)的上空及附近,安置测距仪的测站应避免受电磁场干扰,距高压线应大于 5 m,测距时的视线背景部分不应有反光物体等。要严格防止阳光直射测距仪的照准头,以免损坏仪器。

3. 测距成果的整理

电磁波测距是在地球自然表面上进行的,所得长度是距离的初步值。出于建立控制网等目的,长度值应化算为标石间的水平距离。因而,要进行一系列改正计算。这些改正计算大致可分为三类:其一是仪器系统误差改正,其二是气象改正(也称大气改正),其三是归算方面的改正。

仪器系统误差改正包括加常数改正、乘常数改正和周期误差改正。

电磁波在大气中传输时受气象条件的影响很大,因而要进行大气改正。

归算方面的改正主要有倾斜改正、归算至大地水准面的改正(简称为归算改正)、投影到高斯平面上的改正(简称为投影改正)。如果有偏心观测的成果,还要进行归心改正。对于较长距离(例如 10 km 以上),有时还要加入波道弯曲改正。

下面讨论对短程光电测距仪测定的距离进行改正计算。

1) 加常数改正

由于测距仪的距离起算中心与仪器的安置中心不一致,以及反射镜等效反射面与反

射镜安置中心不一致,因此仪器测得距离 D_0-d 与所要测定的实际距离 D 不相等,其差值与所测距离长短无关,称为测距仪的加常数。

$$k = D - (D_0 - d)$$

实际上,测距仪的加常数包含仪器常数和反射镜常数,当测距仪和反射镜构成一套固定的设备后,其加常数可测出。加常数为一固定值,可预置在仪器中,使测距时自动加以改正。但是仪器在使用一段时间后,此加常数可能会有变化,应进行检验,测出加常数的变化值(称为剩余加常数),必要时可对观测成果加以改正。

2)乘常数改正

测距仪在使用过程中,实际工作频率与设计的标准频率之间有偏差时,将会影响测距成果的精度,其影响与距离的长度成正比。

令 f 为标准频率,f' 为实际工作频率,频率偏差为

$$\Delta f = f' - f$$

乘常数为

$$R = \frac{\Delta f}{f'} \tag{2-18}$$

乘常数改正值为

$$\Delta D_R = - RD' \tag{2-19}$$

式中,D' 为实测距离值;R 为乘常数。

由此可见,乘常数就是频率偏离标准值而引起的一个计算改正数的乘系数,也称为比例因子。乘常数可通过一定检测方法求得,必要时可对观测成果进行改正。

3)气象改正

光的传播速度受大气状态(温度 T、气压 P、湿度 e 等)的影响。制造仪器时只能选取某个大气状态(假定大气状态)来定出调制光的波长,而实际测距时的大气状态一般不会与假定大气状态相同,因而使测尺长度产生变化,使得测距成果中含有系统误差,所以必须加气象改正。

下面将导出气象改正数的计算公式。由于

$$D = \frac{1}{2}vt$$

而光在大气中的传播速度为

$$v = \frac{c}{n}$$

则

$$D = \frac{1}{2}\frac{c}{n}t \tag{2-20}$$

式中,c 为电磁波在真空中的速度,即光速;n 为大气折光率。

因为在计算调制光波长时,采用的是假定大气状态(如温度 T = 12 ℃,气压 P = 1 013 hPa)的大气折射率 n_r,而实际测距时的大气状态一般不同于这一假定大气状态,设此时的大气折射率为 n,显然,一般 $n \neq n_r$。

将式(2-20)对 n 微分,并换成有限增量,得

$$\Delta D = -\frac{1}{2}\frac{ct}{n^2}\Delta n = -\frac{1}{2}\frac{c}{n}t\frac{\Delta n}{n} = -D\frac{\Delta n}{n} \tag{2-21}$$

设由观测得到的斜距为 D'，大气改正数为 ΔD_{TP}，改正后的斜距为 D''，则有

$$\Delta D_{TP} = D'' - D'$$

则式(2-21)可改写成

$$\Delta D_{TP} = -D'\frac{n - n_r}{n_r} = D'\frac{n_r - n}{n_r} \approx (n_r - n)D' \tag{2-22}$$

调制光在标准大气状态(温度 $T = 0$ ℃，气压 $P = 1\ 013$ hPa，湿度 $e = 0\%$，二氧化碳含量为 0.03%)下的大气折射率 n_g 可按下式计算

$$n_g = 1 + \left(2\ 876.04 + \frac{48.864}{\lambda^2} + \frac{0.680}{\lambda^4}\right) \times 10^{-7} \tag{2-23}$$

式中，λ 为光的波长。

在一般大气条件下，大气折射率 n 可按下式计算

$$n = 1 + \frac{n_g - 1}{1 + \alpha t} \cdot \frac{P}{760} - \frac{5.5 \times 10^{-8}}{1 + \alpha t}e \tag{2-24}$$

式中，α 为空气的膨胀系数，其值为$\frac{1}{273.16}$。

在短程红外测距中，由于式(2-24)等号右边第三项(湿度)的影响很小，可忽略不计，故式(2-24)可简化为

$$n = 1 + \frac{n_g - 1}{1 + \alpha t} \cdot \frac{P}{760} \tag{2-25}$$

对于假定大气状态(如温度 $T = 15$ ℃，气压 $P = 1\ 013$ hPa)，可算得

$$n_r = 1.000\ 279$$

因此，可得大气改正数计算公式

$$\Delta D_{TP} = \left(279 - \frac{0.290P}{1 + 0.003\ 7T}\right)D' \tag{2-26}$$

式中，T 为温度，℃；P 为气压，hPa；D'为观测距离，km；ΔD_{TP}为改正数，mm。

改正后斜距为

$$D'' = D' + \Delta D_{TP}$$

4)倾斜改正

由测距仪测得的距离观测值经加常数、乘常数和气象改正后，得到改正后的倾斜距离

$$D_\alpha = D' + k + \Delta D_R + \Delta D_{TP}$$

倾斜距离必须加倾斜改正后才能得到水平距离。

当已知测线两端之间的高差 h 时，可按下式计算倾斜改正数

$$\Delta D_h = -\frac{h^2}{2D_\alpha} - \frac{h^4}{8D_\alpha^3} \tag{2-27}$$

水平距离

$$S = D_\alpha + \Delta D_h$$

若测得测线的竖角，可用下式直接计算水平距离

$$S = D_\alpha \cos\alpha \tag{2-28}$$

5) 归算至大地水准面的改正

将水平距离归算至大地水准面的改正数为

$$\Delta S = -S\frac{H}{R} \tag{2-29}$$

式中,当用式(2-28)计算 S 时 H 为反射镜面的高程,当用式(2-27)计算 S 时 H 为反射镜站与测站的平均高程。

2.2.3.2　三角高程测量原理及计算

如图 2-19 所示,在地面上 A、B 两点间测定高差 h_{AB},在 A 点设置全站仪,仪器高为 i,在 B 点安置棱镜,镜高为 l,经实测 IM 斜距为 S, IM 间水平距离为 D,测得竖直角为 V,则由图 2-19 可求得两点间高差 h_{AB} 为

$$h_{AB} = \frac{D}{\tan V} + i - l \tag{2-30}$$

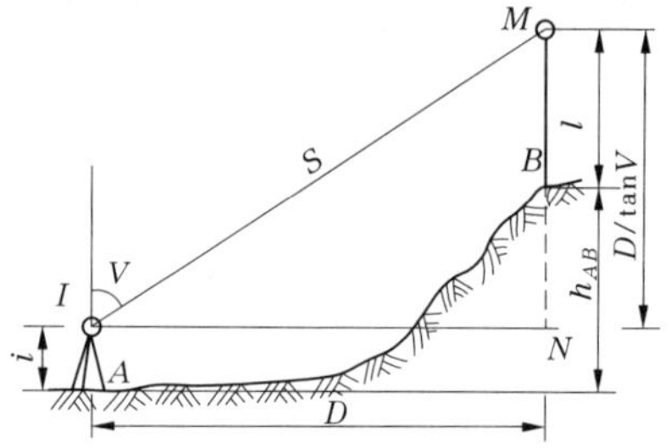

图 2-19　三角高程测量原理

或

$$h_{AB} = S\cos V + i - l \tag{2-31}$$

若已知 A 点的高程为 H_A,则 B 点的高程为

$$H_B = H_A + h_{AB} = H_A + \frac{D}{\tan V} + i - l \tag{2-32}$$

或

$$H_B = H_A + h_{AB} = H_A + S\cos V + i - l \tag{2-33}$$

以上这种方法称为光电测距三角高程测量。

凡仪器设在已知高程点,观测该点与未知高程点之间的高差称为直觇;反之,仪器设在未知高程点,测定该点与已知高程点之间的高差称为反觇。

2.2.3.3　三角高程测量的基本公式

1. 地球曲率和大气折光的影响

在上述三角高程测量的公式中,没有考虑地球曲率与大气折光对所测高差的影响,在 A、B 两点相距较远时,则必须顾及地球曲率和大气折光的影响,两者对高差的总影响称为球气差。

在水准测量中地球曲率的影响可用前后视距离相等来抵消;即使前后视距离不相等,产生影响的也仅是两段距离之差所引起的那部分误差。三角高程测量在一般情况下也可将仪器设在两点中间等距处进行观测,或在两点上分别安置仪器进行对向观测,并计算各自所测得的高差,取其绝对值的平均值,也可消除地球曲率的影响。但有些情况下应用三角高程测量测定地面点高程时则不然。例如独立交会点,未知点到各已知点的距离长短不一,并且是单向观测,没有抵消误差的条件,因此必须考虑地球曲率对高差的影响。由于空气密度随着所在位置的高程而变化,越到高空其密度越稀,当光线通过由下而上密度均匀变化着的大气层时,光线产生折射,形成一凹向地面的连续曲线,这称为大气折射(亦称大

气折光)。

2. 单向观测计算高差的基本公式

如图 2-20 所示,设 S_0 为 A、B 两点间的实测水平距离。将仪器置于 A 点,仪器高度为 i_1。B 为照准点,觇标高度为 v_2,R 为参考椭球面上 $\overset{\frown}{A'B'}$ 的曲率半径。$\overset{\frown}{PE}$、$\overset{\frown}{AF}$ 分别为过 P 点和 A 点的水准面。$\overline{PC}$ 是 $\overset{\frown}{PE}$ 在 P 点的切线,$\overset{\frown}{PN}$ 为光程曲线。当位于 P 点的望远镜指向与 $\overset{\frown}{PN}$ 相切的 PM 方向时,由于大气折光的影响,由 N 点出射的光线正好落在望远镜的横丝上。这就是说,将仪器置于 A 点时测得 P 与 N 间的竖直角为 α_{12}。

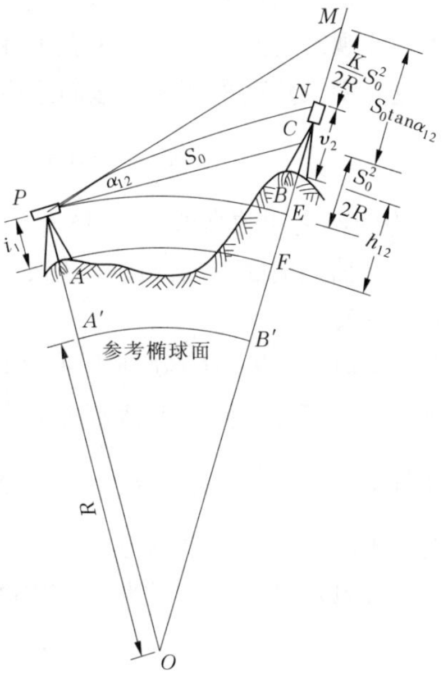

图 2-20　地球曲率和大气折光的影响示意图

由图 2-20 可明显地看出,A、B 两点间的高差为

$$h_{12} = BF = MC + CE + EF - MN - NB \tag{2-34}$$

式中,EF 为仪器高度 i_1;NB 为照准点觇标高度 v_2;CE 和 MN 分别为地球曲率和大气折光的影响,即

$$CE = \frac{1}{2R}S_0^2, MN = \frac{1}{2R'}S_0^2$$

式中,R' 为光程曲线 $\overset{\frown}{PN}$ 在 N 点的曲率半径。

设 $\frac{R}{R'} = K$,则

$$MN = \frac{1}{2R'} \cdot \frac{R}{R}S_0^2 = \frac{K}{2R}S_0^2$$

式中,K 称为大气折光系数。

由于 A、B 两点之间的水平距离 S_0 与曲率半径 R 的比值很小(当 $S_0 = 10$ km 时,S_0 所对的圆心角仅稍大于 5′),故可认为 PC 近似垂直于 OM,即认为 $\angle PCM \approx 90°$,这样 $\triangle PCM$ 可视为直角三角形,则式(2-34)中的 MC 为

$$MC = S_0\tan\alpha_{12}$$

将各项代入式(2-34),则 A、B 两地面点的高差为

$$\begin{aligned} h_{12} &= S_0\tan\alpha_{12} + \frac{1}{2R}S_0^2 + i_1 - \frac{K}{2R}S_0^2 - v_2 \\ &= S_0\tan\alpha_{12} + \frac{1-K}{2R}S_0^2 + i_1 - v_2 \end{aligned}$$

令 $\frac{1-K}{2R} = C$,C 一般称为球气差系数,则上式可写成

$$h_{12} = S_0\tan\alpha_{12} + CS_0^2 + i_1 - v_2 \tag{2-35}$$

式(2-35)就是单向观测计算高差的基本公式。式中竖角 α_{12}、仪器高度 i_1 和觇标高度 v_2 均可由外业观测得到。S_0 为实测的水平距离,一般要归算为高斯平面上的长度 d。

光电测距三角高程测量可按斜距由下列公式计算高差

$$h = D\sin\alpha + (1 - K)\frac{D^2}{2R}\cos^2\alpha + i - v \tag{2-36}$$

式中,h 为两站之间的高差;α 为竖角;D 为经气象改正后的斜距;K 为大气折光系数;i 为经纬仪水平轴到地面点的高度;v 为反射镜瞄准中心到地面点的高度。

3. 距离的归算

在图 2-21 中,H_A、H_B 分别为 A、B 两点的高程(此处已忽略了参考椭球面与大地水准面之间的差距),其平均高程为 $H_m = \frac{1}{2}(H_A + H_B)$,$mM$ 为平均高程水准面。由于实测距离 S_0 一般不大(工程测量中一般在 10 km 以内),所以可以将 S_0 视为在平均高程水准面上的距离。

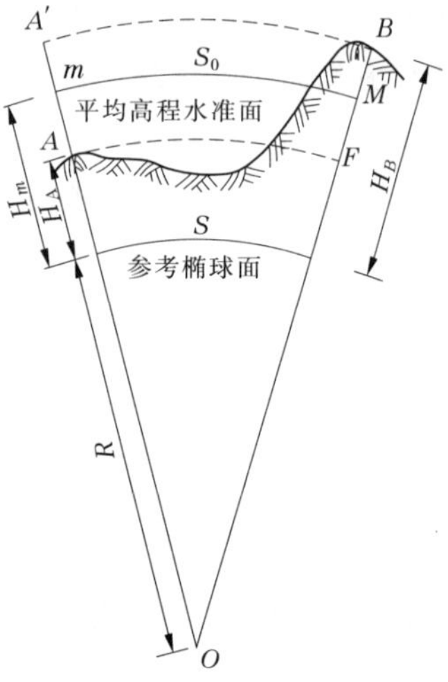

图 2-21 距离归算示意图

由图 2-21 知有下列关系

$$\frac{S_0}{S} = \frac{R + H_m}{R} = 1 + \frac{H_m}{R}$$

则

$$S_0 = S\left(1 + \frac{H_m}{R}\right) \tag{2-37}$$

参考椭球面上的距离 S 和投影在高斯投影平面上的距离 d 之间有下列关系

$$S = d\left(1 - \frac{y_m^2}{2R^2}\right) \tag{2-38}$$

式中,y_m 为 A、B 两点在高斯投影平面上投影点的横坐标的平均值。

将式(2-38)代入式(2-37)中,并略去微小项后得

$$S_0 = d\left(1 + \frac{H_m}{R} - \frac{y_m^2}{2R^2}\right) \tag{2-39}$$

4. 用参考椭球面上的距离计算单向观测高差的基本公式

将式(2-37)代入式(2-35),得

$$h_{12} = S\tan\alpha_{12}\left(1 + \frac{H_m}{R}\right) + CS^2 + i_1 - v_2 \tag{2-40}$$

式中,CS^2 项的数值很小,故未顾及 S_0 与 S 之间的差异。

5. 用高斯平面上的距离计算单向观测高差的基本公式

将式(2-38)代入式(2-40),舍去微小项后得

$$h_{12} = d\tan\alpha_{12} + Cd^2 + i_1 - v_2 + d\tan\alpha_{12}\left(\frac{H_m}{R} - \frac{y_m^2}{2R^2}\right)$$

$$= d\tan\alpha_{12} + Cd^2 + i_1 - v_2 + h'\left(\frac{H_m}{R} - \frac{y_m^2}{2R^2}\right) \tag{2-41}$$

式中，$h' = d\tan\alpha_{12}$。

令

$$\Delta h_{12} = h'\left(\frac{H_m}{R} - \frac{y_m^2}{2R^2}\right) \tag{2-42}$$

则式(2-41)为

$$h_{12} = d\tan\alpha_{12} + Cd^2 + i_1 - v_2 + \Delta h_{12} \tag{2-43}$$

上式就是用高斯投影平面上的距离 d 计算单向观测高差的基本公式。

式(2-42)中的 H_m 与 R 相比较是一个微小的数值，只有在高山地区当 H_m 甚大而高差也较大时，才有必要顾及$\frac{H_m}{R}$这一项。例如当 $H_m = 1\ 000$ m，$h' = 100$ m 时，这一项对高差的影响还不到 0.02 m，在一般情况下，这一项可以略去。此外，当 $y_m = 300$ km，$h' = 100$ m 时，$\frac{y_m^2}{2R^2}$这一项对高差的影响约为 0.11 m。如果要求高差计算精确到 0.1 m，则只有$\frac{y_m^2}{2R^2}h'$项小于 0.04 m 时才可略去不计，因此式(2-43)中最后一项 Δh_{12} 只有当 H_m、h' 或 y_m 较大时才有必要顾及。

6. 对向观测计算高差的基本公式

一般要求三角高程测量进行对向观测，也就是在 A 点向 B 点观测竖角 α_{12}，而在 B 点向 A 点观测竖角 α_{21}，按式(2-43)有下列两个计算高差的式子。

由 A 点观测 B 点

$$h_{12} = d\tan\alpha_{12} + i_1 - v_2 + C_{12}d^2 + \Delta h_{12}$$

由 B 点观测 A 点

$$h_{21} = d\tan\alpha_{21} + i_2 - v_1 + C_{21}d^2 + \Delta h_{21}$$

式中，i_1、v_1 和 i_2、v_2 分别为 A、B 点的仪器高度和觇标高度；C_{12} 和 C_{21} 分别为由 A 点观测 B 点和由 B 点观测 A 点时的球气差系数。如果观测是在同样情况下进行的，特别是在同一时间作对向观测，则可以近似地假定大气折光系数 K 值对于对向观测是相同的，因此 $C_{12} = C_{21}$。在上面两个式子中，Δh_{12} 与 Δh_{21} 的大小相等而正负号相反。

从以上两个式子可得对向观测计算高差的基本公式

$$h_{12(\text{对向})} = d\tan\frac{1}{2}(\alpha_{12} - \alpha_{21}) + \frac{1}{2}(i_1 + v_1) - \frac{1}{2}(i_2 + v_2) + \Delta h_{12} \tag{2-44}$$

式中

$$\Delta h_{12} = h'\left(\frac{H_m}{R} - \frac{y_m^2}{2R^2}\right)$$

$$h' = d\tan\frac{1}{2}(\alpha_{12} - \alpha_{21})$$

第3章　输电线路卫星定位测量技术

§3.1　GPS基本知识

3.1.1　卫星导航定位系统的产生

1957年10月,苏联发射了第一颗人造地球卫星,美国科学家在对其的跟踪研究中,发现了多普勒频移现象,并利用该原理促成了子午卫星导航定位系统的建成。子午卫星导航定位系统是美国海军研制、开发、管理的第一代卫星导航定位系统,又称海军导航卫星系统(Navy Navigation Satellite System,简称NNSS)。但由于子午卫星轨道高度低、信号载波频率低,轨道精度难以提高,因此定位精度较低,难以满足大地测量或工程测量的要求,更不可能用于天文地球动力学研究。为了提高卫星定位的精度,美国从1973年开始研制,历时20年,耗资200亿美元,于1994年全面建成具有在海、陆、空进行全方位实时三维导航与定位能力的新一代卫星导航定位系统,即全球定位系统(Global Positioning System,简称GPS)。

目前,GPS作为新一代的卫星导航定位系统已在军事、交通运输、测绘、高精度时间比对及资源调查等领域中得到了广泛的应用。据专家预测,今后几年内GPS在通信、大气探测、精细农业以及环境保护等领域中也将得到广泛的应用,GPS将进入各行各业。

3.1.2　其他卫星导航定位系统概况

3.1.2.1　全球导航卫星系统

全球导航卫星系统(Global Navigation Satellite System,简称GLONASS)是苏联研制、组建的第二代卫星导航定位系统,现由俄罗斯负责管理和维持。该系统和GPS一样,也采用距离交会原理进行工作,可为地球上任何地方及近地空间的用户提供连续的、精确的三维坐标、三维速度及时间信息。

从1982年10月12日发射第一颗GLONASS卫星起至1995年12月14日止,先后共发射了73颗卫星,最终建成了由24颗工作卫星组成的卫星星座。这24颗卫星均匀分布在三个轨道倾角为64.8°的轨道平面上(见图3-1)。相邻轨道面的升交点赤经之差$\Delta\Omega$为120°。每个轨道面上均匀分布8颗卫星。

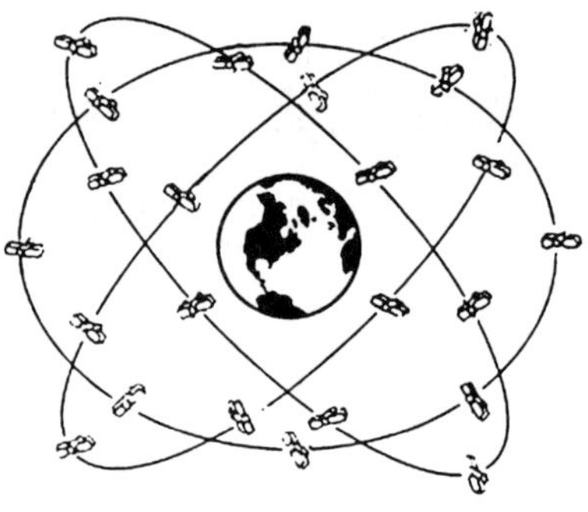

图3-1　GLONASS卫星星座

GLONASS卫星虽然已于1996年初组网成功并正式投入运行,但由于卫星的平均寿命过短,一般仅为2~3年,加之俄罗斯的经济状况欠佳,没有足够的资金来及时补发新卫星,所以到2008年底时只有12颗在轨卫星能正常工作,从而极大地影响了该系统的正常使用。

3.1.2.2　伽利略卫星导航定位系统

1996年7月23日,欧洲议会和欧盟交通部长会议制定了有关建设欧洲联运交通网的共同纲领,其中首次提出了建立欧洲自主的定位和导航系统的问题。这一共同纲领成为日后“伽利略计划”出台的基础。1999年1月13日,欧洲议会批准了由欧盟委员会提交的名为《建立一个欧洲联运定位和导航网:欧洲全球卫星导航系统发展战略》的报告。1999年2月10日,欧洲委员会在其名为《伽利略(Galileo)——欧洲参与新一代卫星导航服务》的报告中首次提出了“伽利略计划”。

伽利略卫星导航定位系统由空间端、地面端、用户端三部分组成。空间端由分布在3个轨道上的30颗中等高度轨道卫星(MEO)构成,每个轨道面上有10颗卫星,9颗正常工作,1颗运行备用;轨道面倾角56°。地面端包括全球地面控制端、全球地面任务端、全球域网、导航管理中心、地面支持设施、地面管理机构。用户端主要是用户接收机及其等同产品,该系统考虑与GPS、GLONASS的导航信号一起组成复合型卫星导航系统,因此用户接收机是多用途、兼容性接收机。

该系统的计划完成时间是2008年,但由于技术等问题,延长到了2011年,据最新消息将推迟到2014年。

3.1.2.3　北斗导航卫星系统

北斗导航卫星系统(BeiDou Navigation Satellite System)是中国正在实施的自主研发、独立运行的全球卫星导航系统。北斗导航卫星系统由空间端、地面端和用户端三部分组成(见图3-2)。空间端包括5颗静止轨道卫星和30颗非静止轨道卫星。地面端包括主控站、注入站和监测站等若干地面站。用户端由北斗导航卫星系统用户终端以及与美国GPS、俄罗斯GLONASS、欧洲伽利略(Galileo)等其他卫星导航系统兼容的终端组成。

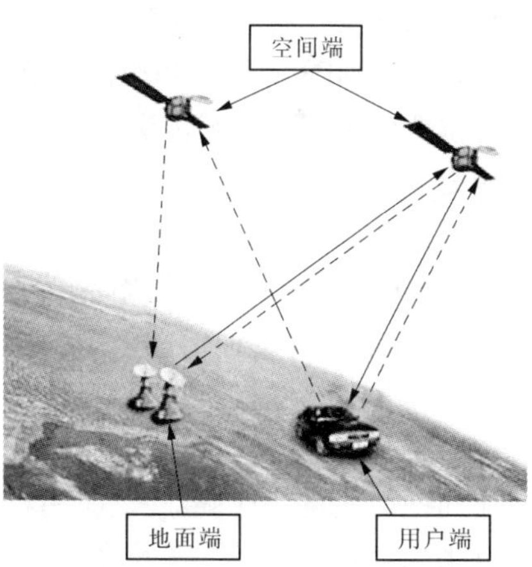

图3-2　北斗导航卫星系统的组成

2000年以来,中国已成功发射了8颗北斗导航试验卫星,建成北斗导航试验系统(第一代系统)。这个系统具备在中国及其周边地区范围内的定位、授时、报文和GPS广域差分功能,并已在测绘、电信、水利、交通运输、渔业、勘探、森林防火和国家安全等诸多领域逐步发挥重要作用。

北斗导航卫星系统致力于向全球用户提供高质量的定位、导航和授时服务,其建设与发展则遵循开放性、自主性、兼容性、渐进性这四项原则。据系统建设总体规划,2012年左右,系统将首先具备覆盖亚太地区的定位、导航和授时以及短报文通信服务能力;2020年左右,建成覆盖全球的北斗导航卫星系统。

3.1.3　GPS在各个领域中的应用

3.1.3.1　GPS在军事中的应用

在信息化时代,GPS已成为高技术战争的重要支持系统。具体说来,GPS在军事中的应用主要有以下几个方面。

1. 全时域的自主导航

GPS的主要功能就是自主导航,利用接收终端向用户提供位置、时间信息,也可结合电子地图进行移动平台航迹显示、行驶线路规划和行驶时间估算,从而大大提高部队的机动作战和快速反应能力。

2. 各种作战平台的指挥监控

GPS的导航定位和数字短报文通信基本功能可以有机结合,利用系统特殊的定位机制,将移动目标的位置信息和其他相关信息传送至指挥所,完成移动目标的动态可视化显示和指挥指令的发送,实现战区移动目标的指挥监控。

3. 精确制导和打击效果评估

GPS制导有精度高、制导方式灵活等特点,已成为精确制导武器的一种重要制导方式。在近几场高技术局部战争中,美军使用精确制导导弹和炸弹的比例比海湾战争时增加了近100倍,而它们全部或大部分都依靠GPS制导。GPS还可以对打击目标命中率进行评估。在装有GPS接收终端的弹药击中目标引爆的瞬间,触发用户机进行定位,并将位置信息和时间信息迅速传送到指挥中心,从而进行命中率评估。

4. 未来单兵作战系统保障

主要利用GPS的定位和通信功能,为单兵提供位置信息和时间信息服务,同时可将单兵的位置信息实时动态传送到指挥机构,并及时向单兵发送各种指令,提高单兵作战和机动能力。

5. 军用数字通信网络授时

利用GPS可提供高精度授时,为军用数字通信网络提供统一的时标信息,从而使通信网络速率同步,保证通信网络中的所有数字通信设备工作于同一标准频率上。

3.1.3.2　GPS在测量领域中的应用

GPS是一种全天候、高精度的连续定位系统,并且具有速度快、费用低、方法灵活多样和操作简便等优良特性,被广泛应用于控制测量、工程测量和变形测量中。这一高新技术出现以来,其应用之广泛、普及之快是前所未有的。时至今日,可以说GPS定位技术不但取代了利用常规测角、测距手段来建立大地控制网,而且也取代了常规的工程测量和变形监测等。

1. GPS在控制测量中的应用

控制测量是GPS定位技术应用的一个重要领域。GPS在控制测量中的主要作用是:

(1)建立和维持高精度三维地心坐标系;

(2)实现不同大地控制网之间的联测和转换;

(3)建立新的地面控制网;

(4)检核和改善已有的地面网;

(5)对已有地面网进行加密;

(6)研究与精化大地水准面。

由于 GPS 测量精度高、花费时间少、作业方法多样灵活,因此它可应用于各种形式的控制测量工作。

2. GPS 在工程测量和变形监测中的应用

国内外资料表明,利用 GPS 来布设工程测量控制网时,所需的工日数大约为常规方法的 1/6,所需费用在国外为常规方法的 1/6 左右,在国内为常规方法的 1/3 左右,而且精度也比常规方法好,因而已得到了广泛的应用。随着 GPS 系统的不断完善、软件性能的不断改进,目前 GPS 已广泛应用于精密工程测量,如桥梁工程、隧道与管道工程、精密设备安装工程等。此外,利用 GPS 进行大坝等建筑物的变形监测时,若采用连续监测的模式,则可以通过平滑滤波等方式来滤除噪声,提取变形信息,由此所求得的平面位移精度和垂直位移精度均可优于 ±1 mm。

3. GPS 在航空摄影测量、地籍测量、海洋测量中的应用

近年来,GPS 动态定位技术的飞速发展导致了 GPS 辅助航空摄影测量技术的出现和发展。该技术利用安置在航测飞机上的 GPS 接收机来测定航空摄影仪的光学中心在曝光瞬间的三维坐标,并将其作为附加观测值来参加空中三角测量的联合平差,从而大量减少甚至不需要地面上的大地控制点,引发了航空摄影测量的一场重大技术革命。

在地籍测量中,我们不但可以利用静态 GPS 测量模式来进行高等级的地籍控制测量,还可以利用 RTK 等模式来进行低等级的控制测量以及界址点坐标的测定工作。

GPS 定位技术还被用于海洋大地测量和海底地形测量。

3.1.3.3　GPS 在其他领域中的应用

1. GPS 在交通运输业中的应用

在我国交通运输业中,目前拥有数以几十万计的货船、客船、油船、渔船、游船、缉私船、航道作业船;在"五纵七横"高等级公路上行驶着数以百万计的各种车辆;铁路和航空方面也拥有相当数量的运输载体,这些移动目标是当前 GPS 最大的应用领域。随着国民经济的不断发展,人们对运输载体的监控、跟踪以及智能化管理的要求越来越高,交通运输业显示出对 GPS 的巨大的市场需求。GPS 业界有句名言:"GPS 的应用只受到人们想象力的限制。"这就是说,GPS 应用面极其宽广,前景不可限量。

2. GPS 在资源调查、环境监测中的应用

在石油勘探、地质调查、水土流失、确定沙漠化的区域、沙尘暴监测等工作中,作业人员只需携带 GPS 接收机即可方便地解决定位问题。而采用常规方法时,由于难以寻找高级控制点或测站间不通视等,定位工作将相当困难。

3. GPS 在移动通信中的应用

如今卫星导航技术已与地面移动通信技术相结合,发展出基于位置的服务技术,诞生了车辆监控系统、基于位置的信息查询系统等;同时还发展出 GPS 辅助技术,即 A - GPS 技术。可以说,未来卫星导航系统与移动通信系统的结合是一个必然发展趋势。

4. GPS 在农业中的应用

利用 GPS 技术,配合遥感技术(RS)和地理信息系统(GIS),能够监测农作物产量分

布、土壤成分和性质分布，做到合理施肥、播种和喷洒农药，从而节约费用、降低成本，达到增加产量、提高效益的目的。

5. GPS 气象学

利用 GPS 理论和技术来探测地球大气，进行气象学的理论和方法研究，如测定大气温度及水汽含量、监测气候变化等，叫做 GPS 气象学（GPS/MET eorology，简写为 GPS/MET）。GPS 气象学的研究于 20 世纪 80 年代后期最先在美国起步，在美国取得理想的试验结果之后，其他国家如日本等也逐步开始 GPS 气象学的研究。

GPS 技术的迅猛发展和日臻成熟使其成为对地球观测的一种新的更加有力的手段，GPS 技术已成功地在地球科学的许多领域得到应用，如地壳形变和板块运动监测，火山爆发、地震的监测及预报，地球自转监测，电离层监测及空间天气预报，对流层监测及天气预报等。

3.1.4　全球定位系统的组成

全球定位系统由以下三个部分组成：空间部分、地面控制部分、用户设备部分。

3.1.4.1　空间部分

1. GPS 卫星

GPS 卫星的主体呈圆柱形，两侧有太阳能帆板，能自动对日定向。太阳能电池为卫星提供工作用电。每颗卫星都配备有 4 台原子钟，可为卫星提供高精度的时间标准。卫星上带有燃料和喷管，可在地面控制系统的控制下调整自己的运行轨道。GPS 卫星的基本功能是：接收并存储来自地面控制系统的导航电文；在原子钟的控制下自动生成测距码（C/A 码和 Y 码）和载波；采用二进制相位调制法将测距码和导航电文调制在载波上播发给用户；按照地面控制系统的命令调整轨道、调整卫星钟、修复故障或启用备用件，以维护整个系统的正常工作。图 3-3 为 GPS 卫星的外形。

2. GPS 卫星星座

GPS 卫星星座由 21 颗工作卫星和 3 颗在轨备用卫星组成，记做（21 + 3）GPS 星座。24 颗卫星均匀分布在 6 个轨道平面内，轨道倾角为 55°，各个轨道平面之间相距 60°，即轨道的升交点赤经各相差 60°。每个轨道平面内各颗卫星之间的升交角距相差 90°，一轨道平面上的卫星比西边相邻轨道平面上的相应卫星超前 30°。在一般情况下，用户能同时观测到 6 ~ 8 颗 GPS 卫星。图 3-4 为 GPS 卫星星座。

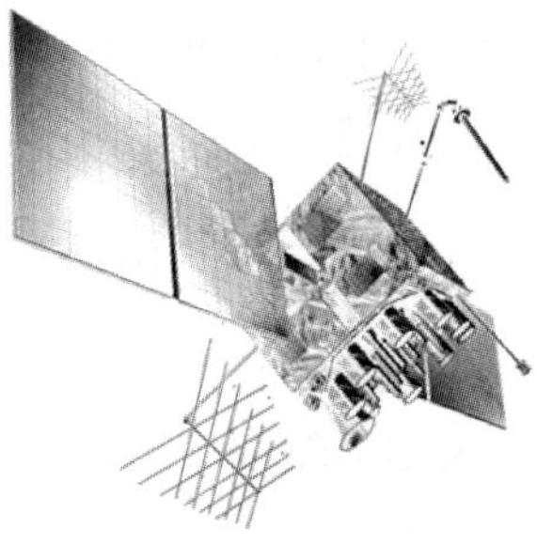

图 3-3　GPS 卫星的外形

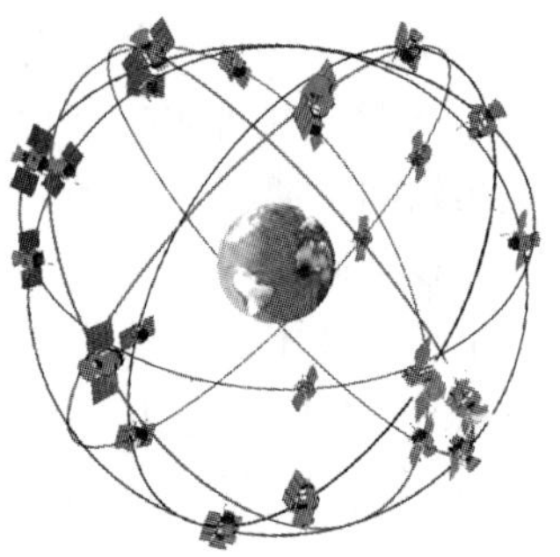

图 3-4　GPS 卫星星座

3.1.4.2　地面控制部分

支持整个系统正常运行的地面设施称为地面控制部分。它由1个主控站、5个监测站、3个注入站以及通信和辅助系统组成。地面控制部分的具体分布如图3-5所示。

图3-5　地面控制部分的具体分布

1. 主控站

主控站设在美国本土科罗拉多的联合空间工作中心。主控站除协调和管理地面控制系统工作外,其主要任务是:

(1)根据监测站的所有观测资料,计算并编制各卫星的星历、钟差和大气层的修正参数等,并将其传送到注入站。

(2)提供全球定位系统的时间基准。

(3)调整偏离轨道的卫星。

(4)必要时可启用备用卫星,代替失效的工作卫星。

2. 监测站

现有5个地面站具有监测站的功能。监测站是在主控站直接控制下的数据自动采集中心。站内设有双频GPS接收机、高精度原子钟、计算机及环境传感器等。双频GPS接收机对GPS卫星进行连续观测,采集相关数据和监测卫星的工作状况。高精度原子钟用来提供时间标准。环境传感器用来采集有关气象数据。全部观测资料由计算机处理后,存储并传送到主控站,用以确定卫星的轨道。

3. 注入站

注入站的主要任务是在主控站的控制下,将主控站推算和编制的卫星星历、钟差、导航电文和其他控制指令信息等注入到相应的卫星的存储系统,并能检测注入信息的正确性。

3.1.4.3　用户设备部分

根据GPS用户的不同要求,所需的接收设备各异,但其主要任务是接收卫星发射的信息。随着GPS定位技术的迅速发展和应用领域的扩大,许多国家都在研制、开发适用于不同要求的GPS接收机及相应的数据处理软件。

用户设备主要由GPS接收机硬件和数据处理软件,以及微处理器和终端设备组成;而GPS接收机硬件一般包括主机、天线和电源,主要功能是接收GPS卫星发射的信号,以获得必要的导航和定位信息及观测量,并经简单数据处理而实现实时导航和定位。GPS 软件部分是指各种后处理软件包,其主要作用是对观测数据进行精加工,以便获得精密定位结果。

根据 GPS 用户的要求不同,GPS 接收机一般可分为导航型、测量型和授时型。

3.1.5 GPS 定位中的误差源

3.1.5.1 与 GPS 卫星有关的因素

1. SA 与 AS 政策

美国政府从其国家利益出发,在卫星上实施了 SA 和 AS 政策。

SA(Selective Avaibility)政策称为选择可用性政策,包括在 GPS 卫星基准频率上增加了 δ 技术(对 GPS 卫星的基准频率施加随机的高频抖动噪声信号,导致测量出的伪距误差增大)和在导航电文上增加 ε 技术(人为地将卫星星历中轨道参数的精度降低到 200 m 左右)。SA 政策在 2000 年 5 月 2 日取消。

AS(Anti-Spoofing)政策称为反电子欺骗政策,目的是保护 P 码,防止敌方对 P 码进行精密定位。

2. 卫星星历误差

在进行 GPS 定位时,计算在某时刻 GPS 卫星位置所需的卫星轨道参数是通过各种类型的星历提供的,但不论采用哪种类型的星历,所计算出的卫星位置都会与其真实位置有所差异,这就是所谓的星历误差。

3. 卫星钟差

卫星钟差是 GPS 卫星上所安装的原子钟的钟面时与 GPS 标准时间的误差。

4. 卫星信号发射天线相位中心偏差

卫星信号发射天线相位中心偏差是 GPS 卫星上信号发射天线的标称相位中心与其真实相位中心之间的差异。

3.1.5.2 与传播路径有关的因素

1. 电离层延迟

地球周围的电离层对电磁波的折射效应,使得 GPS 信号的传播速度发生变化,这种变化称为电离层延迟。

2. 对流层延迟

地球周围的对流层对电磁波的折射效应,使得 GPS 信号的传播速度发生变化,这种变化称为对流层延迟。

3. 多路径效应

由于接收机周围环境的影响,接收机所接收到的卫星信号中还包含反射和折射信号的影响,这就是所谓的多路径效应。

3.1.5.3 与接收机有关的因素

(1)接收机钟差。

接收机钟差是 GPS 接收机所使用的钟的钟面时与 GPS 标准时之间的差异。

(2)接收机天线相位中心偏差。

接收机天线相位中心偏差是 GPS 接收机天线的标称相位中心与其真实的相位中心之间的差异。

(3)接收机软件和硬件造成的误差。

在进行 GPS 定位时,定位结果会受到诸如处理与控制软件和硬件等的影响。

(4)天线相对旋转产生的相位增加效应。

3.1.5.4　其他误差

(1)GPS 控制部分人为或计算机造成的影响。

由于 GPS 控制部分的问题或用户在进行数据处理时引入的误差等。

(2)数据处理软件的影响。

数据处理软件的算法不完善对定位结果的影响。

(3)固体潮、极潮和海水负荷的影响。

(4)相对论效应。

由于卫星钟和地面钟存在相对运动,从地面观测,卫星钟走得慢,影响电磁波传播时间的测定。

§3.2　GPS 测量数据采集

3.2.1　GPS 定位方法

GPS 定位方法按待定点的状态不同可分为静态定位和动态定位,按定位模式不同可分为绝对定位、相对定位和差分定位。

3.2.1.1　静态定位和动态定位

所谓静态定位,就是在进行 GPS 定位时,认为接收机的天线在整个观测过程中的位置是保持不变的。也就是说,在数据处理时,将接收机天线的位置作为一个不随时间的改变而改变的量。在测量中,静态定位一般用于高精度的测量定位,其具体观测模式为多台接收机在不同的测站上进行静止同步观测,时间由几分钟、几小时至数十小时不等。

静态定位是待定点相对于周围固定点无相对运动的 GPS 定位方法,它通过大量的重复观测,高精度测定 GPS 信号传播时间,根据已知 GPS 卫星瞬间位置,准确确定接收机的三维坐标。静态定位观测量大、可靠性强、定位精度高,是测量工程中精密定位的基本方法。

所谓动态定位,就是在进行 GPS 定位时,认为接收机的天线在整个观测过程中的位置是变化的。也就是说,在数据处理时,将接收机天线的位置作为一个随时间的改变而改变的量。动态定位又分为 Kinematic 和 Dynamic 两类。动态定位是待定点相对于周围固定点显著运动(相对于地球运动)的 GPS 定位方法,它以车辆、舰船、飞机和航天器为载体,实时测定 GPS 信号接收机的瞬间位置。它发展速度最快,应用较广,尤其是实时动态(RTK)测量系统,是 GPS 测量技术与数据传输技术相结合的一种新的定位方法。基本做法是在基准站上安置一台 GPS 接收机,对所有可见 GPS 卫星进行连续观测,并将观测数据通过无线电传输设备,实时发送给动态用户观测站,从而可实时高精度地解算用户站的三维坐标。从动态定位的精度来看，可分为 20 m 左右的低精度定位、5 m 左右的中等精度定位、0. 5 m 左右的高精度定位。

3.2.1.2　绝对定位和相对定位

绝对定位又称单点定位，即在一个待定点上，用一台接收机独立跟踪 GPS 卫星，测定待定点(天线)的绝对坐标(见图 3-6)。它的优点是作业方式简单，可以单机作业。绝对定位一般用于导航和精度要求不高的应用中。但由于受卫星星历误差、大气延迟误差等影响，定位精度较低，一般为 25 ~ 30 m。绝对定位一般用于船舶、飞机、勘探、海洋作业等方面。

相对定位又称为差分定位，这种定位模式采用两台或两台以上的接收机，同步跟踪相同的卫星信号，以确定接收机天线间的相对位置(三维坐标或基线向量)(见图 3-7)。只要给出一个测点的坐标值，其余各测点的坐标即可求得。由于各台接收机同步观测相同卫星，因此卫星钟的误差、卫星星历误差、大气延迟误差几乎相同，解算各测点坐标时可有效消除或大幅度削弱，从而有较高的定位精度。相对定位一般采用载波相位测量，相对精度可达 ±5 mm，一般在大地测量、精密工程测量等领域有广泛的应用。

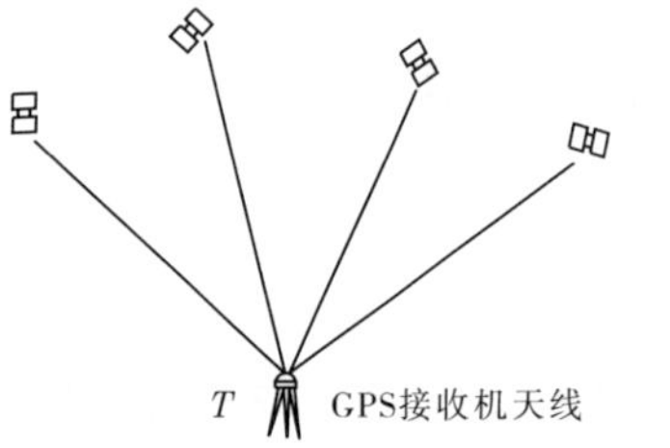

图 3-6　绝对定位

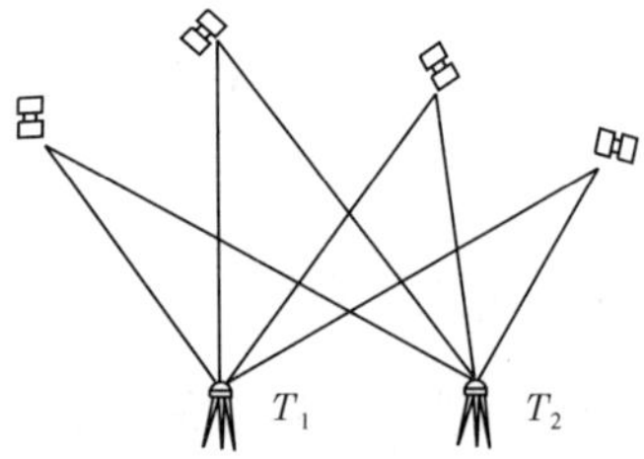

图 3-7　相对定位

3.2.1.3　差分定位

差分定位是在已知三维坐标的基准站上设置 GPS 接收机，求出观测值的校正值，并将校正值通过无线电实时发送给各待测点上，对其接收机的观测值进行修正来提高实时定位精度的一种方法。它采用的是绝对定位模式，但同时需要多台接收机，在基准站和流动站之间进行同步观测，利用误差的相关性来提高定位精度。所以，差分定位是同时具有绝对定位和相对定位特性的定位模式。

GPS 动态差分实时定位系统由三部分组成：

(1)基准站。在已知三维坐标的测站点上安置 GPS 接收机，接收卫星定位信息，并实时提供差分修正信息。

(2)流动站。GPS 接收机随待测点流动，接收卫星定位信息，并实时接收基准站传来的修正信息进行实时定位。

(3)无线电通信链。将基准站差分修正信息传输到流动站。

GPS 动态差分实时定位方法主要有三种：

(1)位置差分。将基准站上 GPS 接收机绝对定位得到的坐标值，与已知坐标值求差作为差分修正值。要求基准站接收机收到的卫星信号完全与流动站接收机收到的卫星信号相一致。定位精度可达 5 ~ 10 m。

(2)伪距差分。利用基准站已知坐标值和卫星星历求得的伪距值,与 GPS 接收机测得的伪距值求差作为差分修正值。由于伪距差分修正是分别对每颗卫星进行修正,因此即使基准站与流动站接收机接收的卫星不完全一致也可以进行差分修正,只要有四颗相同卫星即可。定位精度取决于差分卫星个数和卫星空中分布状况,精度可达 3 ~ 10 m。

(3)载波相位差分。将载波相位观测值(或星间相位差)通过数据链传到流动站,然后由流动站(GPS 接收机)进行载波相位定位。定位精度可达厘米级。

3.2.1.4　RTK 定位技术

根据获取定位结果的时间分为实时定位和非实时定位。实时定位是根据接收机观测到的数据,实时地解算出接收机天线所在的位置。非实时定位又称后处理定位,它是通过对接收机接收到的数据进行后处理以进行定位的方法。

RTK 是英文 Real Time Kinematic(实时动态)的缩写。RTK GPS 是以载波相位为观测值的实时动态差分 GPS,其平面精度为 ±(1 ~ 10) cm,高程精度为 ±(10 ~ 30) cm。图 3-8为 RTK 测量示意图。

3.2.1.5　网络 RTK 技术

随着全球导航卫星系统(GNSS)、计算机、数据通信和互联网络等技术的不断发展成熟,利用多基准站网络 RTK 技术建立的连续运行参考站系统(CORS)应运而生,它很好地解决了大范围区域内厘米级精度的实时定位问题。

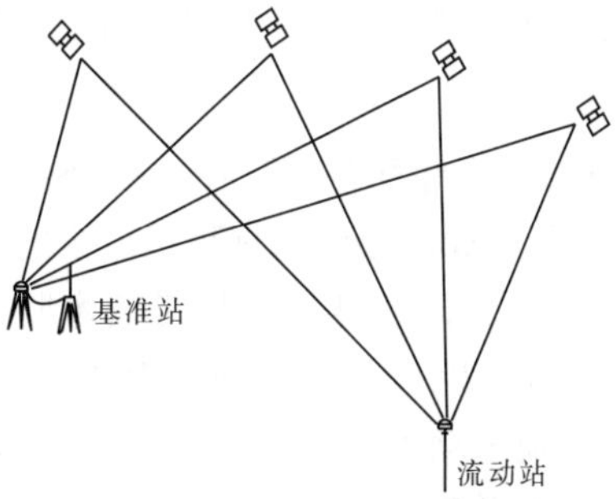

图 3-8　RTK 测量示意图

连续运行参考站系统(CORS)可以定义为一个或若干个固定的、连续运行的 GPS 参考站,利用现代计算机、数据通信和互联网(LAN/WAN)技术组成的网络,实时地向不同类型、不同需求、不同层次的用户自动地提供经过检验的不同类型的 GPS 观测值(载波相位,伪距)、各种改正数、状态信息以及其他有关 GPS 服务项目的系统。它与常规 RTK 技术相比,不论是在作业范围、测量精度方面还是在可靠性和高效性方面,都有巨大进步。

目前网络 RTK 组建的主要技术有虚拟参考站技术、主辅站技术等,它们均能将连续运行的参考站构成台站网络,在数据中心按照各自的算法实时解算网络 RTK 改正数,同时发送至 RTK 客户端,实现精确定位。

3.2.2　GPS 测量的技术设计

GPS 测量的技术设计是进行 GPS 测量定位的最基础性工作,它是根据国家现行的规范、规程,针对 GPS 控制网的用途及用户要求,提出对 GPS 测量的网形、精度及基准等的具体设计。

3.2.2.1　GPS 测量的技术设计的依据

1. GPS 测量规范及规程

GPS 测量规范(规程)是国家测绘管理部门和行业部门所制定的技术标准和法规,目前 GPS 控制网设计依据的规范(规程)有:

(1)2009 年国家质量监督检验检疫总局和国家标准化管理委员会发布的国家标准《全球定位系统(GPS)测量规范》;

(2)其他各部委根据本部门 GPS 工作的实际情况制定的有关 GPS 测量规程或细则。

2. 测量任务书或测量合同书

测量任务书或测量合同书是测量施工单位上级主管部门或合同甲方下达的技术文件。这种技术文件是指令性的,它规定了测量任务的范围、目的、精度和密度要求,提交成果资料的项目和时间,完成任务的经济指标等。

3.2.2.2　GPS 控制网的精度、密度设计

应用 GPS 定位技术建立的测量控制网称为 GPS 控制网(简称 GPS 网),其控制点称为 GPS 点。GPS 控制网可分为两大类:一类是国家或区域性的高精度 GPS 控制网;另一类是局部性的 GPS 控制网,包括城市或工矿区及各类工程控制网。

1. GPS 测量的精度标准及分级

对于 GPS 网的精度要求,主要取决于 GPS 网的用途和定位技术所能达到的精度。精度指标通常以 GPS 网相邻点间弦长标准差来表示,即

$$\sigma = \sqrt{a^2 + (bd)^2} \tag{3-1}$$

式中,σ 为标准差(基线向量的弦长中误差),mm;a 为 GPS 接收机标称精度中的固定误差,mm;b 为 GPS 接收机标称精度中的比例误差系数,$\times 10^{-6}$;d 为相邻点间的距离,km。

根据 2001 年国家质量技术监督局发布的国家标准《全球定位系统(GPS)测量规范》,GPS 控制网按其精度划分为 AA、A、B、C、D、E 六个精度级别。其中,AA 级主要用于全球性的地球动力学研究、地壳形变测量和精密定轨;A 级主要用于区域性的地球动力学研究和地壳形变测量;B 级主要用于局部变形监测和各种精密工程测量;C 级主要用于大中城市及工程测量的基本控制网;D、E 级主要用于中小城市、城镇及测图、地籍、土地信息、房产、物探、勘测、建筑施工等控制测量。AA、A 级是建立地心参考框架的基础,同时 AA、A、B 级是建立国家空间大地测量控制网的基础。

2. GPS 定位的密度设计

在国标中对各级 GPS 网中相邻点间的平均距离作出了规定(见表 3-1)。相邻点间最小距离可为平均距离的 1/3 ~ 1/2,最大距离可为平均距离的 2 ~ 3 倍。在特殊情况下,也可结合任务和服务对象,对 GPS 点分布要求作出具体的规定。

表 3-1　GPS 网中相邻点间的平均距离

级别	AA	A	B	C	D	E
平均距离(km)	1 000	300	70	10 ~ 15	5 ~ 10	0.2 ~ 5

3.2.2.3　GPS 控制网的基准设计

对于一个 GPS 网测量工程,在技术设计阶段必须明确 GPS 成果所采用的坐标系统和起算数据,即明确 GPS 网所采用的基准。通常将这项工作称为 GPS 网的基准设计。GPS 网的基准包括位置基准、方位基准和尺度基准。位置基准一般由 GPS 网中起算点的坐标确定。方位基准一般由给定的起算方位角值确定,也可以将 GPS 基线向量的方位作为方

位基准。尺度基准一般由 GPS 网中两起算点间的坐标反算距离确定,也可以利用地面的电磁波测距边确定,或者直接根据 GPS 基线向量的距离确定。因此,GPS 网的基准设计,实质上主要是指确定网的位置基准。

确定 GPS 网的位置基准一般可采用下列方法:

(1)选取 GPS 网中一个点的坐标并加以固定或给以适当的权。

(2)GPS 网中各点坐标均不固定,通过自由网伪逆平差或拟稳平差来确定 GPS 网的位置基准。

(3)在 GPS 网中选取若干个点的坐标并加以固定或给以适当的权。

3.2.2.4　GPS 网的图形设计

GPS 网的图形设计按网的构成形式可分为星形连接式、点连式、边连式、网连式及边点混合连接式等。选择怎样的网,取决于工程所要求的精度、外业观测条件及 GPS 接收机数量等因素。

1. 星形连接式

星形连接式的几何图形简单,直接观测边之间不构成任何闭合图形,所以检验和发现粗差的能力较差,如图 3-9 所示。这种图形的主要优点是作业中只需要两台 GPS 接收机,作业简单,是一种快速定位作业方式,广泛地应用于精度较低的工程测量、边界测量、地籍测量和地形测图等领域。

2. 点连式

点连式是指仅通过一个公共点将两个相邻同步图形连接在一起。点连式布网的主要优点是作业效率高、图形扩展迅速。但点连式布网所构成的图形几何强度很弱,没有或极少有非同步图形闭合条件,所构成的网形抗粗差能力不强,故一般在作业中不单独采用。如图 3-10 所示为 3 台接收机同步观测构成的点连式网。

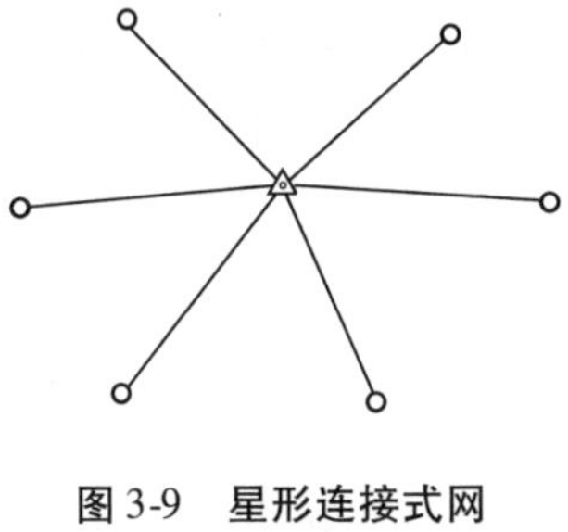

图 3-9　星形连接式网

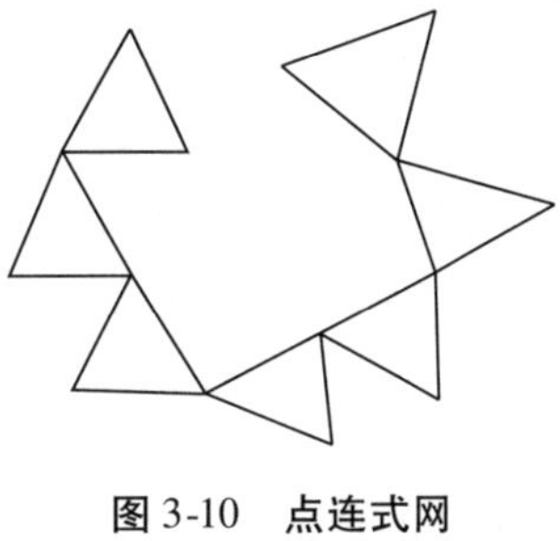

图 3-10　点连式网

3. 边连式

边连式是指通过一条公共边将两个同步图形连接起来,如图 3-11 所示。边连式布网有较多的重复基线和独立环,有较好的几何强度。边连式与点连式相比较,在相同的仪器台数条件下,观测时段数大大增加。

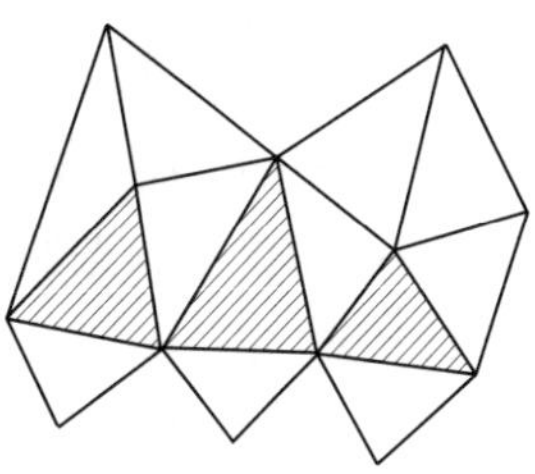

图 3-11　边连式网

4. 网连式

网连式是指相邻同步图形之间有两个以上的公共点相连接,相邻图形间有一定的重叠。这种布网方式需要 4 台以上的接收机。网连式布网方式所测设的 GPS 网具有较强的图形强度和较高的可靠性,但作业效率低,花费的经费和时间较多,一般仅适于要求精度较高的控制网测量。

5. 边点混合连接式

在实际作业中,由于上述几种布网方案都存在缺点,因而把点连式与边连式有机地结合起来,组成边点混合连接式网,如图 3-12 所示。边点混合连接式是实际作业中较常采用的布网方式,能保证网的几何强度,提高网的可靠性,有效地发现粗差,这样既减少了外业工作量,又降低了成本。

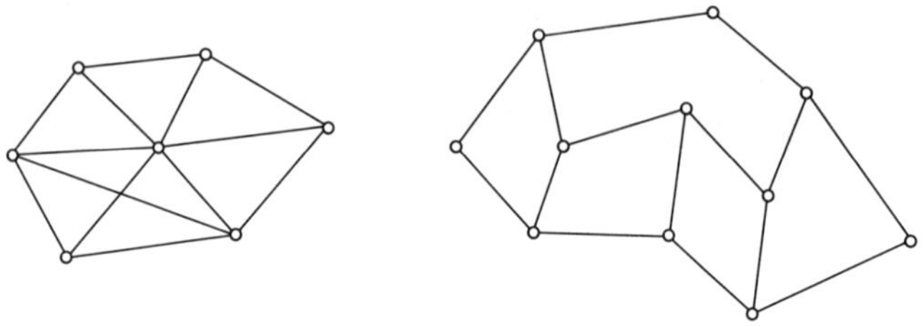

(a)　(b)

图 3-12　边点混合连接式网

3.2.2.5　GPS 网的图形设计原则

从不同的构网形式可见,在 GPS 技术设计中应设计出一个比较实用的网形,使其既可以满足一定的精度、可靠性要求,又有较高的经济指标。因此,GPS 网的图形设计应遵循一定的原则:

(1)GPS 网应根据测区实际需要和交通状况进行设计。GPS 网的点与点间不要求通视,但应考虑常规测量方法加密时的应用,每点应有一个以上的通视方向。

(2)在布网设计中应顾及原有测绘成果资料以及各种大比例尺地形图的使用,宜采用原有坐标系统。对凡符合 GPS 网布点要求的已有控制点,应充分利用其标石。

(3)GPS 网应由一个或若干个独立观测环构成,也可采用附合线路形式构成。各等级 GPS 网中每个闭合环或附合线路中的边数应符合规定。

(4)为求得 GPS 网点在地面坐标系中的坐标,应在地面坐标系中选定起算数据和联测原有地方控制点若干个。

(5)为了求得 GPS 网点的正常高程,应进行水准测量的高程联测。

3.2.3　数据采集

GPS 数据采集过程主要包括 GPS 点位选埋、观测、数据传输等工作。

3.2.3.1　GPS 控制点的选择

1. 选点

选点工作应遵守以下原则:

(1)点位应选在易于安置接收设备、视野开阔的位置。视场周围 15°以上不应有障碍物,以避免 GPS 信号被吸收或遮挡。

(2)点位应远离大功率无线电发射源(如电视台、微波站等),其距离不小于 200 m;远离高压输电线,其距离不得小于 50 m,以避免电磁场对 GPS 信号的干扰。

(3)点位附近不应有大面积水域或强烈干扰卫星信号接收的物体,以减弱多路径效应的影响。

(4)点位应选在交通方便,有利于其他观测手段扩展与联测的地方。

(5)点位应选在地面基础稳定,易于点保存的地点。

(6)选点人员应按技术设计进行踏勘,在实地按要求选定点位。

(7)网形应有利于同步观测及边、点连接。

(8)当所选点位需要进行水准联测时,选点人员应实地踏勘水准路线,提出有关建议。

(9)当利用旧点时,应对旧点的稳定性、完好性以及觇标是否安全可用做检查,符合要求方可利用。

2. 标志埋设

GPS 网点一般应埋设具有中心标志的标石,以精确标志点位。点的标石类型应符合有关规范要求。

3.2.3.2　外业观测

1. 观测时依据的技术指标

各级 GPS 测量基本技术指标应符合表 3-2 的要求。

2. 天线安置

(1)在正常点位,天线应架设在标志中心的上方直接对中,其对中误差不应大于 3 mm。

(2)在特殊点位,当天线需要架设在三角点觇标的观测台或回光台上时,应先将觇标顶部拆除,以防止造成对 GPS 信号的遮挡或造成多路径效应影响。这时可将标志中心反投影到观测台或回光台上,作为安置天线的依据。如果觇标顶部无法拆除,接收机天线若安置在标架内观测,就会造成卫星信号中断,影响 GPS 测量精度。在这种情况下,可进行偏心观测。

(3)天线的定向标志应指向正北,以减弱相位中心偏差的影响。天线定向误差因定位精度不同而异,一般应在 ±5°以内。

(4)刮风天气安置天线时,应将天线进行三个方向固定,以防止倒地碰坏。雷雨天气安置天线时,应注意将其底盘接地,以防雷击。架设天线不宜过低,一般应距地面 1 m 以上。天线架设好后,应在圆盘间隔 120°的三个方向分别量取天线高,三次测量结果之差不应超过 3 mm,并取其三次结果的平均值记入测量手簿中,天线高记录取值到 0.001 m。

(5)在高精度 GPS 测量中,要求测定气象元素。每时段气象观测应不少于三次(时段开始、中间、结束)。气压读至 0.1 mbar($1\ bar = 10^5\ Pa$),气温读至 0.1 ℃,对一般城市及工程测量只记录天气状况。

(6)核对点名并记入测量手簿中,将天线电缆与仪器进行连接,经检查无误后方能通电启动仪器。

表 3-2　各级 GPS 测量基本技术指标

<table>
<tr><td colspan="3" rowspan="2">项目</td><td colspan="6">级别</td></tr>
<tr><td>AA</td><td>A</td><td>B</td><td>C</td><td>D</td><td>E</td></tr>
<tr><td colspan="3">卫星高度截止角(°)</td><td>10</td><td>10</td><td>15</td><td>15</td><td>15</td><td>15</td></tr>
<tr><td colspan="3">同时观测有效卫星总数</td><td>≥4</td><td>≥4</td><td>≥4</td><td>≥4</td><td>≥4</td><td>≥4</td></tr>
<tr><td colspan="3">有效观测卫星总数</td><td>≥20</td><td>≥20</td><td>≥9</td><td>≥6</td><td>≥4</td><td>≥4</td></tr>
<tr><td colspan="3">观测时段数</td><td>≥10</td><td>≥6</td><td>≥4</td><td>≥2</td><td>≥1.6</td><td>≥1.6</td></tr>
<tr><td rowspan="4">观测时段长度
(min)</td><td colspan="2">静态</td><td>≥720</td><td>≥540</td><td>≥240</td><td>≥60</td><td>≥45</td><td>≥40</td></tr>
<tr><td rowspan="3">快速静态</td><td>双频 + P(Y)</td><td>—</td><td>—</td><td>—</td><td>≥10</td><td>≥5</td><td>≥2</td></tr>
<tr><td>双频全波</td><td>—</td><td>—</td><td>—</td><td>≥15</td><td>≥10</td><td>≥10</td></tr>
<tr><td>单频或双频半波</td><td>—</td><td>—</td><td>—</td><td>≥30</td><td>≥20</td><td>≥15</td></tr>
<tr><td rowspan="2">采样间隔
(s)</td><td colspan="2">静态</td><td>30</td><td>30</td><td>30</td><td>10 ~ 30</td><td>10 ~ 30</td><td>10 ~ 30</td></tr>
<tr><td colspan="2">快速静态</td><td>—</td><td>—</td><td>—</td><td>5 ~ 15</td><td>5 ~ 15</td><td>5 ~ 15</td></tr>
<tr><td rowspan="4">时段中任一卫星有效观测时间
(min)</td><td colspan="2">静态</td><td>≥15</td><td>≥15</td><td>≥15</td><td>≥15</td><td>≥15</td><td>≥15</td></tr>
<tr><td rowspan="3">快速静态</td><td>双频 + P(Y)</td><td>—</td><td>—</td><td>—</td><td>≥1</td><td>≥1</td><td>≥1</td></tr>
<tr><td>双频全波</td><td>—</td><td>—</td><td>—</td><td>≥3</td><td>≥3</td><td>≥3</td></tr>
<tr><td>单频或双频半波</td><td>—</td><td>—</td><td>—</td><td>≥5</td><td>≥5</td><td>≥5</td></tr>
</table>

注:1. 在时段中观测时间符合表中第七项规定的卫星,为有效观测卫星。

2. 计算有效观测卫星总数时,应将各时段的有效观测卫星数扣除重复卫星数。

3. 观测时段长度,应为开始记录数据到结束记录的时间段。

4. 观测时段数≥1.6,指每站观测一时段,至少 60% 测站再观测一时段。

3. 开机观测

观测作业的主要目的是捕获 GPS 卫星信号,并对其进行跟踪、处理和量测,以获得所需要的定位信息和观测数据。天线安置完成后,在离开天线适当位置的地面上安放 GPS 接收机,并接通电源,经过预热和静置,即可启动接收机进行观测。

在外业观测工作时,应注意以下几点:

(1)在确认外接电源电缆及天线等各项连接无误后,方可接通电源,启动接收机。开机后接收机有关指示显示正常并通过自检后,方能输入有关测站和时段控制信息。

(2)接收机在开始记录数据后,应注意查看有关观测卫星数量、相位测量残差、实时定位结果及其变化、存储介质记录等情况。

(3)在一个时段观测过程中,不允许进行以下操作:关闭又重新启动接收机;进行自测试(发现故障除外);改变卫星高度角;改变天线位置;改变数据采样间隔;按动关闭文件和删除文件等功能键。

(4)在各观测时段中,气象元素一般应在开始、中间、结束各观测记录一次,当时段较长时可适当增加观测次数。

(5)除在观测前认真检查电池容量是否充足外,在观测过程中要特别注意供电情况,在作业中观测人员不要远离接收机,听到仪器的低电压报警时应及时予以处理,否则可能会造成仪器内部数据的破坏或丢失。

(6)仪器高一定要按规定在开始、结束各量测一次,并及时输入仪器及记入测量手簿中。

(7)在观测过程中,不得靠近接收机使用对讲机;雷雨季节,架设线要防止雷击,雷雨过境时应关机停测,并卸下天线。

(8)经检查观测站的全部预定作业项目均已按规定完成,且记录与资料完整无误后方可迁站。

(9)不但在观测过程中要随时查看仪器内存或硬盘容量,而且应在每日观测结束后,及时将数据转存至计算机硬、软盘上,确保观测数据不丢失。

4. 观测记录

在外业观测工作中,所有信息资料均须妥善记录。记录形式主要有以下三种:

(1)观测记录。观测数据由 GPS 接收机自动进行记录,均记录在存储介质上。观测记录的主要内容有:载波相位观测值及相应的观测历元;同一历元的测码伪距观测值;GPS 卫星星历及卫星钟差参数;实时绝对定位结果和测站控制信息及接收机工作状态信息。

(2)观测手簿。观测手簿是在 GPS 接收机启动前和观测过程中,由观测者实时填写的。记录格式可参照现行规范执行。

(3)其他记录。其他记录主要是观测计划及偏心观测资料等。

§3.3　数据处理

3.3.1　坐标参照系

3.3.1.1　GPS 测量定位中的地球参照系和参考框架

在卫星导航定位系统中,用于计算卫星位置的轨道数据通常是在一个地心地固系下给出的,用户将利用这些轨道数据计算卫星在观测时刻的位置,并将这些位置作为空间已知点,用于确定用户的位置。目前,较为常用的 GPS 卫星轨道数据主要有以下两种:

(1)基于 WGS-84 的广播星历。

(2)基于国际地球参考框架(ITRF)的 IGS 精密星历。

也就是说,在测量定位时,若采用广播星历,则结果属于 WGS-84,若采用 IGS 精密星历,则结果属于 ITRF。

1. 1984 年世界大地系统

1984 年世界大地系统(World Geodetic System 1984,简称 WGS-84)是由一个全球地心参考框架、一组相应的模型和 WGS-84 大地水准面所组成的测量参照系。WGS-84 提供了一个易于使用的标准三维坐标参照系,GPS 系统内部在处理与位置有关的信息时,所采用的就是这一参照系。

WGS－84 是一个协议地球参照系，为地心地固右手正交系，其定义遵循如下准则：

(1)为地心系，原点位于包括海洋和大气在内的整个地球的质心；

(2)尺度在局部地球框架下，遵守相对论原理；

(3)初始定向由国际时间局(BIH)1984.0的定向给定；

(4)定向中的时变不会使地壳产生残余的全球性旋转。

根据以上准则，WGS－84 坐标参照系的定义如下(见图 3-13)：

(1)原点位于地球质心(Earth's Center of Mass)；

(2)Z 轴与 IERS(国际地球自转及参照系服务，International Earth Rotation and Reference System Service)参考极(IERS Reference Pole，简称 IRP)指向相同，该指向与 1984.0 历元的 BIH 协议地极(Conventional Terrestrial Pole，简称 CTP)一致；

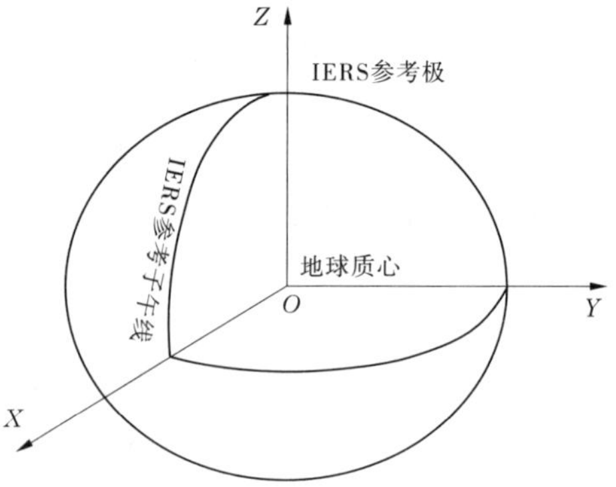

图 3-13　WGS－84 坐标参照系的定义

(3)X 轴指向 IERS 参考子午线(IRM)与过原点且垂直于 Z 轴平面的交点；

(4)Y 轴与 Z 轴、X 轴垂直并最终完成地心地固右手正交系。

2. 国际地球参照系和国际地球参考框架

1)国际地球参照系

国际地球参照系(ITRS)是由 IERS 所定义的一个协议地球参照系，其定义满足如下条件：

(1)原点位于地球质心，地球质心为包括海洋和大气在内的整个地球的质心；

(2)长度单位为国际单位制中的米；

(3)初始定向为国际时间局(BIH)所给出的 1984.0 定向；

(4)定向的时变通过一个关于全球水平运动构造运动的非净旋转条件。

2)国际地球参考框架

国际地球参考框架是 ITRS 的实现，由一组具有 ITRS 坐标和速度估值的 IERS 观测站组成，并由 IERS 中心局的地球参考框架部负责建立和维护。

3.3.1.2　我国常用坐标参照系

1. 1954 北京坐标系

1954 北京坐标系是我国目前广泛采用的大地测量坐标系。该坐标系源自于苏联 1942 年普尔科夫坐标系。

1)坐标系参数

椭球：克拉索夫斯基椭球；

长半轴 a：6 378 245 m；

扁率 f：1/298.3；

高程：以 1956 年青岛验潮站的黄海平均海水面为基准。

2)缺点

(1)1954 北京坐标系椭球参数长半轴与现在的精确值有 108 m 的差距。

(2)参考椭球面与我国大地水准面之间存在自西向东的系统性倾斜,东部差距达 68 m。

(3)几何大地测量和物理大地测量应用的参考面不统一。重力数据处理时采用的是赫尔默特正常重力公式,与其相应的椭球为赫尔默特椭球,这与克拉索夫斯基椭球不一致。

(4)定向不明确,即克拉索夫斯基椭球短半轴既不指向 CIO,也不指向我国地极原点 JYD1968.0,同时其起始子午面也不是国际时间局所定义的格林尼治天文台子午面。这给坐标换算带来了很多麻烦。

(5)1954 北京坐标系是按局部平差逐步提供大地点成果的,因此不可避免地会出现一些矛盾和不够合理的地方。

2.1980 西安坐标系

全国天文大地网整体平差要在新的坐标系的参考椭球面上进行。为此首先需要建立一个新的大地坐标系,并命名为 1980 西安坐标系。1980 西安坐标系的大地原点定在我国中部,具体选在陕西泾阳县永乐镇。它采用国际大地测量和地球物理联合会 1975 年推荐的四个地球椭球参数(a,J_2,GM,ω),并根据这四个参数求解椭球扁率和其他参数。

1980 西安坐标系具有下列特点:

(1)采用多点定位原理建立,理论严密,定义明确。大地原点位于我国中部,可有效减小坐标传递误差。

(2)所采用的椭球参数为现在精确的地球总椭球参数,有利于实际应用和理论研究。

(3)椭球面与我国大地水准面吻合较好,全国范围内的平均差值为 10 m,大部分地区的差值在 15 m 以内。

(4)椭球短半轴指向明确,指向 JYD1968.0 地极原点方向。

(5)经过了整体平差,点位精度高。

3.2000 国家大地坐标系

目前,我国实际使用的 1954 北京坐标系和 1980 西安坐标系,实质上都只是参心坐标系。随着科学技术的进步,越来越多的实际应用要求建立和采用地心坐标系。随着我国空间定位技术的发展,建立高精度的地心坐标系成为可能。为顺应时代的潮流和要求,我国提出并建立了 2000 国家大地坐标系(China Geodetic Coordinate System 2000,简称,CGCS2000)。

CGCS2000 的定义如下:

(1)原点:包括海洋和大气在内的整个地球的质心。

(2)长度:单位是国际单位制中的米,这一尺度与局部地心框架下的 TCG(地心坐标时)时间坐标一致,通过适当的相对论模型获得。

(3)初始定向:由 1984.0 时的 BIH(国际时间局)定向给出。

(4)定向的时变:不产生相对于地壳的残余全球旋转。

(5)CGCS2000 是右手地固直角坐标系(直角坐标系包括笛卡儿空间直角坐标系(X、Y、Z)和空间大地直角坐标系(B、L、H))。原点位于地球质心,Z 轴与 IERS 参考极(IRP)

方向一致，X 轴为 IERS 参考子午面(IRM)与垂直于 Z 轴的赤道面的交线，Y 轴与 Z 轴、X 轴垂直并最终形成右手正交系。

参考椭球采用 2000 参考椭球，其相应参数为：

椭球长半轴 $a = 6\ 378\ 137$ m；

引力常数与地球质量的乘积 $GM = 3.986\ 004\ 418 \times 10^{14}\ m^3/s^2$；

地球重力场二阶带球谐系数 $J_2 = 1\ 082.629\ 832\ 258 \times 10^{-6}$；

地球自转角速度 $\omega = 7.292\ 115 \times 10^5$ rad/s。

3.3.1.3 基准转换

在应用包括 GPS 在内的空间定位技术进行测量时，往往需要进行不同基准间的转换。常用的基准转换方法有布尔沙－沃尔夫(Bursa－Wolf)模型和莫洛金斯基(Molodensky)模型。

1. 布尔沙－沃尔夫模型

布尔沙－沃尔夫模型(在我国常被称为布尔沙模型)又被称为七参数转换(7－Parameter Transformation)或七参数赫尔默特变换(7－Parameter Helmert Transformation)，如图 3-14所示。

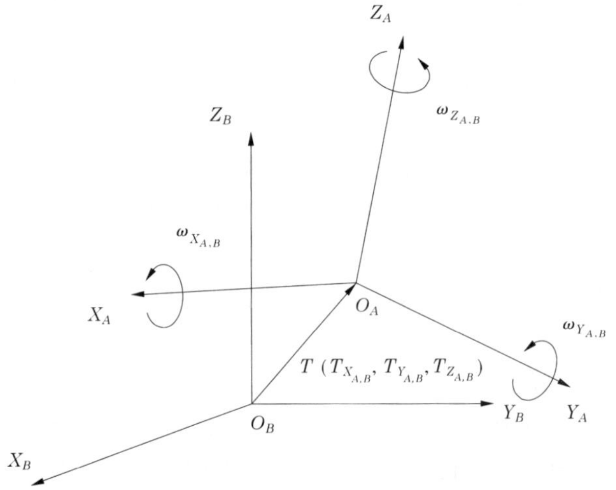

图 3-14 布尔沙－沃尔夫模型

在该模型中共采用了 7 个参数，分别为 3 个平移参数 T_X、T_Y、T_Z，3 个旋转参数 ω_X、ω_Y、ω_Z(被称为 3 个欧拉角)和 1 个尺度参数 m。假设有两个分别基于不同基准的空间直角坐标系 $O_A - X_AY_AZ_A$ 和 $O_B - X_BY_BZ_B$，采用布尔沙模型将 $O_A - X_AY_AZ_A$ 下的坐标转换为 $O_B - X_BY_BZ_B$ 下的坐标的过程可用数学公式表达如下

$$\begin{pmatrix} X_B \\ Y_B \\ Z_B \end{pmatrix} = \begin{pmatrix} T_{X_{A,B}} \\ T_{Y_{A,B}} \\ T_{Z_{A,B}} \end{pmatrix} + (1 + m_{A,B})R_3(\omega_{Z_{A,B}})R_2(\omega_{Y_{A,B}})R_1(\omega_{X_{A,B}})\begin{pmatrix} X_A \\ Y_A \\ Z_A \end{pmatrix} \tag{3-2}$$

式中，X_A、Y_A、Z_A 和 X_B、Y_B、Z_B 分别为某点在 $O_A - X_AY_AZ_A$ 和 $O_B - X_BY_BZ_B$ 下的坐标；$\omega_{X_{A,B}}$、$\omega_{Y_{A,B}}$、$\omega_{Z_{A,B}}$为由 $O_A - X_AY_AZ_A$ 转换到 $O_B - X_BY_BZ_B$ 的旋转参数；$m_{A,B}$为由 $O_A - X_AY_AZ_A$ 转换

到 $O_B - X_B Y_B Z_B$ 的尺度参数；$T_{X_{A,B}}$、$T_{Y_{A,B}}$、$T_{Z_{A,B}}$ 为由 $O_A - X_A Y_A Z_A$ 转换到 $O_B - X_B Y_B Z_B$ 的平移参数；$R_1(\omega_{X_{A,B}})$、$R_2(\omega_{Y_{A,B}})$、$R_3(\omega_{Z_{A,B}})$ 分别为三个旋转矩阵。

$$R_1(\omega_{X_{A,B}}) = \begin{pmatrix} 1 & 0 & 0 \\ 0 & \cos\omega_{X_{A,B}} & \sin\omega_{X_{A,B}} \\ 0 & -\sin\omega_{X_{A,B}} & \cos\omega_{X_{A,B}} \end{pmatrix}, \quad R_2(\omega_{Y_{A,B}}) = \begin{pmatrix} \cos\omega_{Y_{A,B}} & 0 & -\sin\omega_{Y_{A,B}} \\ 0 & 1 & 0 \\ \sin\omega_{Y_{A,B}} & 0 & \cos\omega_{Y_{A,B}} \end{pmatrix},$$

$$R_3(\omega_{Z_{A,B}}) = \begin{pmatrix} \cos\omega_{Z_{A,B}} & \sin\omega_{Z_{A,B}} & 0 \\ -\sin\omega_{Z_{A,B}} & \cos\omega_{Z_{A,B}} & 0 \\ 0 & 0 & 1 \end{pmatrix}$$

2. 莫洛金斯基模型

如图 3-15 所示，莫洛金斯基模型也是通过 7 个参数来进行不同基准下空间直角坐标间的转换，虽然这 7 个参数也分别是 3 个平移参数 T_X、T_Y、T_Z，3 个旋转参数 ω_X、ω_Y、ω_Z（也被称为 3 个欧拉角）和 1 个尺度参数 m，但其具体含义与布尔沙－沃尔夫模型中的 7 个参数有所不同。

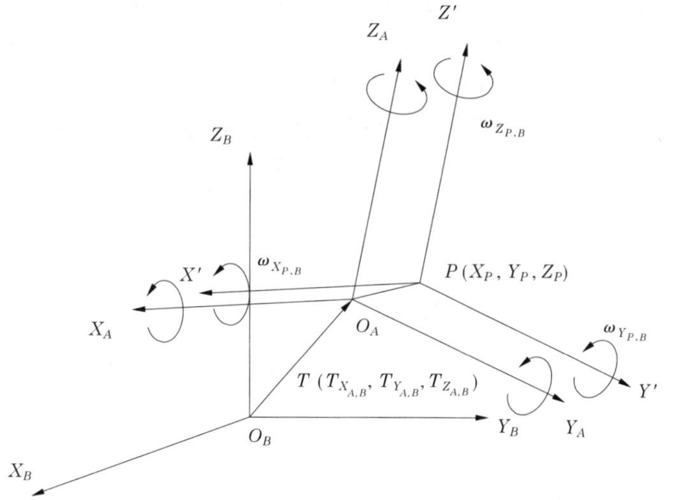

图 3-15 莫洛金斯基模型

采用莫洛金斯基模型将 $O_A - X_A Y_A Z_A$ 下的坐标转换为 $O_B - X_B Y_B Z_B$ 下的坐标的步骤是：

（1）将 $O_A - X_A Y_A Z_A$ 的原点平移到某点 P，形成一个过渡坐标系 $P - X'Y'Z'$；

（2）将 $P - X'Y'Z'$ 依次分别绕 X、Y 和 Z 轴旋转 $\omega_{X_{P,B}}$、$\omega_{Y_{P,B}}$ 和 $\omega_{Z_{P,B}}$ 三个角度，使其坐标轴与 $O_B - X_B Y_B Z_B$ 中相应的坐标轴平行，旋转方式和次序与布尔沙－沃尔夫模型相似；

（3）将 $P - X'Y'Z'$ 中的长度单位缩放 $1 + m$ 倍，使其长度单位与 $O_A - X_A Y_A Z_A$ 的一致；

（4）将 $O_A - X_A Y_A Z_A$ 的原点分别沿 X、Y 和 Z 轴移动 $-T_{X_{A,B}}$、$-T_{Y_{A,B}}$ 和 $-T_{Z_{A,B}}$，使其与 $O_B - X_B Y_B Z_B$ 的原点重合。

可用数学公式将该转换过程表达如下：

$$\begin{pmatrix} X_B \\ Y_B \\ Z_B \end{pmatrix} = \begin{pmatrix} X_P \\ Y_P \\ Z_P \end{pmatrix} + (1 + m_{P,B}) R_3(\omega_{Z_{P,B}}) R_2(\omega_{Y_{P,B}}) R_1(\omega_{X_{P,B}}) \begin{pmatrix} X_A - X_P \\ Y_A - Y_P \\ Z_A - Z_P \end{pmatrix} + \begin{pmatrix} T_X \\ T_Y \\ T_Z \end{pmatrix} \tag{3-3}$$

式中,X_A、Y_A、Z_A 和 X_B、Y_B、Z_B 分别为某点在 $O_A - X_AY_AZ_A$ 和 $O_B - X_BY_BZ_B$ 下的坐标;X_P、Y_P、Z_P 为 P 点在 $O_A - X_AY_AZ_A$ 下的坐标;$\omega_{X_{P,B}}$、$\omega_{Y_{P,B}}$、$\omega_{Z_{P,B}}$ 为由 $P - X'Y'Z'$ 转换到 $O_B - X_BY_BZ_B$ 的旋转参数;$m_{P,B}$ 为由 $P - X'Y'Z'$ 转换到 $O_B - X_BY_BZ_B$ 的尺度参数;$R_1(\omega_{X_{P,B}})$、$R_2(\omega_{Y_{P,B}})$、$R_3(\omega_{Z_{P,B}})$ 的具体形式与布尔沙－沃尔夫模型类似。

3.3.2　GPS 测量数据处理

3.3.2.1　GPS 基线向量的解算

1. 基线解算

GPS 相对定位的结果确定测站点间的相对位置关系。这种相对位置关系通常用空间直角坐标差或大地坐标差表示。我们称这种点位间的相对位置量为基线向量,对应两点间的长度称为基线长度。

为了通过平差计算求解观测站之间的基线向量,一般均取相位观测值的线性组合,即差分模型。这里以双差观测值作为平差解算时的观测量,以测站间的基线向量坐标为主要未知量,建立误差方程式、法方程求解基线向量。

如果在基线两端对同一组卫星观测的历元数为 nt,相应的误差方程式为

$$V = (A,B)\begin{pmatrix} \delta X_2 \\ \Delta\Delta N \end{pmatrix} + L \tag{3-4}$$

式中

$$A = [A(t_1) \quad A(t_1) \quad \cdots \quad A(t_{nt})]^{\mathrm{T}}, \quad B = [B(t_1) \quad B(t_1) \quad \cdots \quad B(t_{nt})]^{\mathrm{T}},$$
$$V = [V(t_1) \quad V(t_1) \quad \cdots \quad V(t_{nt})]^{\mathrm{T}}, L = [\Delta\Delta L(t_1) \quad \Delta\Delta L(t_1) \quad \cdots \quad \Delta\Delta L(t_{nt})]^{\mathrm{T}}$$

相应的法方程式为

$$N\Delta X + U = 0 \tag{3-5}$$

式中

$$N = (AB)^{\mathrm{T}}P(AB), \quad \Delta X = (\delta X_2 \quad \Delta\Delta N)^{\mathrm{T}}, \quad U = (AB)^{\mathrm{T}}PL$$

其中,P 为双差观测量权矩阵。

2. 精度评定

(1)单位权中误差估值

$$m_0 = \sqrt{V^{\mathrm{T}}PV/(n - k - 2)} \tag{3-6}$$

(2)平差值的精度估计。

未知数向量 X 中任一分量的精度估值为

$$m_{x_i} = m_0 \sqrt{1/P_{x_i}} \tag{3-7}$$

式中,P_{x_i} 由 N^{-1} 中对角元素求得,$P_{x_i} = 1/Q_{x_ix_i}$,$Q_{x_ix_i}$ 为协因数,$Q_{x_ix_i} = \dfrac{\sigma_i^2}{\sigma_0^2}$ $(i = 1,2,\cdots,n)$。

基线长度 $b = \sqrt{(\Delta X_{12}^0 + \delta X_{12})^2 + (\Delta Y_{12}^0 + \delta Y_{12})^2 + (\Delta Z_{12}^0 + \delta Z_{12})^2}$,在 $(\Delta X_{12}^0, \Delta Y_{12}^0,$

ΔZ_{12}^{0})处展开后,得

$$\delta b = f^{\mathrm{T}} \Delta X \tag{3-8}$$

由协因数传播定律可得

$$Q_{bb} = f^{\mathrm{T}} Q_{\Delta X} f$$

基线长度 b 中误差估值为

$$m_b = m_0 \sqrt{Q_{bb}} \tag{3-9}$$

基线长度相对中误差估值为

$$f_b = m_b / b \times 10^6 \tag{3-10}$$

3.3.2.2　基线向量解算结果分析

基线向量的解算是一个复杂的平差计算过程,实际处理时要顾及时段中信号间断引起的数据剔除,劣质观测数据的发现及剔除,星座变化引起的整周未知数的变化,进一步消除传播延迟改正以及对接收机钟差重新评估等问题。

基线处理完成后,应对其结果作以下分析。

1. 观测值残差分析

平差处理时假定观测值仅存在偶然误差,当存在系统误差或粗差时,处理结果将有偏差。理论上载波相位观测精度为1%周,即对 L1 波段信号观测的误差只有 2 mm。因而,当偶然误差达到 1 cm 时,应认为观测值质量存在较严重问题;当系统误差达到分米级时应认为处理软件中采用的模型不适用;当残差分布中出现突然的跳跃或尖峰时,表明周跳未处理成功。

平差后单位权中误差值一般为 0.05 周以下,否则,表明观测值中存在某些问题。例如,可能存在受多路径干扰、外界无线电信号干扰或接收机时钟不稳定等影响的低精度观测值;观测值改正模型不适宜;周跳未被完全修复;整周未知数解算不成功使观测值存在系统误差等。当然,单位权中误差较大也可能是由于起算数据存在问题,如存在基线固定端点坐标误差或存在基准数据的卫星星历误差的影响。

2. 基线长度的精度

基线处理后其长度中误差应在标称精度值内。多数接收机的基线长度标称精度为 $(5 \sim 10) \pm (1 \sim 2) \times 10^{-6} \cdot D$(mm)。

对于 20 km 以内的短基线,单频接收机观测数据通过差分处理可以有效地消除电离层影响,从而确保相对定位的精度。当基线长度增加时,双频接收机观测数据消除电离层的影响将明显优于单频接收机观测数据的处理结果。

3. 双差固定解与双差实数解

理论上整周未知数 N 是一整数,但平差解算得到的是一实数,称为双差实数解。将实数确定为整数,在进一步平差时不作为未知数求解,这样的结果称为双差固定解。在短基线情况下可以精确确定整周未知数,因而其解算结果优于实数解,但两者之间的基线向量坐标应符合良好(通常要求其差小于 5 cm)。当双差固定解与实数解的向量坐标差达到分米级时,则处理结果可能有误,其原因多为观测值质量不佳。当基线长度较长时,通常以采用双差实数解为佳。

3.3.2.3　基线解算中的几个问题

判别基线解算结果需要根据两项指标即中误差 RMS 及模糊度检验率指标 RA – TIO 来确定,如果两项指标不符合要求,则应进行分析并重新计算。下面将就几种情况进行讨论。

1. 中误差符合要求而指标差不符合要求

这种情况一般表明观测数据不足以确定整周模糊度,无法获得最后解,其原因可能是观测时间不够或图形强度不足。如果外业观测时高度角设置较低,如 12°,而处理时取 15°,则可将参数文件中卫星高度角降至 12°重新计算,这样或许能增加一些数据;如果外业设置高度角与内业数据处理时一致,一般不必重算。

2. 中误差及指标差均不符合要求

此时观测数据中可能存在干扰因素的影响,可考虑做以下处理:

(1)在解算时可考虑提高观测卫星的高度角,例如可取 18° ~26°。

(2)在解算时可考虑减小数据的剔除率。

(3)在解算时可考虑改变参考卫星,重新进行双差解算。对这种情况最好通过残差图进行残差分析,确定某颗卫星是否存在问题(若存在问题,可删除卫星数据),某时间残差是否较大(若开始一些历元残差较大,可重新设置起始和结束历元),这样可更好地确定数据及卫星数据的质量,以决定采用何种方式重算。只要有足够的数据,便可重算获得正确解。

3. 指标差符合要求而中误差略不符合要求

若边长较大,观测时间也比较长,这种情况是正常的,也可以参照前面的分析进行检查。

3.3.3　GPS 网平差

3.3.3.1　GPS 网平差的目的

在 GPS 网的数据处理过程中,由基线解算所得到的基线向量仅能确定 GPS 网的几何形状,却无法提供最终确定网中点的绝对坐标所必需的绝对位置基准。在 GPS 网平差中,通过起算点坐标可以达到引入绝对基准的目的。不过,这不是 GPS 网平差的唯一目的。总结起来,GPS 网平差的目的主要有三个:

(1)消除由观测量和已知条件中所存在的误差而引起的 GPS 网在几何形状上的不一致。

(2)改善 GPS 网的质量,评定 GPS 网精度。通过 GPS 网平差,可得出一系列能用于评估 GPS 网精度的指标,如观测值改正数、观测值验后方差、观测值单位权方差、相邻点距离中误差、点位中误差等。

(3)确定 GPS 网中点在指定参照系下的坐标以及其他所需参数的估值。

3.3.3.2　GPS 网平差的类型

通常,无法通过某个单一类型的 GPS 网平差过程来达到上述三个目的,而必须分阶段采用不同类型的 GPS 网平差方法。根据进行 GPS 网平差时所采用观测量和已知条件的类型与数量,可将 GPS 网平差分为最小约束平差/自由网平差、约束平差和联合平差三种类型。

GPS网平差还可以根据进行平差时所采用坐标系的类型，分为三维平差和二维平差。在GPS网的三维平差中，所采用的GPS基线向量观测值和所确定出的点的位置都是在一个三维坐标系下。而在GPS网的二维平差中，所采用的GPS基线向量观测值和所确定出的点的位置都是在一个二维坐标系下。

1. 最小约束平差/自由网平差

GPS网的最小约束平差/自由网平差中所采用的观测量完全为GPS基线向量，平差通常在与基线向量相同的地心地固系下进行。在平差进行过程中，最小约束平差除引入一个提供位置基准信息的起算点坐标外，不再引入其他的外部起算数据，而自由网平差则不引入任何外部起算数据。它们之间的一个共性就是都不引入会使GPS网的尺度和方位发生变化的起算数据，而这些往往决定了GPS网的几何形状，因而有时又将这两种类型的平差统称为无约束平差。

由于在GPS网的无约束平差中，GPS网的几何形状完全取决于GPS基线向量，而与外部起算数据无关，因此GPS网的无约束平差结果实际上也完全取决于GPS基线向量。所以，GPS网的无约束平差结果质量的优劣，以及在平差过程中所反映出的观测值间几何不一致性的大小，都是观测值本身质量的真实反映。GPS网无约束平差的这一特点有两方面作用：一方面，通过GPS网无约束平差所得到的GPS网的精度指标，被作为衡量GPS网内符合精度的指标；另一方面，通过GPS网无约束平差所反映出的观测质量，被作为判断粗差观测值及进行相应处理的依据。

2. 约束平差

GPS网的约束平差中所采用的观测量也完全为GPS基线向量，但与无约束平差不同的是，在平差过程中引入了会使GPS网的尺度和方位发生变化的外部起算数据。GPS网的约束平差通常被用于实现GPS网成果由基线解算时所用GPS卫星星历采用的参照系到特定参照系的转换。

3. 联合平差

在进行GPS网平差时，所采用的观测值不仅包括GPS基线向量，而且还包含边长、角度、方向和高差等地面常规观测量，这种平差被称为联合平差。联合平差的作用大体上与约束平差相同，也是用于实现GPS网成果由基线解算时所用GPS卫星星历采用的参照系到特定参照系的转换，不过在大地测量应用中通常采用约束平差，而联合平差则通常用于工程应用中。

3.3.3.3　GPS网平差的流程

使用数据处理软件进行GPS网平差，需要按以下流程（见图3-16）进行：

（1）提取基线向量，构建GPS基线向量网。

要进行GPS网平差，首先必须提取基线向量，构建GPS基线向量网。提取基线向量时需要遵循以下几项原则：

①必须选取相互独立的基线，否则平差结果会与真实的情况不相符合。

②所选取的基线应构成闭合的几何图形。

③选取质量好的基线。基线质量的好坏可以依据RMS、RDOP、RATIO、同步环闭合差、异步环闭合差及重复基线较差来判定。

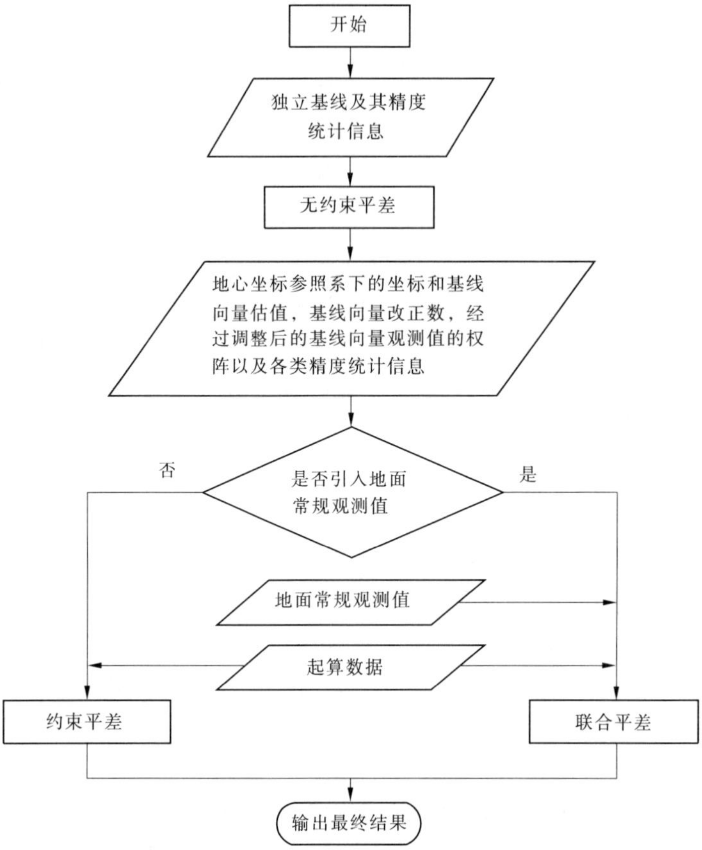

图 3-16　GPS 网平差的流程

④选取能构成边数较少的异步环的基线向量。

⑤选取边长较短的基线向量。

(2)进行三维无约束平差。

在构成了 GPS 基线向量网后，需要进行 GPS 网的三维无约束平差。通过无约束平差，主要达到以下两个目的：

①根据无约束平差的结果，判别在所构成的 GPS 网中是否存在含有粗差的基线。如发现含有粗差的基线，需要进行相应的处理。必须使得最后用于构网的所有基线向量均满足质量要求。

②调整各基线向量观测值的权，使得它们相互匹配。

(3)进行约束平差或联合平差。

在进行完三维无约束平差后，需要进行约束平差或联合平差。平差可根据需要在三维空间或二维空间中进行。

约束平差的具体步骤是：

①指定进行平差的基准和坐标系统。

②指定起算数据。

③检验约束条件的质量。

④进行平差解算。

(4)进行质量分析与控制。

在进行 GPS 网的质量评定时可以采用下面的指标:

①基线向量改正数。

根据基线向量改正数的大小,可以判断出基线向量中是否含有粗差。具体判定依据是:若 $|v_i| < \widehat{\sigma_0} \cdot \sqrt{q_i} \cdot t_{1-\alpha/2}$($v_i$ 为观测值残差,$\widehat{\sigma_0}$为单位权方差,q_i 为第 i 个观测值的协因数,$t_{1-\alpha/2}$为在显著性水平 α 下的 t 分布的区间),则认为基线向量中不含有粗差;反之,则含有粗差。

②相邻点的中误差和相对中误差。

若在进行质量评定时发现有质量问题,则需要根据具体情况进行处理。如果发现构成 GPS 网的基线中含有粗差,则需要采用删除含有粗差的基线、重新对含有粗差的基线进行解算或重测含有粗差的基线等方法加以解决;如果发现个别起算数据有质量问题,则应该放弃有质量问题的起算数据。

第 4 章　输电线路摄影测量与遥感技术

§4.1　摄影测量与遥感概述

4.1.1　摄影测量的任务

摄影测量(Photogrammetry)是通过影像研究信息的获取、处理、提取和成果表达的一门信息科学。

摄影测量的基本含义是基于像片的量测和解译。它利用光学或数码摄影机摄影得到的影像,研究和确定被摄物体的形状、大小、位置、性质和相互关系。摄影测量的内容涉及被摄物体的影像获取方法,影像信息的记录和存储方法,基于单张或多张像片的信息提取方法,数据的处理与传输,产品的表达与应用等方面的理论、设备和技术。

摄影测量的特点之一是在影像上进行量测和解译,无须接触被测目标物体本身,因而很少受自然和环境条件的限制,而且各种类型影像均是客观目标物体的真实反映,影像信息丰富、逼真,人们可以从中获得被研究目标物体的大量几何和物理信息。

摄影测量的任务是严格建立像片获取瞬间所存在的像点与对应物点之间的几何关系。一旦这种像点与对应物点之间的几何关系得到正确恢复,人们就可以从影像上严密地导出关于被摄目标物体的信息。像点与对应物点之间几何关系的恢复可以通过模拟的、解析的或数字的方法实现。摄影测量的具体任务包括两个方面:定量的和定性的,其中前者属于几何处理的范畴,主要解决是多少的问题;后者属于解译处理的范畴,主要解决是什么的问题。

4.1.2　摄影测量的分类

按照所研究对象的不同,摄影测量可分为地形摄影测量和非地形摄影测量两大类。地形摄影测量研究的对象是地球表面的形态,它以目标物体与对应像点之间的几何关系为基础,最终根据摄影像片测绘出摄影区域的地形图。非地形摄影测量一般指近景摄影测量,其研究的对象在体积和面积上较小,摄影机到摄影目标的距离较近,测量的精度较高。近景摄影测量大多应用在专题科学研究方面,诸如建筑学、生物学、考古学、医学以及调整运动物体等方面,任务和要求也各异。

摄影测量也可按摄影站的位置或传感器平台分为航天(卫星)摄影测量、航空摄影测量、地面摄影测量等。航天摄影测量是利用航天器或人造地球卫星作为传感器的平台对地面进行摄影。特别是近几年来高分辨率卫星影像的成功应用,使航天摄影测量成为国家基本图测图的重要组成部分。航空摄影测量指的是地形摄影测量,从航摄飞机上对地面进行摄影,它是摄影测量的一个重要分支。航空摄影测量的主要任务是测制各种比例尺的地形图和影像地图，建立地形数据库，并为各种地理信息系统和土地信息系统提供基础数据。航空摄影测量测绘的地形图比例尺一般为 1∶5万、1∶1万、1∶2 000、1∶1 000、1∶500等。

4.1.3　摄影测量的发展

到目前为止，摄影测量已有近 170 年的发展历史了。概括而言，摄影测量经历了模拟摄影测量、解析摄影测量和数字摄影测量三个发展阶段。表 4-1 列出了摄影测量三个发展阶段的主要特点。

表 4-1　摄影测量三个发展阶段的主要特点

发展阶段	原始资料	投影方式	仪器	操作方式	产品
模拟摄影测量	像片	物理投影	模拟测图仪	作业员手工	模拟产品
解析摄影测量	像片	数字投影	解析测图仪	机助作业员操作	模拟产品 数字产品
数字摄影测量	数字化影像 数字影像	数字投影	计算机 + 外围设备	自动化操作 + 作业员的干预	模拟产品 数字产品

如果说从模拟摄影测量到解析摄影测量的发展是一次技术的进步，那么从解析摄影测量到数字摄影测量的发展则是一场技术的革命。数字摄影测量与模拟摄影测量、解析摄影测量的最大区别在于：它处理的原始信息是航空像片经扫描得到的数字化影像或由数字传感器直接得到的数字影像，其产品是数字形式的。更主要的是，它最终以计算机视觉代替人眼的立体观测，它所使用的仪器最终只是通用的计算机及其相应外部设备，因而是一种计算机视觉的方法。

当前摄影测量常用的传感器有：航空摄影机（航摄仪）、全景摄影机、多光谱摄影机、多光谱扫描仪（Multi Spectral Scanner，简称 MSS）、专题制图仪（Thematic Mapper，简称 TM）、反束光导摄像管、HRV（High Resolution Visible）扫描仪、机载侧视雷达（Side Looking Airborne Radar，简称 SLAR）等。

4.1.4　遥感的基本概念

遥感是 20 世纪 60 年代发展起来的对地观测综合性技术。通常有广义和狭义的理解。

遥感（Remote Sensing）即"遥远的感知"，是在不直接接触的情况下，对目标或自然现象远距离探测的一种技术。空间中的电磁场、声场、势场等由于物体的存在而发生变化，测量这些场的变化就可以获得物体的信息。而在实际工作中，重力、磁力、声波、地震波等的探测被划为物探（物理探测）的范畴，因而只有电磁波探测属于遥感的范畴。

遥感之所以能够根据收集到的电磁波来判断地物目标和自然现象，是因为一切物体，由于其种类、特征和环境条件的不同，而具有完全不同的电磁波的反射或发射特征。因此，遥感技术主要是建立在物体反射或发射电磁波的原理之上的。

根据遥感的定义,遥感系统包括被测目标的信息特征、信息的获取、信息的传输与记录、信息的处理和信息的应用五大部分。

4.1.5　遥感的类型

遥感的分类方法很多,主要有下列几种。

4.1.5.1　按遥感平台分

地面遥感:传感器设置于地面平台上,如车载、船载、手提、固定或活动高架平台等;

航空遥感:传感器设置于航空器上,主要是飞机、气球等;

航天遥感:传感器设置于环地球的航天器上,如人造地球卫星、航天飞机、空间站等;

舱宇遥感:传感器设置于星际飞船上,指对地月系统外的目标的探测。

4.1.5.2　按传感器的探测波段分

紫外遥感:探测波段在 0.05 ~ 0.38 μm;

可见光遥感:探测波段在 0.38 ~ 0.76 μm;

红外遥感:探测波段在 0.76 ~ 1 000 μm;

微波遥感:探测波段在 1 mm ~ 10 m;

多波段遥感:探测波段在可见光波段和红外波段范围内,再分成若干窄波段来探测目标。

4.1.5.3　按工作方式分

主动遥感和被动遥感:主动遥感由探测器主动发射一定电磁波能量并接收目标的后向散射信号;被动遥感的传感器不向目标发射电磁波,仅被动接收目标物的自身发射和对自然辐射源的反射能量。

成像遥感与非成像遥感:前者传感器接收的目标电磁辐射信号可转换成(数字或模拟)图像;后者传感器接收的目标电磁辐射信号不能形成图像。

4.1.5.4　按遥感的应用领域分

从大的研究领域可分为外层空间遥感、大气层遥感、陆地遥感、海洋遥感等。

从具体应用领域可分为资源遥感、环境遥感、农业遥感、林业遥感、渔业遥感、地质遥感、气象遥感、城市遥感、工程遥感及灾害遥感、军事遥感等。还可以划分为更细的研究对象进行各种专题应用。

4.1.6　遥感的特点

遥感作为一门对地观测综合性技术,它的出现和发展是人们认识和探索自然界的客观需要,它具有其他技术手段无法比拟的特点。

4.1.6.1　大面积同步观测

遥感探测能在较短的时间内,从空中乃至宇宙空间对大范围地区进行观测,并从中获取有价值的遥感数据。这些数据拓展了人们的视觉空间,为宏观地掌握地面事物的现状创造了极为有利的条件,同时也为宏观地研究自然现象和规律提供了宝贵的第一手资料。这种先进的技术手段是传统的手工作业无法比拟的。遥感用航摄飞机飞行高度为 10 km 左右,陆地卫星的卫星轨道高度达 910 km 左右,从而可及时获取大范围的信息。例如,一张陆地卫星图像,其覆盖面积可达 3 万多平方千米。这种展示宏观景象的图像,对地球资源和环境分析极为重要。

4.1.6.2　时效性强

遥感探测获取信息的速度快、周期短。由于卫星围绕地球运转,从而能及时获取所经过地区的各种自然现象的最新资料,以便更新原有资料,或根据新旧资料变化进行动态监测,这是人工实地测量和航空摄影测量无法比拟的。例如,陆地卫星 4 号和 5 号每 16 d 可覆盖地球一遍,NOAA 气象卫星每天能收到两次图像,Meteosat 每 30 min 可获得一次同一地区的图像。

4.1.6.3　数据的综合性与可比性

遥感探测能动态反映地面事物的变化。遥感探测能周期性、重复地对同一地区进行观测,这有助于人们通过所获取的遥感数据,发现并动态地跟踪地球上许多事物的变化,同时研究自然界的变化规律。尤其是在监视天气状况、自然灾害、环境污染甚至军事目标等方面,遥感的运用显得格外重要。

遥感探测获取的数据具有综合性。遥感探测所获取的是同一时段、覆盖大范围地区的遥感数据,这些数据综合地展现了地球上许多自然与人文现象,宏观地反映了地球上各种事物的形态与分布,真实地体现了地质、地貌、土壤、植被、水文、人工构筑物等地物的特征,全面地揭示了地理事物之间的关联性,并且这些数据在时间上具有相同的现势性。

遥感探测获取信息的手段多、信息量大。根据不同的任务,遥感技术可选用不同波段和遥感仪器来获取信息。例如可采用可见光探测物体,也可采用紫外线、红外线和微波探测物体。利用不同波段对物体不同的穿透性,还可获取地物内部信息,例如,获取地面深层、水的下层、冰层下的水体、沙漠下面的地物特性等。另外,微波波段可以全天候工作。

4.1.6.4　较高的经济效益与社会效益

遥感探测获取信息受条件限制少。在地球上有很多地方,自然条件极为恶劣,人类难以到达,如沙漠、沼泽、高山峻岭等。采用不受地面条件限制的遥感技术,特别是航天遥感可方便及时地获取各种宝贵资料。

当前遥感形成了一个从地面到空中乃至空间,从信息数据收集、处理到判读分析和应用,对全球进行探测和监测的多层次、多视角、多领域的观测体系,成为获取地球资源与环境信息的重要手段。

为了提高对庞大数据的处理速度,遥感数字图像技术得以迅速发展。

目前,遥感技术已广泛应用于农业、林业、地质、海洋、气象、水文、军事、环保等领域。在未来的 10 年中,预计遥感技术将步入一个能快速及时提供多种对地观测数据的新阶段,遥感图像的空间分辨率、光谱分辨率和时间分辨率都会有极大的提高。遥感技术的应用领域随着空间技术的发展,尤其是地理信息系统和全球定位系统技术的发展及相互渗透,将会越来越广泛。

遥感在地理学中的应用,进一步推动和促进了地理学的研究和发展,使地理学进入到一个新的发展阶段。

遥感信息应用是遥感的最终目的。应根据专业目标的需要,选择适宜的遥感信息及其工作方法,以取得较好的经济效益与社会效益。

遥感技术系统是个完整的统一体。它是建立在空间技术、电子技术、计算机技术以及生物学、地学等现代科学技术的基础上的，是完成遥感过程的有力技术保证。

4.1.7　遥感的发展

遥感作为一门对地观测综合性技术，它的出现和发展使人类源源不断地、快速地获取地球表面地物随时间变化的几何和物理信息，了解地球上各种现象及其变化，从而指导人们合理地利用和开发资源，有效地保护和改善环境，积极地防治和抵御各种自然灾害，不断地改善人类生存和生活的环境质量，以达到经济腾飞和社会可持续发展的双重目的。

20 世纪 60 年代以来，对地观测技术得到了长足发展。国际上不仅陆续推出了系列机载对地观测系统，而且成功发射了气象卫星、陆地卫星、海洋卫星、载人飞船、航天飞机，并正在实施综合性系列卫星对地观测计划。所用的传感器工作波段覆盖了自可见光、红外到微波的全波段范围。特别是卫星对地观测技术近年来发展迅速。美国、法国、日本等国已成功研制出民用及商业卫星系统并投入使用，传感器可见光波段的分辨率也从 30 m 提高到 0.41 m。以美国、俄罗斯、法国、日本为主的空间大国和国际组织在对地观测技术领域实施了一系列对地观测计划，其水平居领先地位。中国、印度等发展中国家近年来在空间科学和对地观测领域也有令人瞩目的发展。

我国对地观测技术始于 20 世纪 70 年代初，至今已形成波段齐全、数据获取技术有了较大发展、应用领域不断拓展、有较深入的基础研究及成熟处理方法的初具规模的技术体系，几十年来在国民经济发展中已发挥了重要作用。在我国中长期科技发展规划中，有多项有关对地观测的重大事项和研究项目。我国将力争在对地观测领域跻身国际先进行列。我国在遥感空间信息技术上有了巨大的发展，取得了历史性的突破。我国已形成了气象、资源、海洋等卫星系列及其应用系统，在信息获取技术发展方面已拥有了从模拟胶片摄影遥感到固态数字成像、从多光谱到高光谱，包括主、被动微波等的较全面的遥感技术体系，在航空航天平台上实现了遥感对地观测。

4.1.8　摄影测量与遥感的结合

国际摄影测量与遥感学会（ISPRS）于 1988 年在日本东京召开的第十六届大会上给出定义："摄影测量与遥感乃是对非接触传感器系统获得的影像及其数字表达进行记录、量测和解译，从而获得自然物体和环境的可靠信息的一门工艺、科学和技术。"

遥感技术的飞速发展对摄影测量产生了巨大的冲击作用。它打破了摄影测量长期以来过分局限于测绘物体形状与大小等数据的几何处理，尤其是航空摄影测量长期以来只偏重于测制地形图的局面。

摄影测量与遥感的结合，还体现在解析摄影测量尤其是数字摄影测量对遥感技术发展的推动作用。遥感图像的高精度几何定位和几何纠正就是解析摄影测量现代理论的重要应用；数字摄影测量中的影像匹配理论可用来实现多时相、多传感器、多种分辨率遥感图像的复合和几何配准；自动定位理论可用来快速、及时地提供具有地学编码的遥感影像；摄影测量的主要成果，如 DEM、地形测量数据库和专题图数据库，乃是支持和改善遥感图像分类效果的有效信息；像片判读和影像分类的自动化和智能化则是摄影测量和遥感技术共同研究的课题。一个现代的数字摄影测量系统与一个现代的遥感图像处理系统已看不出本质差别了,两者的有机结合已成为地理信息系统(GIS)技术中的数据采集和更新的重要手段。

与此同时,摄影测量与遥感技术也有许多新的发展,其中值得关注的是机载雷达和车载移动测图系统。

当前,我国正在进行信息化测绘体系建设,信息化测绘体系建设包括多方面的内容,技术体系建设是其重要组成部分。信息化测绘技术体系建设将主要围绕地理空间信息的获取、处理、管理与服务这一信息流程来展开,摄影测量与遥感技术无疑将会得到新的发展,技术的应用与服务也将呈现新的景象。

§4.2　摄影测量基础

4.2.1　单张航摄像片解析

4.2.1.1　中心投影的基本知识

1. 中心投影与正射投影

设空间诸物点 $A,B,C,\cdots$ 按照某一规律建立投影射线,取一平面截割投影射线,在平面内得到相应的投影点 $a,b,c,\cdots$,该平面称为投影面,在平面内得到的图形称为投影图。若投影光线相互平行且垂直于投影面,称为正射投影,如图 4-1(a)所示。若投影光线会聚于一点,称为中心投影,图 4-1(b)中三种情况均属中心投影。投影光线会聚的点 S 称为投影中心,由中心投影得到的图形称为透视图。

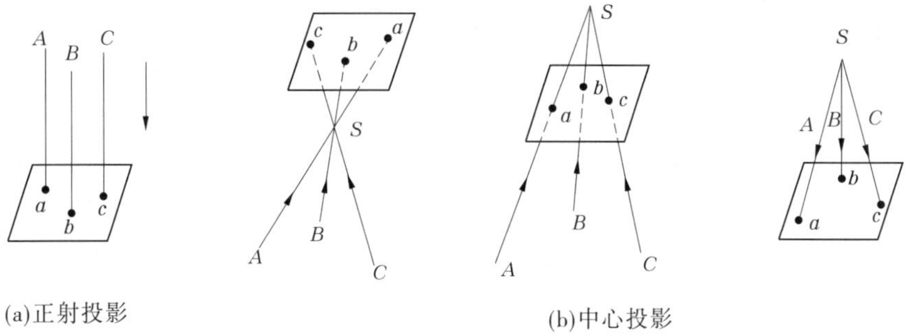

图 4-1　正射投影和中心投影

地图是地面的正射投影,航摄影片是地面的中心投影。当航空摄影机向地面摄影时,地面点光线通过物镜后,在底片上成像,即可获得航摄像片。此时,负片 P 为投影面,物镜中心为投影中心 S,地面点 A、B、C、D 至 S 的光线为投影光线,如图 4-2 所示。所以,航摄像片是所摄地面的中心投影,称负片 P 是地面的透视图。

从图 4-2 中还可看出,负片影像和地面的实际方位恰恰相反,所以通常把负片称为阴位。如将负片 P 绕投影中心 S 翻转至 P' 的位置,影像方位就与地面一致,称这种位置为阳位。阳位相当于负片晒印成的正片,与阴位的几何性质完全一致。所以,在讨论航摄像片的数学关系时，也常采用正片位置。

2. 航摄像片上特殊的点、线、面

研究航摄像片的摄影中心与地面之间的投影关系以及确定航摄像片的空间位置时，首先要研究航摄像片上的一些特殊的点、线、面。如图 4-3 所示，P 为倾斜的像片，即投影面，E 为水平的地面（物面），也称为基准面，S 为摄影中心，E 面与 P 面的交线 TT 又称为透视轴，透视轴上的点称为二重点。

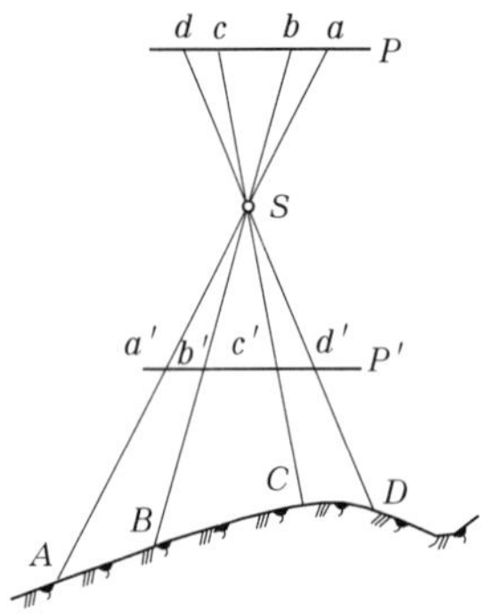

图 4-2　航摄像片中心投影示意图

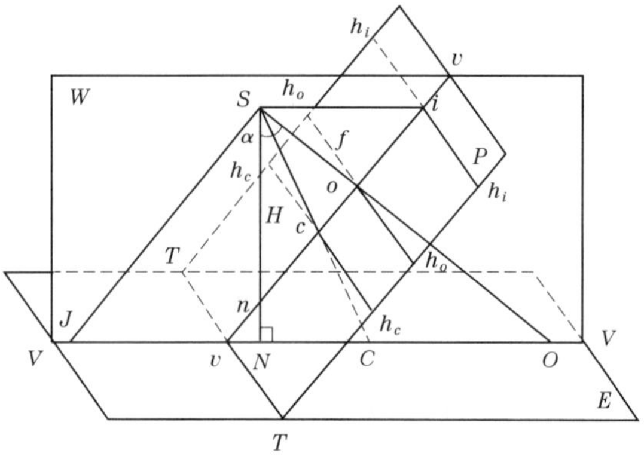

图 4-3　航摄像片上特殊的点、线、面

1）航摄像片上特殊的点、线、面

过 S 向 P 面作的垂线与像片面相交于 o，与地面交于 O，So 称为摄影机轴，o 称为像主点，$So=f$，f 称为摄影机主距。摄影机轴与地面的交点称为地面主点 O。

过 S 垂直 E 面的垂线称为主垂线，主垂线与像片面 P 的交点 n 称为像底点，与地面 E 的交点 N 称为地底点，SN 称为航高，用 H 表示。

摄影机轴 So 与主垂线 Sn 的夹角 α 称为像片倾角。角 α 的平分线与像片面的交点 c 称为等角点，与地面 E 的交点 C 称为地面等角点。

过主垂线 Sn 及摄影机轴 So 的垂面 W 称为主垂面。主垂面垂直于像片面 P，又垂直于地面 E。主垂面 W 与像片面 P 的交线 vv 称为主纵线，与地面的交线 VV 称为基本方向线。显然，o、n、c 在主纵线上，O、N、C 在基本方向线上。过 S 作 vv 的平行线交 VV 于 J，称为循点。

过 S 作平行于 E 面的水平面 Es 称为合面（图中未画出），合面与像片面的交线 h_ih_i 称为合线，合线与主纵线的交点 i 称为主合点。过 c、o 分别作平行于 h_ih_i 的直线得 h_ch_c、h_oh_o，分别称为等比线及主横线。

根据中心投影特点可知，i 点是 E 面上一组平行于基本方向线 VV 的平行线束在 P 面上构像的合点，而 n 点是一组垂直于 E 面的平行线束在 P 面上构像的合点。

综上所述，航摄像片上主要的点、线及与透视相关的点、线、面有：像主点 o、像底点 n、等角点 c、主合点 i、主纵线 vv、合线 h_ih_i、等比线 h_ch_c、基本方向线 VV 及主垂面 W 等。

2）几何关系

由图 4-3 可以看出特殊的点、线间的简单三角关系，在像片面上有

$$\left.\begin{aligned} on &= f\tan\alpha \\ oc &= f\tan\frac{\alpha}{2} \\ oi &= f\cot\alpha \\ Si &= ci = f/\sin\alpha \end{aligned}\right\} \tag{4-1}$$

同样,在物面上有

$$\left.\begin{aligned} ON &= H\tan\alpha \\ CN &= H\tan\frac{\alpha}{2} \\ SJ &= iv = H/\sin\alpha \end{aligned}\right\} \tag{4-2}$$

上述各点、线在像片上尽管是客观存在的,但除像主点在像片上容易找到外,其他的点、线均不能直接找到,需经过求解才能得到。

4.2.1.2　摄影测量常用的坐标系统

摄影测量几何处理的任务是根据像片上像点的位置确定相应地面点的空间位置,为此,首先必须选择适当的坐标系来定量描述像点和地面点,然后才能实现坐标系的变换,从像方测量值求出相应点在物方的坐标。摄影测量中常用坐标系有两大类:一类用于描述像点的位置,称为像方坐标系;另一类用于描述地面点的位置,称为物方坐标系。

1. 像方坐标系

像方坐标系用来表示像点的平面坐标和空间坐标。

1)像平面坐标系

像平面坐标系是以像主点为原点的右手平面坐标系,用 $O-xy$ 表示,如图 4-4(a)所示,用来表示像点在像片上的位置。在实际应用中,常采用以框标连线交点为原点的右手平面坐标系 $P-xy$,称其为框标平面坐标系,如图 4-4(b)所示。x、y 轴的方向按需要而定,可选与航线方向相近的连线为 x 轴,若框标位于像片的四个角上,则以对角框标连线夹角的平分线确定 x、y 轴。

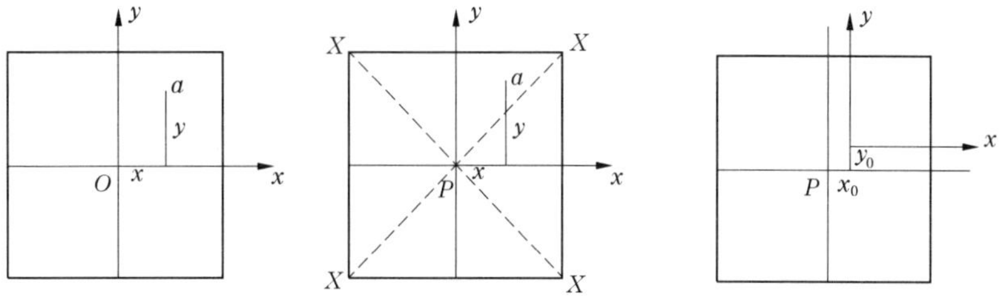

(a)以像主点为原点　(b)以框标连线交点为原点　(c)将原点平移至像主点

图 4-4　像平面坐标系

在摄影测量解析计算中,像点的坐标应采用以像主点为原点的像平面坐标系中的坐标。为此,当像主点与框标连线交点不重合时,须将框标平面坐标系原点平移至像主点,见图 4-4(c)。若像主点在框标平面坐标系中的坐标为(x_0,y_0),测量出的像点坐标化算到以像主点为原点的像平面坐标系中的坐标为($x-x_0$,$y-y_0$)。

2)像空间坐标系

为了进行像点的空间坐标变换,需要建立起描述像点在像空间位置的坐标系,即像空间坐标系。以摄影中心 S 为坐标原点,x、y 轴与像平面坐标系的 x、y 轴平行,z 轴与光轴重合,形成像空间坐标系 $S-xyz$,如图 4-5 所示。在这个坐标系中,每一个像点的 z 坐标都等于 $-f$,而 x、y 坐标就是像点的像平面坐标 x、y,因此像点的像空间坐标表示为$(x,y,-f)$。

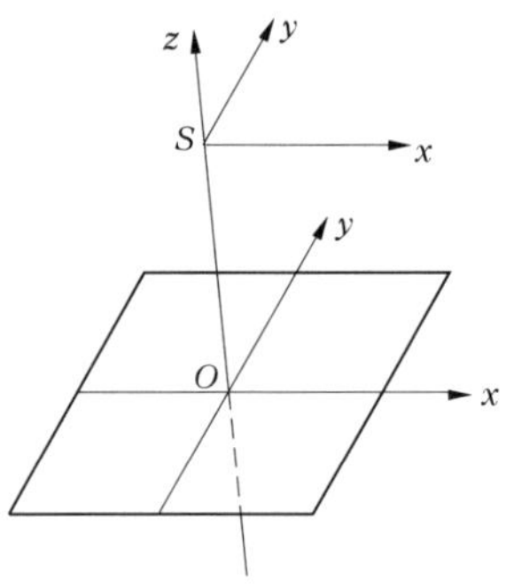

图 4-5　像空间坐标系

3)像空间辅助坐标系

像点的像空间坐标可以直接从像平面坐标得到,但由于各像片的像空间坐标系不统一,给计算带来了困难,为此,需建立一种相对统一的坐标系,称为像空间辅助坐标系,用 $S-uvw$ 表示。像空间辅助坐标系的坐标原点仍取摄影中心 S,坐标轴可依情况而定,通常有三种选取方法:

(1)取 u、v、w 轴系分别平行于地面摄影测量坐标系 $D-xyz$,这样同一像点 a 在像空间坐标系中的坐标为$(x,y,z)(z=-f)$,而在像空间辅助坐标系中的坐标为(u,v,w),如图 4-6(a)所示;

(2)以每条航线第一张像片的像空间坐标系作为像空间辅助坐标系;

(3)以每个像片对的左片摄影中心为坐标原点,摄影基线方向为 u 轴,以摄影基线及左片光轴构成的平面作为 uw 平面,过原点且垂直于 uw 平面(左核面)的轴为 v 轴,构成右手直角坐标系,如图 4-6(b)所示。

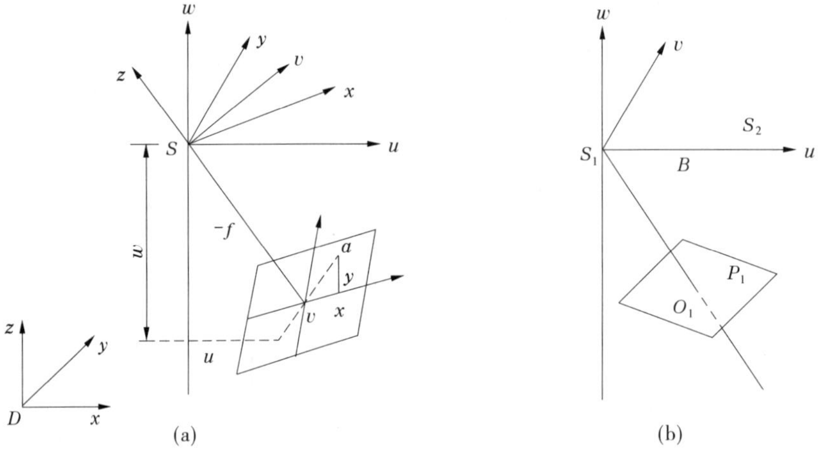

图 4-6　像空间辅助坐标系

2. 物方坐标系

物方坐标系用于描述地面点在物方空间的位置,有地面测量坐标系及地面摄影测量坐标系两种。

1)地面测量坐标系

地面测量坐标系通常是指空间大地坐标基准下的高斯－克吕格 6°带或 3°带(或任意

带）投影的平面直角坐标（例如 1954 北京坐标系或 1980 西安坐标系）与定义的从某一基准面量起的高程（例如 1956 黄海高程或 1985 国家高程基准）组合而成的空间左手直角坐标系，用 $T-X_tY_tZ_t$ 表示。

2）地面摄影测量坐标系

因为像空间辅助坐标系是右手系，地面测量坐标系是左手系，给地面点由像空间辅助坐标系转换到地面测量坐标系带来了困难，为此，需要在上述两种坐标系之间建立一个过渡性坐标系，称为地面摄影测量坐标系，用 $D-XYZ$ 表示。地面摄影测量坐标系的坐标原点在测区内某一地面点上，X 轴为大致与航向一致的水平方向，Y 轴与 X 轴正交，Z 轴沿铅垂方向，构成右手直角坐标系。在摄影测量中，首先将地面点在像空间辅助坐标系的坐标转换成地面摄影测量坐标，再转换为地面测量坐标。

地面测量坐标系与地面摄影测量坐标系如图 4-7 所示。

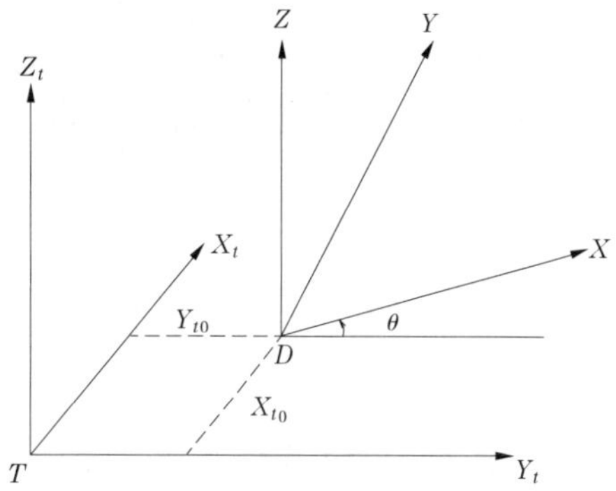

图 4-7　地面测量坐标系与地面摄影测量坐标系

4.2.1.3　航摄像片的内、外方位元素

用摄影测量方法研究被摄物体的几何信息和物理信息时，必须建立该物体与像片之间的数学关系，为此，首先要确定航空摄影瞬间摄影中心与像片在地面设定的空间坐标系中的位置与姿态。描述这些位置和姿态的参数称为像片的方位元素。其中，表示摄影中心与像片之间相关位置的参数称为内方位元素，表示摄影中心和像片在地面坐标系中的位置和姿态的参数称为外方位元素。

1. 内方位元素

内方位元素是描述摄影中心与像片之间相关位置的参数，包括三个参数，即摄影中心 S 到像片的垂距（主距）f 及像主点 o 在框标平面坐标系中的坐标 x_0、y_0，如图 4-8 所示。

在摄影测量作业中，将像片装入投影镜箱后，若保持摄影时的三个内方位元素，并用灯光照明，即可以得到与摄影时完全相似的投影光束，它是建立测图所需要的立体模型的基础。

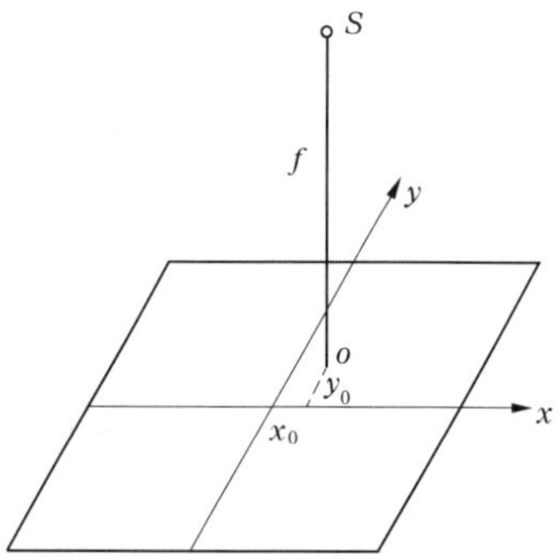

图 4-8　内方位元素

内方位元素一般视为已知，它由制造厂家通过摄影机鉴定设备检测得到，检测的数据写在摄影机说明书上。制造摄影机时，一般应将像主点置于框标连线交点上，但安装中有误差，通常内方位元素中的 x_0、y_0 是一个微小值。内方位元素正确与否，将直接影响测图精度，因此须对摄影机作定期的检定。

2. 外方位元素

在恢复内方位元素(即恢复了摄影光束)的基础上,确定摄影光束在摄影瞬间的空间位置和姿态的参数,称为外方位元素。一张像片的外方位元素包括六个参数,其中三个是直线元素,用于描述摄影中心的空间坐标值;另外三个是角元素,用于描述像片的空间姿态。

1)外方位直线元素

外方位直线元素反映摄影瞬间摄影中心在选定的地面空间坐标系中的坐标值,通常选用地面摄影测量坐标系,则 S 在该坐标系的坐标为(X_S, Y_S, Z_S),如图 4-9 所示。

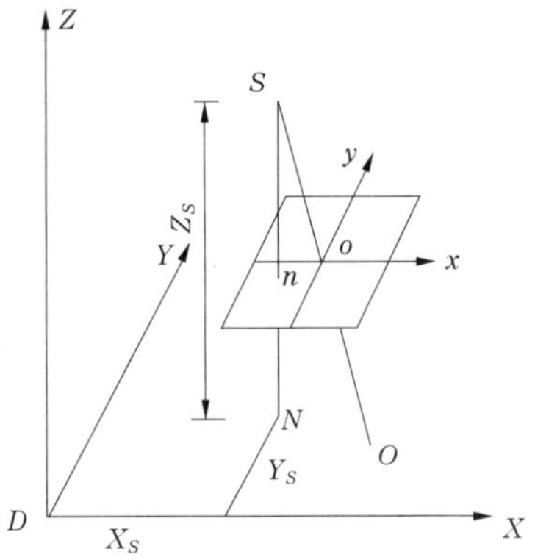

图 4-9　外方位直线元素

2)外方位角元素

对于在某一瞬间摄取的一张航摄像片 P,如何寻找一些角元素来确定方向及像片的空间方位呢?首先选取像空间辅助坐标系,若选取的像空间辅助坐标系三轴与地面摄影测量坐标系三轴分别平行,则将光轴 So 投影在 $S-uw$ 平面内,得到投影 So_x,此时 Sw、Su、So_x 均在一个平面内,So_x 与 w 轴的夹角用 φ 表示,称为航向倾角,So_x 与 So 轴的夹角用 ω 表示,称为旁向倾角。一旦 φ、ω 确定,光轴 So 的方向就可以确定。然后将 Sv 轴投影在像片平面内,其投影与像片平面坐标系 y 轴的夹角用 κ 表示,称为像片旋角。若 κ 已知,那么像片 P 的空间方位亦可确定。按上述方法定义的角元素 φ、ω、κ 为该像片的外方位角元素(见图 4-10)。按这种方法定义的外方位角元素,光轴及像片空间方位恰好等价于下列情况:假设在 S 摄影站点摄取一张水平像片,将该像片及其像空间辅助坐标系 $S-uvw$ 首先绕着 v 轴(称为主轴)在航向倾斜 φ 角,在此基础上,再绕着次主轴(绕着 v 轴旋转了 φ 角的 u 轴)在旁向倾斜 ω 角,然后将像片再绕第三轴(经 φ、ω 旋转后的 w 轴,即当前的光轴 So)旋转 κ 角。因此,亦称 φ、ω、κ 是以 v 为主轴的转角系统。

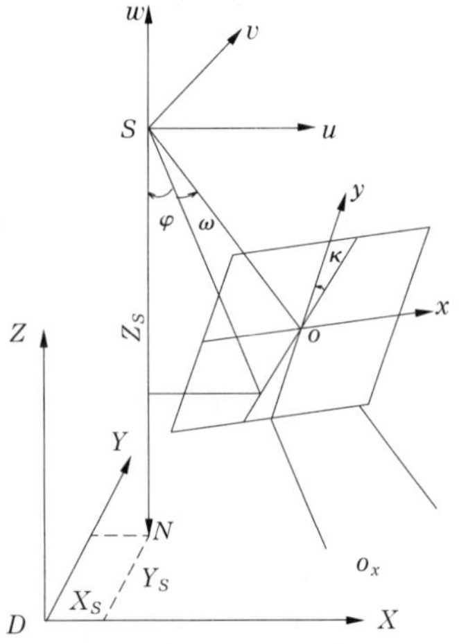

图 4-10　外方位角元素 φ、ω、κ

关于转角的正负号,国际上规定绕轴逆时针旋转(从旋转轴的正向的一端面对着坐标原点看)为正,反之为负。我国习惯规定 φ 角顺时针方向旋转为正,ω、κ 角逆时针方向旋转为正,图 4-10 中箭头方向表示正方向。

4.2.1.4　中心投影构像方程

在解析摄影测量中,为了利用像点坐标计算相应的地面点坐标,首先应建立像点在不同的空间直角坐标系之间的坐标变换关系。

1. 像点的空间坐标变换式

如图 4-6(a)所示,像点在像空间坐标系 $S-xyz$ 中的坐标为$(x,y,z)$$(z=-f)$,在像空间辅助坐标系 $S-uvw$ 中,其坐标为(u,v,w),由解析几何可知,像点 a 在这两种坐标系中的坐标关系式为

$$\begin{bmatrix} u \\ v \\ w \end{bmatrix} = \begin{bmatrix} a_1 & a_2 & a_3 \\ b_1 & b_2 & b_3 \\ c_1 & c_2 & c_3 \end{bmatrix} \begin{bmatrix} x \\ y \\ -f \end{bmatrix} = R \begin{bmatrix} x \\ y \\ -f \end{bmatrix} \tag{4-3}$$

式中,R 为旋转矩阵,a_i、b_i、c_i($i=1$、2、3)是方向余弦,即两坐标轴系间夹角的余弦值。

将式(4-3)展开得

$$\left.\begin{aligned} u &= a_1x + a_2y - a_3f \\ v &= b_1x + b_2y - b_3f \\ w &= c_1x + c_2y - c_3f \end{aligned}\right\} \tag{4-4}$$

显然,式(4-3)的反算式为

$$\begin{bmatrix} x \\ y \\ -f \end{bmatrix} = R^{-1} \begin{bmatrix} u \\ v \\ w \end{bmatrix} \tag{4-5}$$

可以证明,上述坐标变换属正交变换,其旋转矩阵 R 称为正交矩阵。由于 $R^{T}=R^{-1}$,式(4-5)也可表示为

$$\begin{bmatrix} x \\ y \\ -f \end{bmatrix} = \begin{bmatrix} a_1 & b_1 & c_1 \\ a_2 & b_2 & c_2 \\ a_3 & b_3 & c_3 \end{bmatrix} \begin{bmatrix} u \\ v \\ w \end{bmatrix} \tag{4-6}$$

式(4-3)及式(4-6)是像点在像空间坐标系和像空间辅助坐标系之间变换的基本关系式。

2. 中心投影构像方程式

航摄像片与地图是两种不同性质的投影,摄影影像信息的处理,就是要把中心投影的影像变为正射投影的地图信息,为此要讨论像点与相应物点的构像方程式。

选取地面摄影测量坐标系 $D-XYZ$ 及像空间辅助坐标系 $S-uvw$,并使两种坐标系的坐标轴彼此平行,如图 4-11 所示。

设摄影中心与地面点 A 在地面摄影测量坐标系中的坐标分别为(X_S,Y_S,Z_S)(即像片三个外方位直线元素)和(X,Y,Z),地面点 A 在像空间辅助坐标系中的坐标为$(X-X_S,Y-Y_S,Z-Z_S)$,像点 a 在像空间辅助坐标系中的坐标为(u,v,w),由于 S、a、A 三点共线,因此由相似三角形得

$$\frac{u}{X-X_S} = \frac{v}{Y-Y_S} = \frac{w}{Z-Z_S} = \frac{1}{\lambda}$$

式中,λ 为比例因子,写成矩阵形式为

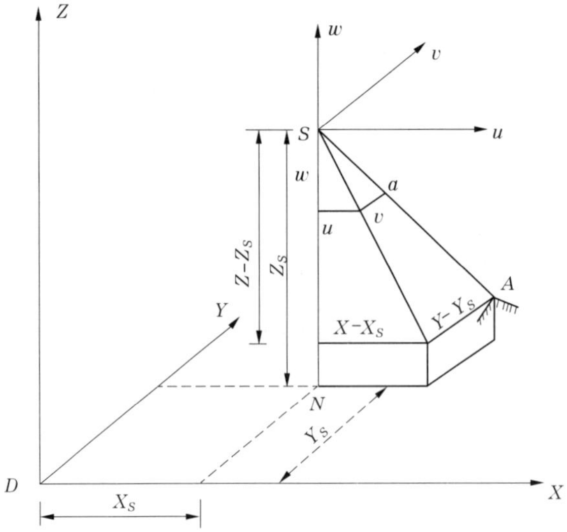

图 4-11　中心投影构像关系

$$\begin{bmatrix} u \\ v \\ w \end{bmatrix} = \frac{1}{\lambda}\begin{bmatrix} X - X_S \\ Y - Y_S \\ Z - Z_S \end{bmatrix} \tag{4-7}$$

由前文知像点在像空间坐标系与像空间辅助坐标系的关系式为

$$\begin{bmatrix} x \\ y \\ -f \end{bmatrix} = \begin{bmatrix} a_1 & b_1 & c_1 \\ a_2 & b_2 & c_2 \\ a_3 & b_3 & c_3 \end{bmatrix}\begin{bmatrix} u \\ v \\ w \end{bmatrix}$$

将式(4-7)代入上式,并用第三式去除第一式、第二式得

$$\left.\begin{aligned} x &= -f\frac{a_1(X - X_S) + b_1(Y - Y_S) + c_1(Z - Z_S)}{a_3(X - X_S) + b_3(Y - Y_S) + c_3(Z - Z_S)} \\ y &= -f\frac{a_2(X - X_S) + b_2(Y - Y_S) + c_2(Z - Z_S)}{a_3(X - X_S) + b_3(Y - Y_S) + c_3(Z - Z_S)} \end{aligned}\right\} \tag{4-8}$$

式(4-8)是中心投影的构像方程式,又称为共线方程式。式(4-8)的逆算式为

$$\left.\begin{aligned} X - X_S &= (Z - Z_S)\frac{a_1x + a_2y - a_3f}{c_1x + c_2y - c_3f} \\ Y - Y_S &= (Z - Z_S)\frac{b_1x + b_2y - b_3f}{c_1x + c_2y - c_3f} \end{aligned}\right\}$$

共线方程式中包括 12 个数据:以像主点为原点的像点坐标 x、y,相应地面点坐标 X、Y、Z,像片主距 f 及外方位元素 X_S、Y_S、Z_S、φ、ω、κ。

4.2.2　双像立体测图基础与立体测图

双像立体测图是指利用一个立体像对(即在两摄影站点对同一地面景物摄取有一定

影像重叠的两张像片）重建地面立体几何模型，并对该几何模型进行量测，直接给出符合规定比例尺的地形图，获取地理基础信息。使用一个立体像对构建地面立体模型的方法也称为立体摄影测量。

立体观测方法是摄影测量的一个重要手段。利用相邻像片所组成的像对进行双眼观察时，可重建空间景物的立体视觉，所产生的立体视觉称为人造立体视觉。如图 4-12 所示，利用立体像对与一对浮动测标进行立体观测，测定左、右像片的同名像点，是摄影测量的重要方法，也是立体摄影测量的基础。

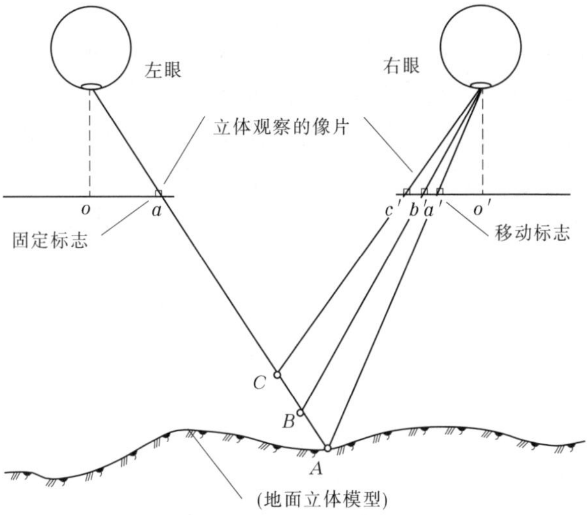

图 4-12　立体观测原理

4.2.2.1　人造立体视觉

如图 4-13 所示，当我们用双眼观察空间远近不同的景物 A、B 时，两眼产生生理视差，获得立体视觉，可以判断景物的远近。如果此时我们在双眼前各放一块玻璃片，如图 4-13 中的 P 和 P'，则分别得到 A 和 B 两点的影像 a、b 和 a'、b'。若玻璃上有感光材料，影像就分别记录在 P 和 P' 片上。当移开实物后，两眼分别观看各自玻璃片上的构像，仍能看到与实物一样的空间景物 A 和 B，这就是空间景物在人眼视网膜上产生生理视差的人眼立体视觉效应。这一过程为：空间景物在感光材料上构像，再用人眼观察构像的像片而产生生理视差，重建空间景物立体视觉。这样的立体感觉称为人造立体视觉，所看到的立体模型称为视模型。

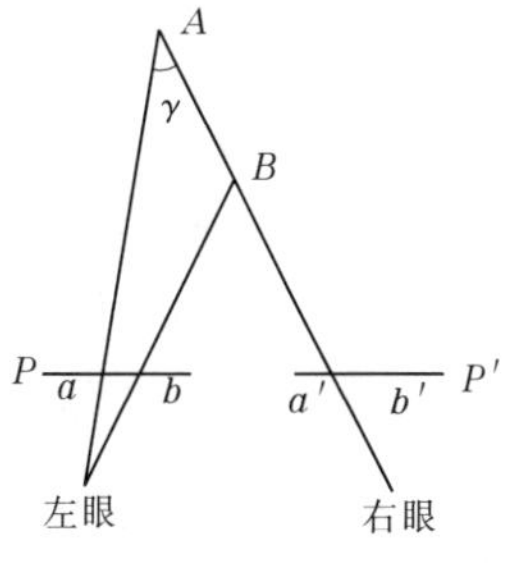

图 4-13　人造立体视觉

根据人造立体视觉原理，在摄影测量中规定摄影时保持像片的重叠度在 60% 以上，是为了保证同一地面景物在相邻两张像片上都有影像，它完全类似于上述两玻璃片上记录的景物影像。利用相邻像片组成的像对，进行双眼观察（左眼看左像片，右眼看右像片），同样可获得所摄地面的立体模型，这样就奠定了立体摄影测量的基础。

如上所述，人造立体视觉必须符合自然界立体观察的四个条件：

（1）两张像片必须是在两个不同位置对同一景物摄取的立体像对；

(2)每只眼睛必须只能观察像对的一张像片;

(3)两张像片上相同景物(同名像点)的连线与眼睛基线应大致平行;

(4)两张像片的比例尺相近(差别小于15%),否则需用ZOOM系统等进行调节。

用上述方法观察到的立体模型与实物相似,称为正立体效应。如果把像对的左、右像片对调,左眼看右像片,右眼看左像片,或者把像对绕原点各自旋转180°,双眼观察产生的生理视差就改变了符号,导致观察到的立体模型正好与实物相反,称为反立体效应。

4.2.2.2　立体观察与立体量测

1. 立体观察

在人造立体视觉必须满足的第二个条件中,立体观察要求两眼各看一张像片,通常称为分像,这与我们平时观看物体双眼交会与凝视的本能相违背,因此需要采取必要的措施达到分像的目的。借助于立体观察的不同仪器进行立体观察,就有着不同的立体观察方法。立体观察方法主要有以下几种:立体镜观察、叠影影像的立体观察和双目镜观测光路的立体观察。这几种不同的立体观察方法均是要达到每只眼睛只看一张像片的分像目的。

2. 立体量测

在摄影测量中,不仅需要用像对进行立体观察,建立立体模型,而且还需要对立体模型进行量测。一般用一个可以在立体表面流动的测标来进行量测,用测标切准立体模型表面,这样的测标称为浮标,它的作用如同经纬仪目镜中的十字丝,其形状各异,大多为点状或线状。

在进行立体量测时,大多采用双测标法。双测标法是利用放入光路中的两个单独的测标分别切准立体像对上的同名像点进行立体量测。如图4-14所示,P_1、P_2为一个立体像对,当进行立体量测时,使左、右测标分别切准左、右同名像点m_1、m_2,这时同名像点视线成对相交,构成立体模型。两个单独的测标相当于一对同名像点,在空间相交,构成立体测标(T),与立体模型表面的M点重合。

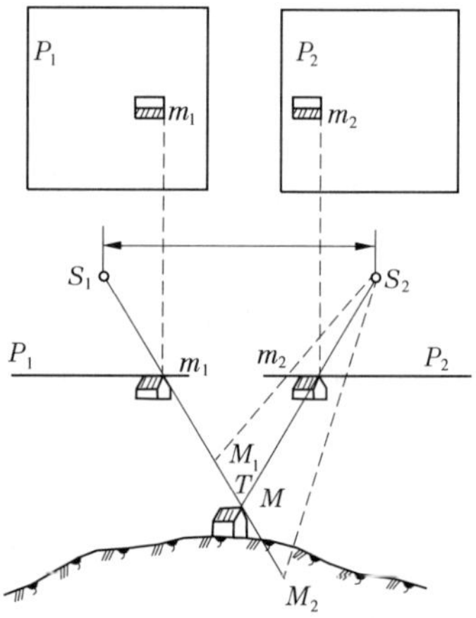

图4-14　立体量测

如果两个单独的测标在左、右像片上,尚未同时切准左、右像点,测标的视线就不重合,此时,立体测标(T)将高于或低于立体模型上的点M,如图4-14中的M_1或M_2。所以,在立体量测时,一定要使两个测标分别切准左、右像片上的同名像点,两个测标必须能作平行于或垂直于眼基线方向上的相对移动,使测标与像对上任意一对像点重合。这样,利用测标在影像平面上的二维移动,就可使感觉到的空间虚测标在空间三轴上移动,从而进行立体模型的量测。

4.2.3　摄影测量解析基础

4.2.3.1　单像空间后方交会

如果已知每张像片的六个外方位元素,就能确定被摄物体与航摄像片的关系。因此,在摄影测量工作中，必须首先获取像片的外方位元素。目前，采用的测定方法有：利用雷达、全球定位系统（GPS）、惯性导航系统（WS）以及星相摄影机来获取像片的外方位元素；也可利用摄影测量空间后方交会，如图 4-15 所示，该方法的基本思想是利用至少三个已知地面控制点的坐标 $A(X_A, Y_A, Z_A)$、$B(X_B, Y_B, Z_B)$、$C(X_C, Y_C, Z_C)$，以及其影像上对应的三个像点的影像坐标 $a(x_a, y_a, z_a)$、$b(x_b, y_b, z_b)$、$c(x_c, y_c, z_c)$，根据共线方程，反求该像片的外方位元素 X_S、Y_S、Z_S、φ、ω、κ。这种解算方法是以单张像片为基础的，亦称单像空间后方交会。

空间后方交会的求解过程如下：

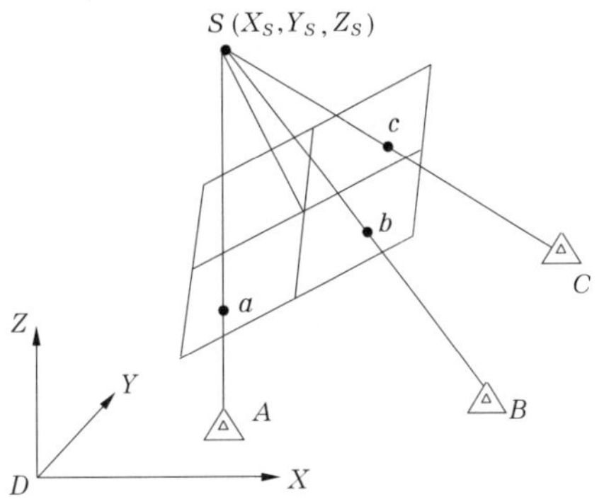

图 4-15　摄影测量空间后方交会

(1) 获取已知数据：从摄影资料中查取像片比例尺 $1/m$，平均航高，内方位元素 x_0、y_0、f；从外业测量成果中获取控制点的地面测量坐标 (X_t, Y_t, Z_t)，并转化成地面摄影测量坐标 (X, Y, Z)。

(2) 量测控制点的像点坐标：将控制点标刺在像片上，利用立体坐标量测仪量测控制点的框标坐标，并经像点坐标改正，得到像点坐标 (x, y)。

(3) 确定未知数的初始值：在竖直摄影情况下，角元素的初始值为 0，即 $\varphi_0 = \omega_0 = \kappa_0 = 0$；直线元素中，$Z_{S0} = H = mf$，$X_{S0}$、$Y_{S0}$ 的取值可用四个角上控制点坐标的平均值，即：$X_{S0} = \frac{1}{4}\sum_{i=1}^{4} X_i$，$Y_{S0} = \frac{1}{4}\sum_{i=1}^{4} Y_i$。

(4) 计算旋转矩阵 R：利用角元素的近似值计算方向余弦值，组成 R 阵。

(5) 逐点计算像点坐标的近似值：利用未知数的近似值按共线方程式计算控制点像点坐标的近似值。

(6) 组成误差方程式：逐点计算误差方程式的系数和常数项。

(7) 组成法方程：计算法方程的系数矩阵 $A^{T}A$ 与常数项 $A^{T}L$。

(8) 解求外方位元素：根据法方程，解求外方位元素的改正数，并与相应的近似值求和，得到外方位元素新的近似值。

(9) 检查计算是否收敛：将求得的外方位元素的改正数与规定的限差比较，若小于限差则计算终止，否则用新的近似值重复第 (4) ~ (8) 步的计算，直到满足要求为止。

4.2.3.2　立体像对的前方交会

1. 立体像对空间前方交会

用单像空间后方交会可以求得像片的外方位元素，但要想根据单张像片的像点坐标反求相应地面点的空间坐标是不可能的。利用外方位元素与一个已知像点，只能确定该像片的空间方位及摄影中心 S 至像点的射线空间方向，只有利用立体像对上的同名像点，才能得到两条同名射线在空间相交的点，即该地面点的空间位置。

立体像对与所摄地面存在一定的几何关系，这种关系可以用数学表达式来描述。如图 4-16 所示，在 S_1、S_2 两个摄影站点对地面摄影，获取一个立体像对，任一地面点 A 在该像对的左、右像片上的构像为 a_1 和 a_2。现已知这两张像片的内、外方位元素，设想将该像片按内、外方位元素值置于摄影时的位置，显然同名射线 S_1a_1 与 S_2a_2 必然交于地面点 A。这种由立体像对中两张像片的内、外方位元素和像点坐标来确定相应地面点的方法，称为空间前方交会。

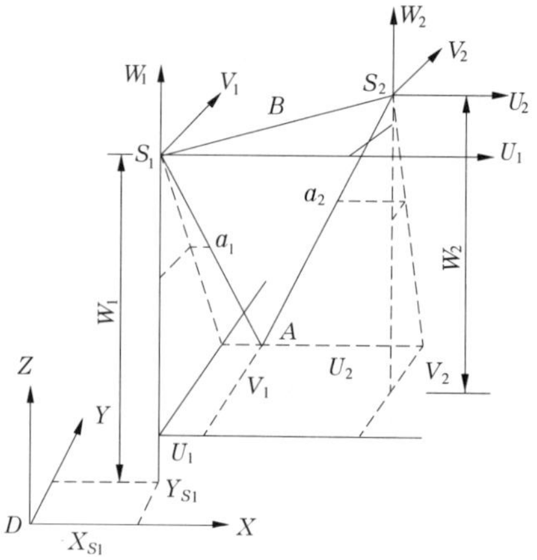

图 4-16　立体像对空间前方交会

2. 双像解析的空间后交－前交方法

双像解析摄影测量就是利用解析计算的方法处理一个立体像对的影像信息，从而获得地面点的空间信息。采用双像解析计算的空间后交－前交方法计算地面点的空间坐标的步骤如下。

1）野外像片控制测量

一个立体像对如图 4-17 所示，在重叠部分的四个角，找出四个明显地物点，作为四个控制点。在野外判读出四个明显地物点的地面位置，做出地面标志，并在像片上准确刺出点位，在背面加注说明。然后在野外用普通测量的方法计算出四个控制点的地面测量坐标，并将其转化为地面摄影测量坐标（X,Y,Z）。

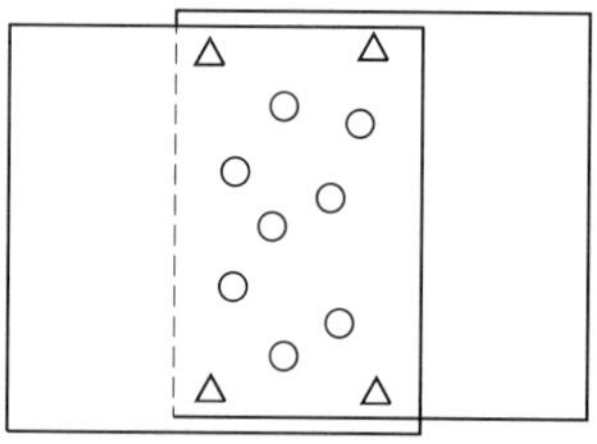

图 4-17　立体像对的控制点与待求点

2）量测像点坐标

将立体像对放在立体坐标量测仪上分别进行定向归心，再测出四个控制点及所有待求点的像点坐标（x_1,y_1）与（x_2,y_2）。

3）空间后方交会计算两张像片的外方位元素

根据计算机中事先编制好的程序，按要求输入控制点的地面坐标及相应的像点坐标，对两张像片各自进行空间后方交会，计算各自的六个外方位元素 X_{S1}、Y_{S1}、Z_{S1}、φ_1、ω_1、κ_1 和 X_{S2}、Y_{S2}、Z_{S2}、φ_2、ω_2、κ_2。

4）空间前方交会计算待定点地面坐标

用各像片的外方位角元素计算左、右像片的方向余弦值，组成旋转矩阵 R_1 与 R_2；逐点计算像点的像空间辅助坐标（u_1,v_1,w_1）及（u_2,v_2,w_2）；根据外方位元素计算基线分量（B_u,B_v,B_w）；计算投影系数 N_1、N_2；计算待定点在各自的像空间辅助坐标系中的坐标（U_1,V_1,W_1）及（U_2,V_2,W_2）；最后计算待定点的地面摄影测量坐标（X,Y,Z）。

4.2.3.3　立体像对的解析法相对定向

无论是模拟法相对定向还是解析法相对定向，同名射线对对相交都是相对定向的理论基础。所谓同名射线对对相交，其实质是恢复了核面，即同名射线与基线共面。因此，模拟法相对定向时，利用投影器的运动使同名射线对对相交来恢复核面，投影器上的各小螺旋的微小改变,相当于恢复了一个相对定向元素。而解析法相对定向恢复核面时,需要从共面条件式出发解求五个相对定向元素,才能建立地面立体模型。

1. 相对定向元素解求过程

在摄影测量中,相对定向常采用六个标准点来解求。利用六对定向点的像点坐标 $(x_1, y_1)_i$ 及 $(x_2, y_2)_i$ $(i = 1,2,\cdots,6)$ 进行解算。整个计算应在预先编制好的程序控制下完成,计算过程迭代趋近,直到满足改正数限差。图 4-18 为连续像对相对定向元素计算流程。

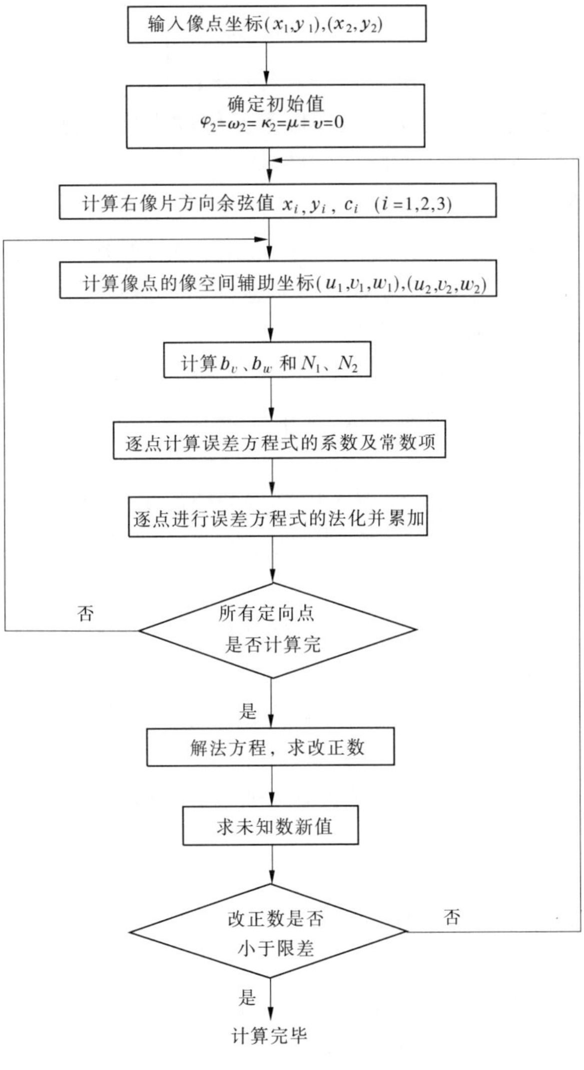

图 4-18　连续像对相对定向元素计算流程

2. 模型坐标的解求

计算出相对定向元素以后,可按前方交会法,计算模型点在像空间辅助坐标系中的坐标。若模型点在像空间辅助坐标系 $S_1 - U_1V_1W_1$ 中的坐标为(U, V, W),其计算过程为:

(1)根据相对定向元素计算像点的像空间辅助坐标(u_1, v_1, w_1)及(u_2, v_2, w_2);

(2)计算左、右像点的投影系数 N_1、N_2。

(3)求模型点在像空间辅助坐标系的坐标

$$\left.\begin{aligned} U &= N_1 u_1 = b_u + N_2 u_2 \\ V &= N_1 v_1 = b_v + N_2 v_2 \\ W &= N_1 w_1 = b_w + N_2 w_2 \end{aligned}\right\} \tag{4-9}$$

用于单独像对时,则

$$\left.\begin{aligned} U &= N_1 u_1 = b + N_2 u_2 \\ V &= N_1 v_1 = N_2 v_2 \\ W &= N_1 w_1 = N_2 w_2 \end{aligned}\right\} \tag{4-10}$$

在实际计算中,常常将获得的模型点在像空间辅助坐标系的坐标乘以摄影比例尺的分母,其模型放大成约为实地后,再进行绝对定向。

4.2.3.4 立体模型的解析法绝对定向

相对定向仅仅是恢复了摄影时像片之间的相对位置,所建立的立体模型是一个以相对定向中选定的像空间辅助坐标系为基准的模型,还要把模型点在像空间辅助坐标系中的坐标转化为地面摄影测量坐标(X,Y,Z)。

解析法绝对定向就是利用已知的地面控制点,从绝对定向的关系式出发,解求七个绝对定向元素,即模型比例尺的缩放系数λ,两坐标轴系的三个旋转角φ、ω、κ,坐标原点的平移量X_S、Y_S、Z_S。

立体像对相对定向－绝对定向法解求模型点的地面坐标的过程为:

(1)用连续像对或单独像对的相对定向元素的误差方程式解求像对的相对定向元素;

(2)由相对定向元素组成左、右像片的旋转矩阵R_1、R_2,并利用前方交会法求出模型点在像空间辅助坐标系中的坐标;

(3)根据已知地面控制点的坐标,按绝对定向元素的误差方程式解求该立体模型的绝对定向元素;

(4)按绝对定向公式,将所有待定点的坐标纳入地面摄影测量坐标系中。

4.2.4 解析空中三角测量

4.2.4.1 解析空中三角测量的概念

用双像解析摄影测量方法能解求出待定点的地面坐标,但如果以一个立体像对为量测单元解求测图所需要的控制点,这种工作效率不高。而且用双像解析摄影测量方法解求待定点的地面坐标,每个像对都要在野外测求四个地面控制点,这样外业工作量太大。解析空中三角测量就是在一条航带内十几个像对中,或几条航带构成的一个区域内,只测定少量的外业控制点,在内业按一定的数学模型平差计算出该区域内待定点的坐标,然后作为控制点用于双像测图、像片纠正等的方法。该方法将空中摄影站点及像片放到整个网中,起到点的传递和构网的作用,故通常被称为空中三角测量,亦称解析空三加密。

解析空中三角测量通常采用的平差模型可分为航带法、独立模型法和光束法,若按加密区域来分,又可分为单航带法和区域网法。单航带法是以一条航带构成的区域为加密单元，而区域网法按整体平差时所取用的平差单元不同有不同的称谓，主要有三种：

(1)航带法区域网平差：该方法是以航带作为整体平差的基本单元；

(2)独立模型法区域网平差：该方法是以单元模型为平差单元；

(3)光束法区域网平差：该方法是以每张像片相似投影光束为平差单元，从而求出每张像片的外方位元素及各加密点的地面坐标。

在空中三角测量中加密控制点时，误差的传递累积对加密点的成果精度有着明显的影响，这种原始数据中像点坐标的系统误差主要包括底片变形、摄影机物镜畸变、大气折光、地球曲率等引起的误差。

4.2.4.2　航带法空中三角测量

航带法空中三角测量研究的对象是一条航带的模型。在一条航带内，首先用立体像对按连续法建立单个模型，再把单个模型连接成航带模型，构成航带自由网，最后把航带模型视为一个单元模型进行航带网的绝对定向。在单个模型构成航带模型的过程中，不可避免地有误差存在，同时还要受到误差积累的影响，致使航带模型产生非线性变形。所以，航带模型经绝对定向后，还要进行航带模型的非线性改正，最终求出加密点的地面坐标。

1. 航带法空中三角测量的建网过程

1)建立航带模型

(1)像点坐标量测及系统误差改正。

量测每个像对事先选定好的加密点及控制点的像平面坐标，并对其进行系统误差改正。

(2)连续法相对定向，建立单个立体模型。

以航带中第一张像片的像空间坐标系作为像空间辅助坐标系，以后各像对的像空间辅助坐标系彼此平行，每个像对相对定向以左像片为基准(通常将本航带第一个像对的左像片置水平)，求出右像片相对左像片的相对定向元素。第一个像对相对定向后，即以第一个像对右像片的相对定向角元素作为第二个像对左像片的角元素，再对第二个像对进行连续法相对定向，求出第三张像片相对于第二张像片的相对定向元素，如此下去，直到完成所有像对的相对定向为止。相对定向后，各模型的像空间辅助坐标系相互平行，但坐标原点和比例尺不同。

(3)模型连接，建立统一的自由航带网。

将单个模型连接成为航带模型，要将各模型不同的比例尺归化为统一的比例尺。通常，以相邻像对重叠范围内三个连接点的高程相等为条件，从左向右依次地将后一模型的比例尺归化到前一模型的比例尺中，建立统一的以第一个模型的比例尺为基准的航带模型。这样，就可将各像对的模型坐标纳入全航带统一的坐标系中。

2)航带模型的绝对定向

航带模型的绝对定向是指将航带模型在航带辅助坐标系中的坐标(U,V,W)纳入地面摄影测量坐标系中，取得模型点的地面摄影测量坐标(X,Y,Z)。

航带模型的绝对定向把航带模型视为一个整体，采用与单个模型定向完全相同的方法。它的主要流程是：将控制点的地面坐标转化为地面摄影测量坐标；计算重心坐标和重心化坐标；建立绝对定向的误差方程，进行法化求解，解算出绝对定向元素，并把绝对定向

元素 X_S、Y_S、Z_S、φ、ω、κ 再代入空间相似变换式，解算出所有模型点经绝对定向后的地面摄影测量坐标。

3) 航带模型的非线性改正

航带模型绝对定向后，所构成的航带模型仍存在残余系统误差和偶然误差的影响。这主要是因为在构建航带网的过程中，模型连接时误差的传递累积使航带网产生模型扭曲。所以，绝对定向后所获得的模型坐标只是在地面摄测坐标系中的概略值，还需进行航带模型的非线性改正。

2. 航带法区域网平差

航带法区域网平差是以单航带作为基础，由几条航带构成一个区域整体平差，解求各航带的非线性改正系数，进而求得整个测区内全部待定点的坐标，其主要步骤如下：

(1) 按单航带分别建立航带模型，以取得各航带模型点在本航带统一的辅助坐标系中的坐标值。

(2) 各航带模型的绝对定向。

从第一条航带开始，根据本航带内已知的地面控制点和下一航带的公共点进行绝对定向，以达到将各条自由航带纳入到全区域统一的坐标系中的目的，从而求出区域内各航带模型点在全区域统一的地面摄影测量坐标系中的概略坐标。

(3) 计算重心坐标及重心化坐标。

航带法区域网平差的结果是解算出各航带的非线性改正系数，而非线性改正要用到各航带本身的重心化坐标，因此各航带需要各自的重心而不必取全区域统一的重心化坐标。

(4) 根据模型中控制点的加密坐标应与外业实测坐标相等以及相邻航带间公共点的坐标应相等的条件，列出误差方程式，并用最小二乘准则平差计算，整体解求各航带的非线性改正系数。

(5) 用平差计算得出的多项式系数，分别计算各模型点改正后的坐标值。此时，在控制点上仍会有残差，可根据此残差的不符值来衡量加密的精度。在相邻航带的公共点上，上、下两条航线的两组坐标值也会有矛盾，当互差在允许限度内时，一般取均值作为加密点成果。

4.2.4.3　独立区域网空中三角测量

独立区域网空中三角测量是基于单独法相对定向建立单元模型，再由一个个单元模型相互连接组成一个区域网。由于各个模型的像空间辅助坐标系和比例尺均不一致，因此在模型连接时，要用模型内的已知控制点和模型间的公共点进行空间相似变换。首先将各单元模型视为刚体，利用各单元模型彼此间的公共点连成一个区域。在连接的过程中，每个模型只作平移、旋转及缩放，所以利用空间相似变换式能完成上述任务。在变换中应使模型公共点的坐标相等，控制点的计算坐标应与实测坐标相等，同时误差的平方和应为最小。在满足这些条件下，根据最小二乘准则对全区域网实施整体平差，解求每个模型的七个绝对定向参数，从而求出所有待定点的地面坐标。

独立区域网空中三角测量的主要流程为：

(1) 基于单独法相对定向建立单元模型，获取各单元模型的模型坐标，包括摄影站点。

(2) 利用相邻模型公共点和所在模型中的控制点，各单元模型分别作三维线性变换，按各自的条件列出误差方程式及法方程式。

(3)建立全区域的改化法方程式,并按循环分块法来求解,求得每个模型点的七个绝对定向元素。

(4)按平差后求得的七个绝对定向元素,计算每个单元模型中待定点的坐标,若为相邻模型的公共点,取其均值作为最后结果。

4.2.5 数字高程模型

4.2.5.1 数字高程模型概述

数字地面模型(Digital Terrain Model,简称 DTM)是一个用于表示地面特征的空间分布的数据阵列,最常用的是由一系列地面点的平面坐标(X,Y)及该点的地面高程 Z 或属性组成的数据阵列。若地面点按一定格网形式排列,点的平面坐标(X,Y)可由起始原点推算而无须记录,地面形态只用点的高程 Z 来表达,这种数据阵列称为数字高程模型(Digital Elevation Model,简称 DEM)。规则格网 DEM 存储量小,便于使用,又易于管理,是目前使用最广的一种形式。但有时候它不能准确地表示地形的结构和细部,导致基于 DEM 描绘的等高线不能准确地表示地貌。为此,可附加地形数据特征点,如地形特征数据点、山脊线、山谷线、断裂线等,以便构成完整的 DEM。

为了较好地顾及地形特征点、线,真实地表示复杂的地形表面,可采用下述的数据结构:将地形特征采集点按一定规则连成覆盖整个区域、互不重叠的三角形,构成不规则的三角网表示的 DEM。但这种方式的数据结构数据量大,数据结构较复杂,因此使用及管理也比较复杂。

建立 DEM 的过程是,首先按一定的数据采集方法,在测区内采集一定数量的离散点的平面位置和高程,这些点称为控制点(数据点或参考点),然后以这些控制点为网络框架,用某种数学模型拟合,内插大量的高程点,以便获得符合要求的 DEM。

数据点是建立数字高程模型的基础,模拟地表面的数学模型的待定参数就是根据这些数据点的已知信息(X,Y,Z)来确定的。这些数据点信息可直接取自地形表面或是间接取自地形表面的模拟模型。有以下四种方法获取数据点信息:

(1)由现有地形图上采集。现在常用的方法是使用扫描装置采集。

(2)由摄影测量方法采集。可用解析测图仪或自动化的测图系统获取数据点信息。

(3)野外实地测量。即在实地直接测量地面点的平面位置和高程。一般使用电子速测仪进行采集。

(4)由遥感系统直接测得。如利用航空和航天飞行器搭载雷达和激光测高仪获得数据点信息。

4.2.5.2 DEM 数据采集

1. DEM 数据的传统采集方法

1)野外地面测量

这种方法适用于大比例尺、精度要求高、采集面积范围较小的 DEM 数据获取。主要仪器是全站仪以及具有相应接口的便携机或微机。基本过程是根据测量学原理,利用上述野外测量仪器和设备测定控制点及采样点的空间位置。为了确保地形数据的精度,总是选择地形特征点、线进行采样，以数字形式将其记录并存储在计算机中。这种方法的优点是可以获取高精度的 DEM 数据，其缺点是劳动强度较大、效率低，仅适用于在小范围面积内作业。

2）地形图扫描矢量化

从地图上获取 DEM 是目前应用最广泛的一种方法。这是因为采用这种方法所需的原始数据源（地图）容易获取，对采集作业所需的仪器设备和作业人员的要求不太高，采集速度也比较快，易于进行大批量作业。对于测绘部门，还可以利用分版图，分版采集各类要素，以提高作业效率。

随着高性能计算机的发展、扫描技术的成熟以及数字图像处理技术的不断发展和应用，目前利用地图扫描后的数字图像进行 DEM 数据采集的技术已基本成熟，相应软件也不断涌现。目前，它已逐渐取代传统的手扶跟踪数字化方式，成为 DEM 和其他 GIS 数据采集的方法。

地图扫描数字化的原理和主要过程如图 4-19 所示。

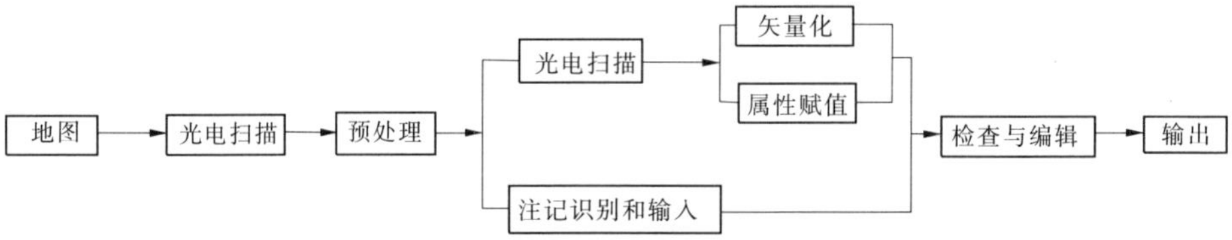

图 4-19　地图扫描数字化的原理和主要过程

2. 数字摄影测量的 DEM 数据采集方式

数字摄影测量是空间数据采集最有效的手段，它具有效率高、劳动强度低等优点。利用计算机辅助测图系统可进行人工控制采样，即 X、Y、Z 三个坐标值的控制全部由人工操作；利用解析测图仪或机控方式的机助测图系统可进行人工或半自动控制采样，半自动控制一般是由人工控制高程 Z，而由计算机控制平面坐标（X，Y）；利用自动化测图系统则是利用计算机立体视觉代替人眼的立体观测。

在人工或半自动方式的数据采集中，数据的记录可分为点模式与流模式，前者是根据控制信号记录静态量测数据，后者是按一定规律连续性地记录动态量测数据。

1）沿等高线采样

在地形复杂及陡峭地区，可采用沿等高线跟踪的方式进行数据采集，而在平坦地区，则不易采用沿等高线采样。沿等高线采样可按等距离间隔记录数据或按等时间间隔记录数据方式进行。当采用后者时，由于在等高线曲率大的地方跟踪速度较慢，采集的点较密集，而在等高线较平直的地方跟踪速度较快，采集的点较稀疏，因此只要选择恰当的时间间隔，所记录的数据就能很好地描述地形，且不会有太多的数据。

2）规则采样

利用解析测图仪在立体模型中按规则矩形格网进行采样，直接构成规则格网 DEM。当系统驱动测标到格网点时，会按预先选定的参数停留一短暂的时间（如 0.2 s），供作业人员精确量测。该方法的优点是方法简单、精度较高，作业效率也较高；缺点是特征点可能丢失，基于这种矩形格网 DEM 绘制的等高线有时不能很好地表示地形特征。

3）沿断面扫描采样

利用解析测图仪或附有自动记录装置的立体测图仪对立体模型进行断面扫描，按等距离方式或等时间方式记录断面上点的坐标。由于量测是动态进行的，因而此种方法获取数据的精度比其他方法要差，特别是在地形变化趋势改变处，常常存在系统误差。该方法作业效率是最高的，一般用于正射影像图的生产。对于精度要求较高的情况，应当从动态测定的断面数据中消去扫描的系统误差。

4）渐进采样

为了使采样点分布合理，即平坦地区样点较少，地形复杂地区样点较多，可采用渐进采样的方法。先按预定的比较稀疏的间隔进行采样，获得一个较稀疏的格网，然后分析是否需要对格网加密。判断方法是：求高程的二阶差分，判断其是否超过给定的阈值；或利用相邻三点拟合一条二次曲线，计算两点间中点的二次内插值与线性内插值之差，判断该差值是否超过给定的阈值。当超过阈值时，则对格网进行加密采样，然后对较密的格网进行同样的判断处理，直至不再超限或达到预先给定的加密次数（或最小格网间隔），然后再对其他格网进行同样的处理。如图 4-20 所示，已经记录了间距为 Δ 的 P_1、P_3、P_5 三点高程 h_1、h_3、h_5。P_2 点二次内插高程 h_2'' 与线性内插高程 h_2' 为

$$h_2'' = \frac{1}{8}(6h_3 + 3h_1 - h_5) \tag{4-11}$$

$$h_2' = \frac{1}{2}(h_3 + h_1) \tag{4-12}$$

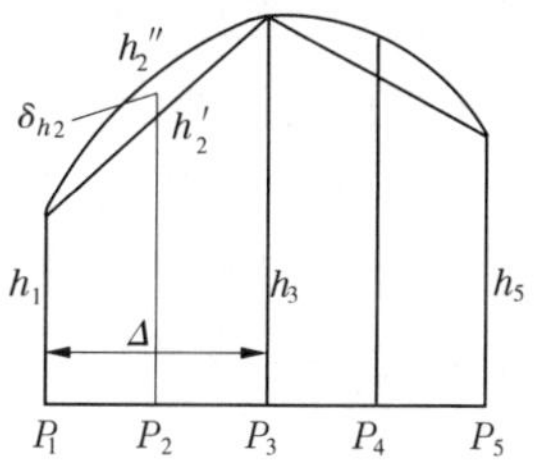

图 4-20　二次与一次内插之差

两者之差 δ_{h2} 为

$$\delta_{h2} = \frac{1}{8}(2h_3 - h_1 - h_5) \tag{4-13}$$

若 T 为一给定阈值，当 $\delta_{h2} > T$ 时，应在中间补测 P_2 与 P_4 两点。由 h_1、h_3、h_5 计算的二阶差分

$$\Delta^2 h = \frac{1}{\Delta^2}(h_1 + h_2 - 2h_3) \tag{4-14}$$

也是地面是否平坦的一个测度，同样可以作为是否加密采样的判断依据。这种在量测过程中不断调整取样密度的采样方法的优点是使得数据点的密度比较合理，合乎实际地形；缺点是在取样过程中要进行不断的计算与判断，且数据存储管理比简单矩形格网要复杂。

5）混合采样

为了同时考虑采样的效率与合理性，可将规则采样（包括渐近采样）与选择采样结合起来进行，即在规则采样的基础上再进行沿特征线、点的采样。为了区别一般的数据点与特征点，应当给不同的点以不同的特征码，以便处理时可按不同的合适的方式进行。利用混合采样可建立附加地形特征的规则矩形格网 DEM，也可建立沿特征附加三角网的 Grid－TIN 混合形式的 DEM。

6）自动化 DEM 数据采集

上述方法均是基于解析测图仪或机助测图系统利用半自动化的方法进行 DEM 数据

采集的,还可以利用自动化测图系统进行完全自动化的 DEM 数据采集,即可按像片上的规则格网利用数字影像匹配进行数据采集。若利用高程直接解求的影像匹配方法,也可按模型上的规则格网进行数据采集。

3. 利用遥感数字影像获取 DEM

自 20 世纪 70 年代美国陆地资源卫星(Landsat)发射上天后,遥感技术获得了极为广泛的应用。由于遥感技术在资源勘探和环境监测方面效率很高,因此很快在全世界得到重视,在很多学科领域得到采用。在遥感技术中除使用可见光的框幅式黑白摄影机外,还使用全景摄影、红外扫描仪、多光谱扫描仪、成像光谱仪、电荷耦合器件(Charge Coupled Device,简称 CCD)阵列扫描和矩阵摄影机、合成孔径侧视雷达等手段,能够为我们提供大量的多时相、多光谱、多分辨率的丰富的影像信息。近年来以航天技术、传感器技术、计算机技术为代表的对地观测技术得到了飞速的发展,遥感影像的像素地面分辨率从 30 m、10 m、6 m 提高到 3 m、2 m、1 m,利用遥感影像测制正射影像图(DOM)和线划图(DLG)的比例尺也从 1∶1万提高到 1∶5 000。同时,一些新的地形信息获取技术也被开发出来并投入使用,其中以合成孔径雷达干涉测量(Synthetic Aperture Radar Interferometry,简称 InSAR)和机载激光扫描(Airborne Laser Scanning,简称 ALS)技术最引人注目。遥感技术为 DEM 数据的快速准确获取提供了一个全新的手段。

从不同角度拍摄的同一地区的航空照片和高分辨率卫星数字影像上,可以利用数字影像相关技术对重叠成像区域实现地形高程信息的获取,这是对传统测绘方法的重大改进。获取遥感图像高程信息的原理是:将空间部分重叠的两幅图像进行投影校正,并且精确配准位置(光学像片首选要数字化),测出每个像元的灰度值梯度,构造灰度值矩阵,通过对不同配准位置的交叉相关,根据两影像中地物光束或地物辐射电磁波信号的连续相对位移,算出相关系数,将相关系数的最大值定义为两影像像元的灰度向量间夹角最小,在此基础上剔除粗差,建立地面高程模型,由此来确定图像中每个点的高程。

我国科学工作者在上述研究中,提出了沿核线进行数字影像重采样和影像匹配的跨接理论与算法,实现了遥感数字影像从单点影像匹配发展到总体影像匹配,并且提出了影像匹配理论和算法,解决了特征提取与高精度定位问题,提高了从遥感数字影像获取地面高程的精度。随着高分辨率遥感影像在民用领域的推广应用,利用高分辨率遥感影像获取地面高程的成本将会降低,它将成为更新 GIS 数据库高程数据的一个重要来源。

4.2.6　数字摄影测量系统

数字摄影测量系统是基于数字影像或数字化影像来完成摄影测量作业的所有软、硬件集成的系统。原则上说,数字摄影测量系统是对影像进行自动量测与识别的,但限于数字摄影测量技术目前还处于发展时期,因此对影像物理信息甚至影像几何信息进行自动提取、自动识别或自动量测都有很多需要解决的问题,现阶段仍是人工与计算机自动化交互工作。

4.2.6.1　数字摄影测量系统的主要功能与硬件设备

目前数字摄影测量系统主要具有以下功能:

- 像片扫描数字化。

- 影像处理。有一些系统含有基本的影像处理系统,如反差增强、几何变换等,有少数系统含有较强的影像处理系统。
- 内定向和外定向。外定向主要包括相对定向和绝对定向。
- 几何操作,坐标量测,影像配准。
- 人工获取数字高程模型原始数据。
- 人工或自动获取数字高程模型,包括影像功能。
- 空中三角测量。
- 半自动数字化三角测量。
- 数字制图,包括特征提取与更新、属性化及绘图。
- 序列影像获取与分析。
- 单像测图,通常是指利用影像特别是正射影像作为背景来进行特征提取与向量更新,不需要利用数字高程模型确定高程。
- 正射影像图的生成,包括栅格数据与矢量数据的叠合和正射影像图的绘制,有时包括影像拼接。
- 规则数字高程模型的内插,其他产品包括等高线图、断面图、体积的派生及可视化。
- 可视化,特别是地形三维显示,即正射影像叠置在数字高程模型上。
- 遥感功能,主要是多光谱影像分析。
- GIS 功能,通常用于栅格数据的分析、叠置和表达。
- GPS 辅助空中三角测量。

4.2.6.2　数字摄影测量系统的作业过程

数字摄影测量系统的作业过程为:

(1)定向参数的计算。

①内定向。内定向的目的是利用框标的像点坐标(理论值)与扫描坐标,计算像片坐标与扫描坐标之间的转换参数,框标的位置可以用自动的、半自动的甚至是人工的方法进行定位,以获取扫描坐标。

②外定向,包括相对定向和绝对定向。首先量测相对定向点及绝对定向用的控制点的影像坐标,然后计算相对定向元素和绝对定向元素。现阶段,大多数系统已能自动地进行相对定向点的量测,但绝对定向点的量测还需要人工进行。

(2)空中三角测量。基本的方法与通常的解析空中三角测量相同,一般采用光束法空中三角测量方法。所不同的是,利用数字摄影相关法进行连接点的自动量测与转刺,可极大地提高空中三角测量的作业效率和精度。但由于自动转点的错误率较高,需要用粗差探测的方法剔除影像相关的错点。

(3)形成核线排列的立体影像。利用相对定向元素,将同名的核线及影像的灰度予以排列,形成核线影像。

(4)沿核线进行影像相关或特征匹配,并进行匹配编辑与匹配后的编辑。沿核线进行影像相关或特征匹配,确定同名像点。考虑到结果的可靠性和精度,应合理地应用各种方法。影像匹配后的编辑,是影像匹配的后处理工作,是一个交互式的人工干预过程。因为在影像匹配中尚有一些区域(例如水面、人工建筑、森林等)计算机难以识别,将出现不匹配点,所以对这些区域进行人工干预是必要的。

(5)建立数字高程模型。

(6)自动绘制等高线。

(7)制作正射影像。

(8)等高线与正射影像叠加,制作等高线的正射影像图。

(9)制作透视图与景观图。

(10)数字影像的机助量测,如地物地貌量测。

(11)地图编辑与注记。

4.2.6.3　两种国产的数字摄影测量系统简介

1. VirtuoZo NT

VirtuoZo NT 系统采用与解析测图仪上相类似的手轮和脚盘以及相应的接口设备进行立体测量,并用软件实现图像的平滑、快速漫游,以提高立体量测的性能。立体观察有四种部件,即反光立体眼镜、液晶立体眼镜、偏振光眼镜和互补色眼镜可供选择。

VirtuoZo NT 系统具有以下特点:

(1)自动化性能与工作站版本相同。能自动进行影像内定向、相对定向、相对纠正、影像匹配,建立数字高程模型,绘制等高线,制作正射影像;可在屏幕上显示立体影像、景观图、透视图;对多个影像模型进行 DEM 拼接,并给出精度信息与误差分布;对正射影像、等高线影像以及套合等高线的正射影像进行无缝镶嵌。

(2)地物数字化功能与解析测图仪相当。用计算机屏幕代替解析测图仪主机,用数字影像代替模拟像片,用数字光标代替光学测标,直接在计算机上进行地物数字化,手轮、脚盘的运动驱动,立体模型的移动,可得到与解析测图仪相同的效果;可以将量测的结果叠加在立体影像上,便于检查遗漏和保证所测地物的精度;可以从匹配产生的视差网中内插出地物点的高程。

(3)成本低。系统在计算机上运行,其硬件价格大大低于工作站版本所需的工作站价格和解析测图仪的价格,不仅有利于生产单位购买使用,而且有利于教学单位作为教学设备使用。

2. JX－4G(DWP)

该系统利用立体幻镜(含发射器和眼镜)实现立体观察;用专门的立体显示卡实现影像的漫游、放大和缩小,使作业员从屏幕上看到计算机的计算结果,保证了计算过程和计算结果的可视化;配备手轮、脚盘、踏板来进行立体量测。目前该系统所有量测工作均需人工进行。系统功能包括生产高精度、高密度 DEM,生产正射影像,采集 GIS、数字地图数据等。

§4.3　遥感基础

4.3.1　遥感基础知识

4.3.1.1　遥感图像特征

遥感图像在测绘中主要被用来测绘地形图、制作正射影像图或各种专题图。

遥感图像特征可归纳为几何特征、物理特征和时间特征,这三方面的表现特征即为空间分辨率、光谱分辨率和时间分辨率。

1. 空间分辨率

空间分辨率是指遥感图像上能够详细区分的最小单元的尺寸或大小,通常用地面分辨率和影像分辨率来表示。

一般来说,空间分辨率越高,其识别物体的能力越强。但实际上每一目标在图像上的可分辨程度,不完全取决于空间分辨率的具体值,而是和它的形状、大小,以及它与周围物体亮度、结构的相对差异有关。

对于摄影成像的图像来说,地面分辨率 R_g 取决于胶片的分辨率和摄影镜头的分辨率所构成的系统分辨率 R_s,以及摄影机焦距 f 和航高 H,即

$$R_g = \frac{R_s f}{H} \tag{4-15}$$

式中,R_g 为地面分辨率,线对/m;R_s 为系统分辨率,线对/mm;H 为摄影机距地面高度(即航高),m;f 为摄影机焦距,mm。

2. 光谱分辨率

光谱分辨率是指传感器所能记录的电磁波谱中某一特定波长范围值,波长范围值越长,光谱分辨率越低。一般来说,传感器波段数越多,波段宽度越窄,地面物体的信息越容易区分和识别,针对性越强。

由于目标不同,选择的传感器并非波段越多,光谱分辨率越高,效果就越好,而要根据目标的光谱特性和必需的地面分辨率来综合考虑。在某些情况下,波段太多,分辨率太高,接收到的信息量太大,反而会形成少量数据,“掩盖”地物辐射特性,不利于快速探测和识别地物。所以,要根据需要恰当地利用光谱分辨率。

3. 时间分辨率

时间分辨率是指对同一地点进行遥感采样的时间间隔,即采样的时间频率,也称重访周期。

时间分辨率在遥感中意义重大。利用时间分辨率可以进行动态监测和预报。利用时间分辨率还可以提高成像率和解像率,对历次获取的数据资料进行叠加分析,从而提高地物识别精度。

4.3.1.2　常用遥感卫星简介

1. Landsat 卫星系列及传感器

Landsat 卫星系列属于太阳同步极轨卫星,其运行轨道高度和倾角分别为 750 km 和 98.2°,重访周期为 16 d。自 1972 年发射第一颗 Landsat 卫星后,装置 NASA 共发射了 7 颗 Landsat 卫星,已连续观测地球 35 年。最后一颗 Landsat－7 卫星于 1999 年 4 月 15 日发射成功。Landsat 卫星搭载的传感器有 4 种:RBV、MSS、TM 和 ETM+。

2. SPOT 卫星系列及传感器

法国 SPOT 卫星系列属于太阳同步准回归轨道,其运行轨道高度和倾角分别为 830 km和 98.7°,重访周期为 26 d,但由于采用倾斜观测,所以实际上可以对同一地区用 4~5 d的间隔进行观测。它搭载两台高分辨率遥感器 HRV,具有通过侧视进行立体观测

等优点。1986 ~ 1998 年法国相继发射了 SPOT - 1 ~ SPOT - 4 卫星。2002 年 5 月发射的 SPOT - 5 卫星分辨率达到了 2.5 m，在数据压缩、存储和传输等一系列方面都有了显著的提高。

3. 新型高分辨率遥感卫星及传感器

目前常用遥感卫星及传感器主要参数见表 4-2。

表 4-2　目前常用遥感卫星及传感器主要参数

卫星	传感器	空间分辨率(m)	幅宽(km)	重访周期(d)
IKONOS Ⅱ	全 色	1	11	2.9
	多光谱	4	11	
QuickBird	全 色	0.61	16.5	1 ~ 3.5
	多光谱	2.44	16.5	
SPOT - 5	全色	2.5/5	60	5
	多光谱	10/20	60	
IRS - P5	全色	2.5	26	5
ALOS	全 色	2.5	35	2
	多光谱	10	70	
WorldView - 1	全色	0.5	17.6	1.7
GeoEye - 1	全 色	0.41	15	2 ~ 3
	多光谱	1.65	15	

4. 国产卫星系列

目前我国主要遥感卫星有：中巴资源卫星 CBERS - 02B、资源二号卫星、遥感二号卫星、北京一号小卫星、环境一号 HJ1 - B 星、遥感一号卫星、遥感三号卫星、环境一号 HJ1 - A星等。

4.3.2　遥感图像的处理

4.3.2.1　遥感数字图像处理

对遥感图像进行一系列的操作，以求达到预期目的的技术称为遥感图像处理。遥感图像处理可分为两类：一是利用光学、照相和电子学的方法对遥感模拟图像（照片、底片）进行处理，简称光学处理；二是利用计算机对遥感数字图像进行一系列操作，从而获得某种预期结果，称为遥感数字图像处理。

根据遥感数字图像处理的目的不同，遥感数字图像处理的内容大致可分为以下几种：图像转换，数字图像校正，数字图像增强，多源信息融合，遥感数字图像计算机解译处理。

同遥感图像的光学处理（即遥感模拟图像处理）相比，遥感数字图像处理有很多优点，主要表现为：图像信息损失低，处理的精度高；抽象性强，再现性好；能用性广，灵活性高。

遥感数字图像处理是遥感技术的主要组成部分，它在遥感技术应用中扮演重要角色，具体表现在如下几个方面：

(1)利用遥感数字图像处理技术获得满足一定精度要求的各种图件；

(2)快速准确地提取所需信息；

(3)为图像的计算机解译奠定基础。

一个完整的遥感数字图像处理系统应包括硬件和软件两大部分。硬件是指进行遥感数字图像处理所必须具备的硬件设备。软件是指进行遥感数字图像处理时所编制的各种程序。

主要的遥感数字图像处理软件系统包括 PCI、ER Mapper、ERDAS、ENVI 等。

4.3.2.2　遥感图像的几何处理

当利用遥感图像进行处理时，会把它表达在某个规定的图像投影参照系统中。遥感图像成图时，由于受各种因素的影响，图像本身的几何形状与其对应的地物形状往往是不一致的。遥感图像的几何变形是指原始图像上各地物的几何位置、形状、尺寸、方位等特征与在参照系统中的表达要求不一致时产生的变形。

遥感图像作为空间数据，具有空间地理位置的概念。在应用遥感图像之前，必须将其投影到需要的地理坐标系中。因此，遥感图像的几何处理是遥感信息处理过程中的一个重要环节。随着遥感技术的发展，来自不同空间分辨率、不同光谱分辨率和不同时相的多源遥感数据，形成了空间对地观测的影像金字塔。当处理、分析和综合利用这些多尺度的遥感数据进行多源遥感信息的表示、融合及混合像元的分解时，必须保证各不同数据源之间的几何一致性，需要进行影像间的几何配准。同时，高分辨率遥感影像的出现对几何处理提出了更高的要求。

遥感图像的几何处理包括两个层次：一是遥感图像的粗加工处理；二是遥感图像的精纠正处理。

1. 遥感图像的粗加工处理

遥感图像的粗加工处理也称为粗纠正，它仅做系统误差改正。

粗加工处理对传感器内部畸变的改正很有效，但处理后图像仍有较大的残差(偶然误差和系统误差)，因此必须对遥感图像作进一步的处理，即精纠正处理。

2. 遥感图像的精纠正处理

遥感图像的精纠正处理是指消除图像中的几何变形，产生一幅符合某种地图投影或图形表达要求的新图像的过程。它包括两个环节：一是像素坐标的变换，即将图像坐标转变为地图或地面坐标；二是对坐标变换后的像素亮度值进行重采样。遥感图像粗纠正处理的过程如下：

(1)根据图像的成像方式确定影像坐标和地面坐标之间的数学模型。

(2)根据所采用的数学模型确定纠正公式。

(3)根据地面控制点和对应像点坐标进行平差计算变换参数，评定精度。

(4)对原始影像进行几何变换计算，对像素亮度值重采样。

1)遥感图像的多项式纠正

多项式纠正回避成像的空间几何过程，直接对图像变形的本身进行数学模拟。遥感图像的几何变形由多种因素引起，其变化规律十分复杂。为此，把遥感图像的总体变形看做是平移、缩放、旋转、仿射、偏扭、弯曲以及更高次的基本变形的综合作用结果，难以用一个严格的数学表达式来描述，而是用一个适当的多项式来描述纠正前后图像相应点之间的坐标关系。本法对各种类型传感器图像的纠正是适用的。利用地面控制点的图像坐标和其同名点的地面坐标通过平差原理计算多项式中的系数，然后用该多项式对图像进行纠正。

常用的多项式有一般多项式、勒让德多项式以及双变量分区插值多项式等。

一般多项式纠正变换公式为

$$\left.\begin{aligned} x &= a_0 + (a_1X + a_2Y) + (a_3X^2 + a_4XY + a_5Y^2) + \\ &\quad (a_6X^3 + a_7X^2Y + a_8XY^2 + a_9Y^3) + \cdots \\ y &= b_0 + (b_1X + b_2Y) + (b_3X^2 + b_4XY + b_5Y^2) + \\ &\quad (b_6X^3 + b_7X^2Y + b_8XY^2 + b_9Y^3) + \cdots \end{aligned}\right\} \tag{4-16}$$

式中，x,y 为某像素原始图像坐标；X,Y 为同名像素的地面(或地图)坐标。

多项式的项数(即系数个数)N 与 n 有着固定的关系

$$N = \frac{1}{2}(n+1)(n+2) \tag{4-17}$$

多项式的系数 a_i、$b_j(i,j = 0,1,2,\cdots,N-1)$，一般可由两种办法求得：

(1)用可预测的图像变形参数构成。

(2)利用已知控制点的坐标值按最小二乘法原理求解。

根据纠正图像要求的不同选用不同的阶数。当选用一次项纠正时，可以纠正图像因平移、旋转、比例尺变化和仿射变形等引起的线性变形。当选用二次项纠正时，则在改正一次项各种变形的基础上，改正二次非线性变形。如选用三次项纠正，则改正更高次的非线性变形。对参加计算的同名点的要求如下：

(1)在影像上为明显的地物点，易于判读。

(2)在影像上均匀分布。

在调用多项式模型时需要确定多项式的次方数，次方数与所需要的最少控制点数是相关的，最少控制点数计算公式为：$N=\frac{1}{2}(n+1)(n+2)$，其中 n 为次方数，即 1 次方需要 3 个控制点，2 次方需要 6 个控制点，3 次方需要 10 个控制点。

2)重采样与内插

在遥感图像几何校正中，需要按照成像模型或假定数学模型对原始输入图像进行重采样，得到校正图像。重采样方法有两种，即直接法和间接法，如图 4-21 所示。

所谓直接法重采样，就是从原始影像上的像点坐标出发，按照下列公式

$$\left.\begin{aligned} X &= F_x(x,y) \\ Y &= F_y(x,y) \end{aligned}\right\} \tag{4-18}$$

求出校正后的影像上的像点坐标，然后将原始影像上(x,y)处的像点灰度值赋给校正后的影像上(X,Y)处的像点。式(4-18)中 F_x 和 F_y 为直接校正的坐标变换函数。

所谓间接法重采样，是从校正后影像上的像点坐标出发，按照下列公式

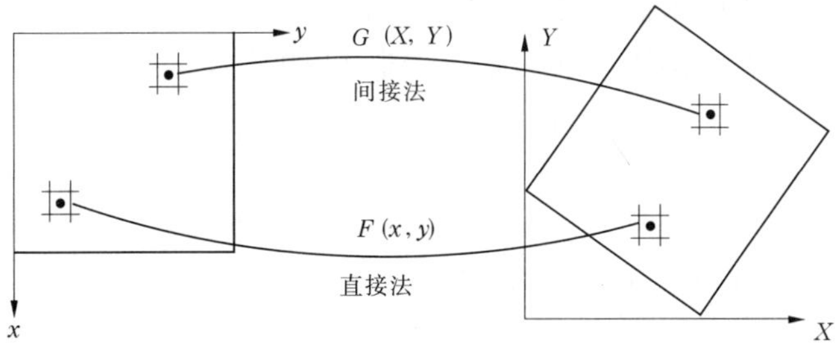

图 4-21 直接法和间接法重采样

$$\left.\begin{aligned} x &= G_x(X,Y) \\ y &= G_y(X,Y) \end{aligned}\right\} \tag{4-19}$$

求出原始影像上的像点坐标,然后将原始影像上(x,y)处的像点灰度值赋给校正后的影像上(X,Y)处的像点。式(4-19)中 G_x 和 G_y 为间接校正的坐标变换函数。

对于直接法重采样,可以逐行逐列计算原始影像上每个像素在校正后的影像上的像点坐标(X,Y),由于 X 和 Y 可能不是整数值,所以校正后的影像上整数像点位置的灰度值必须通过内插法获得。同样,对于间接法重采样,可以逐行逐列计算校正后的影像上每个像素在原始影像上的像点坐标(x,y),由于 x 和 y 可能不是整数值,所以必须通过内插法求出原始影像上该点的灰度值。利用像素周围多个像点的灰度值求出该像素灰度值的过程称为灰度内插。常用的内插法如下:

(1)双三次卷积内插法。

该方法是用一个三次重采样函数 $W(x_c)$ 来近似表示灰度内插时周围像点的灰度值对内插点灰度值的贡献大小,如图 4-22 所示。

$$W(x_c) = \begin{cases} 1 - 2|x_c|^2 + |x_c|^3 & 0 \leqslant |x_c| < 1 \\ 4 - 8|x_c| + 5|x_c|^2 - |x_c|^3 & 1 \leqslant |x_c| \leqslant 2 \\ 0 & |x_c| > 2 \end{cases} \tag{4-20}$$

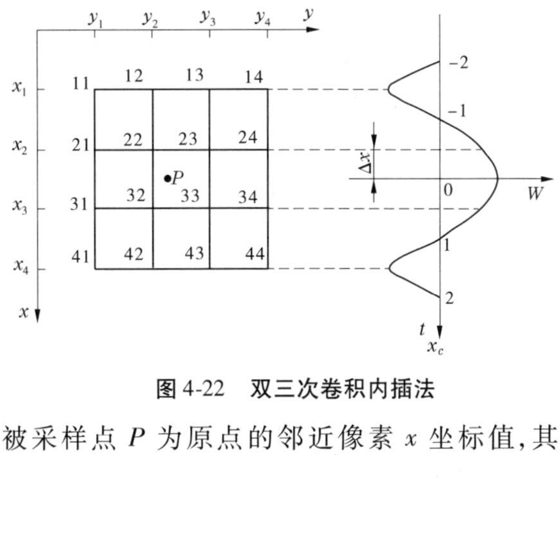

图 4-22 双三次卷积内插法

式中,x_c 定义为以被采样点 P 为原点的邻近像素 x 坐标值,其像素间隔为 1,当把式(4-20)作用于图像 y 方向时,只需把 x 换为 y 即可。

设 P 点为被采样点,它距离左上方最近像素 22 的坐标差 Δx、Δy 是一个小数值,即

$$\Delta x = x_P - \mathrm{int}(x_P) = x_P - x_{22}$$
$$\Delta y = y_P - \mathrm{int}(y_P) = y_P - y_{22}$$

当利用三次函数对 P 点灰度重采样时,需要 P 点邻近的 4×4 个已知像素$(i,j)(i = 1,2,3,4;j = 1,2,3,4)$的灰度值 I_{ij}参加计算。

内插点 P 的灰度值为

$$I_P = W_x I W_y^{\mathrm{T}} \tag{4-21}$$

式中

$$W_x = [W_{x_1} \quad W_{x_2} \quad W_{x_3} \quad W_{x_4}]$$
$$I = \begin{bmatrix} I_{11} & I_{12} & I_{13} & I_{14} \\ I_{21} & I_{22} & I_{23} & I_{24} \\ I_{31} & I_{32} & I_{33} & I_{34} \\ I_{41} & I_{42} & I_{43} & I_{44} \end{bmatrix}$$
$$W_y = [W_{y_1} \quad W_{y_2} \quad W_{y_3} \quad W_{y_4}]$$
$$W_{x_1} = -\Delta x + 2\Delta x^2 - \Delta x^3, W_{y_1} = -\Delta y + 2\Delta y^2 - \Delta y^3$$
$$W_{x_2} = 1 - 2\Delta x^2 + \Delta x^3, W_{y_2} = 1 - 2\Delta y^2 + \Delta y^3$$
$$W_{x_3} = \Delta x + \Delta x^2 - \Delta x^3, W_{y_3} = \Delta y + \Delta y^2 - \Delta y^3$$
$$W_{x_4} = -\Delta x^2 + \Delta x^3,\ W_{y_4} = -\Delta y^2 + \Delta y^3$$

三次卷积内插法精度较高,但计算量大。

(2)双线性内插法。

此法是用一个分段线性函数来近似表示灰度内插时周围 4 个邻近像元的灰度值对内插点灰度值的贡献大小,该分段线性函数为

$$W(x_c) = \begin{cases} 1 - |x_c| & 0 \leqslant |x_c| \leqslant 1 \\ 0 & x_c \text{ 取其他值} \end{cases} \tag{4-22}$$

设内插点 P 点与周围 4 个邻近像素的关系如图 4-23 所示,像素之间的间隔为 1,且 P 点到像素 11 间的距离在 x 和 y 方向的投影分别为 Δx 和 Δy,则内插点 P 的灰度值为

$$I_P = W_x I W_y^{\mathrm{T}} = [W_{x_1} \quad W_{x_2}] \begin{bmatrix} I_{11} & I_{12} \\ I_{21} & I_{22} \end{bmatrix} \begin{bmatrix} W_{y_1} \\ W_{y_2} \end{bmatrix} \tag{4-23}$$

其中

$$W_{x_1} = 1 - \Delta x, W_{y_1} = 1 - \Delta y$$
$$W_{x_2} = \Delta x, W_{y_2} = \Delta y$$

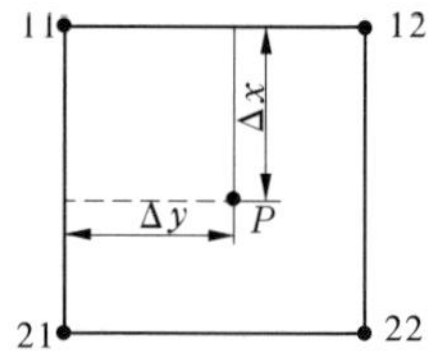

图 4-23　双线性内插法

(3)最邻近点内插法。

此法是取距离被采样点最近的已知像素 N 的灰度 I_N 作为采样灰度,采样函数为

$$W(x_c, y_c) = 1 \quad (x_c = x_N, y_c = y_N) \tag{4-24}$$

采样灰度为

$$I_P = W(x_c, y_c) \cdot I_N = I_N \tag{4-25}$$

其中

$$\begin{cases} x_N = \mathrm{int}(x_P + 0.5) \\ y_N = \mathrm{int}(y_P + 0.5) \end{cases}$$

以上三种内插法中，三次卷积内插法是利用周围 16 个像素的值进行内插，精度高且带有边缘增强的效果，缺点是运算量大；双线性内插法是利用周围 4 个像素的值进行内插，精度和计算量适中，并带有低通道滤波效果，边缘受到一定的平滑影响；最邻近点内插法利用周围一个距离最近的像素的值进行内插，计算量小，内插精度也比较低，但边缘受到的平滑影响较小。在实际使用中，当几何变形不太严重时，可以使用双线性内插法或者最邻近点内插法，以节省计算量。但当变形比较严重时，则必须使用三次卷积内插法，以保证质量。

4.3.3　图像间的自动配准和数字镶嵌

4.3.3.1　图像间的自动配准

图像配准的实质就是遥感图像的几何纠正，根据图像的几何畸变特点，采用一种几何变换将图像归化到统一的坐标系中。图像之间的配准一般有两种方式：

(1) 图像间的匹配，即以多源图像中的一幅图像为参考图像，其他图像与之配准，其坐标系是任意的；

(2) 绝对配准，即选择某个地图坐标系，通过将多源图像变换到这个地图坐标系来实现坐标系的统一。

图像配准通常采用多项式纠正法，直接用一个适当的多项式来模拟两幅图像间的相互变形。图像配准的过程分两步：

(1) 在多源图像上确定分布均匀、数量足够的图像同名点；

(2) 通过所选择的图像同名点解算几何变换的多项式系数，通过纠正变换完成一幅图像对另一幅图像的几何纠正。

多源图像间同名点的确定是图像配准的关键。图像同名点的获取可以用目视判读方式和图像自动配准方式。通过图像相关的方法自动获取同名点。

多源图像之间存在变形，就局部区域而言，同一地面目标在每幅图像上都具有相应的图像结构，并且它们之间是十分相似的，因而就可以采用数字图像相关的方法确定图像的同名点。

图像相关是利用两个信号的相关函数，评价它们的相似性以确定同名点。首先取出以待定点为中心的小区域中的图像信号，然后取出其在另一图像中相应区域的图像信号，计算两者的相关函数，以相关函数最大值对应的相应区域中心点为同名点，即以图像信号分布最相似的区域为同名区域，其中心点为同名点。

1. 数字图像相关的过程

(1) 先在参考图像上选取以目标点为中心、大小为 $m \times n$ 的区域作为目标区（模板）T_1（见图 4-24），并确保目标点（最好是明显地物点）在区域的中间。然后确定搜索图像的搜

索区 S_1，其大小为 $J \times K$，显然 $J > m$，$K > n$（见图 4-25）。S_1 的位置和大小选择必须合理，使得 S_1 中能完整地包容一个模板 T_1，其位置的确定可以是大致估计或者根据粗加工处理以后坐标的相对误差来确定。

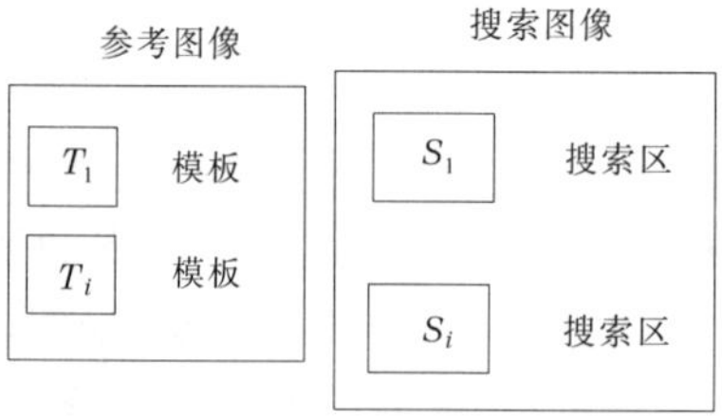

图 4-24　模板和搜索区的选择

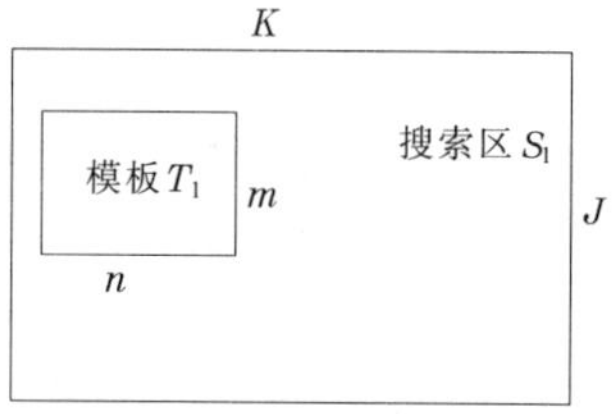

图 4-25　模板和搜索区

（2）将模板 T_1 放入搜索区 S_1 内搜索同名点。从左至右、从上至下逐像素地移动搜索区来计算目标区和搜索区之间的相关系数。取最大者为同名区域，其中心为同名点。

（3）选取下一个目标区，重复第（1）、（2）步以得到其在搜索区的同名点。

2. 图像匹配的一些算法

（1）相关系数测度。相关系数是标准化的协方差函数，协方差函数除以两信号的方差即得相关系数。对信号 f、g，其相关系数为

$$\rho(f,g) = \frac{C_{fg}}{(C_{ff}C_{gg})^{1/2}}$$

式中，C_{fg} 为两信号的协方差；C_{ff} 为信号 f 的方差；C_{gg} 为信号 g 的方差。

而对两个离散的数字图像，其灰度数据 f、g 的相关系数表达为

$$\rho(c,r) = \frac{\sum_{i=1}^{m}\sum_{j=1}^{n}(f_{i,j} - \bar{f}_{i,j})(g_{i+r,j+c} - g_{r,c})}{\left[\sum_{i=1}^{m}\sum_{j=1}^{n}(f_{i,j} - \bar{f}_{i,j})^2 \sum_{i=1}^{m}\sum_{j=1}^{n}(g_{i+r,j+c} - g_{r,c})^2\right]^{1/2}}$$

$$\bar{f} = \frac{1}{nm}\sum_{i=1}^{m}\sum_{j=1}^{n} f_{i,j}$$

$$\bar{g} = \frac{1}{nm}\sum_{i=1}^{m}\sum_{j=1}^{n} g_{i,j}$$

式中，f 为目标区 T 的灰度窗口，g 为搜索区 S 内大小为 $m \times n$ 的灰度窗口，(i,j) 为目标区中的像素行列号，(c,r) 为搜索区中心的坐标，搜索区移动后 (c,r) 随之变化，$m \times n$ 为目标区和搜索区的行数和列数，$\rho(c,r)$ 为目标区 f 和搜索区 g 在 (c,r) 处的相关系数。当 T 在 S 中搜索完后，ρ 最大者对应的 (c,r) 即为 T 的中心点的同名点。

（2）差分测度。对离散数字图像 T 和 S，差分测度采用如下公式

$$S(c,r) = \sum_{i=1}^{m}\sum_{j=1}^{n}\left| T_{i,j} - S_{i+r,j+c} \right|$$

此时，当 S 最小时其对应的图像点为同名点。

（3）相关函数测度。对离散数字图像 T 和 S，相关函数测度采用如下公式

$$R(c,r) = \frac{\sum_{i=1}^{m}\sum_{j=1}^{n}(T_{i,j}\cdot S_{i+r,j+c})}{\left(\sum_{i=1}^{m}\sum_{j=1}^{n}T_{i,j}^2\cdot\sum_{i=1}^{m}\sum_{j=1}^{n}S_{i+r,j+c}^2\right)^{\frac{1}{2}}}$$

此时,当 R 最大时其对应的图像点为同名点。

当找到足够数量的同名点后,就可以用多项式拟合法,将一个图像与另一个图像配准。

4.3.3.2　数字图像镶嵌

当人们感兴趣的研究区域在不同的图像上时,需要将不同的图像合在一起形成一幅完整的包含感兴趣区域的图像,这就是图像的镶嵌。通过镶嵌处理,可以获得更大范围的地面图像。参与镶嵌的图像可以是不同时间同一传感器获取的图像,也可以是不同时间不同传感器获取的图像,但都要求镶嵌的图像之间有一定的重叠度。

数字图像镶嵌的关键是:第一,在几何上将多幅不同的图像连接在一起。因为在不同时间用相同的传感器以及在不同时间用不同的传感器获得的图像,其几何位置和变形是不同的。解决几何连接问题的实质就是几何纠正,按照前面的几何纠正方法将所有参加镶嵌的图像纠正到统一的坐标系。去掉重叠部分后将多幅图像拼接起来形成一幅更大幅面的图像。第二,保证拼接后的图像反差一致,色调相近,没有明显的接缝。对于几何纠正问题前面已有阐述,这里不再讨论。下面讨论接缝消除问题,其过程如下。

1. 图像几何纠正

具体内容见 4.3.2.2 部分。

2. 镶嵌边搜索

先取图像重叠区的 1/2 为镶嵌边,然后搜索最佳镶嵌边,即该边为左、右图像上灰度值最接近的连线(见图 4-26),相对左、右图像有

$$I_l - I_r = \Delta I_{\min}$$

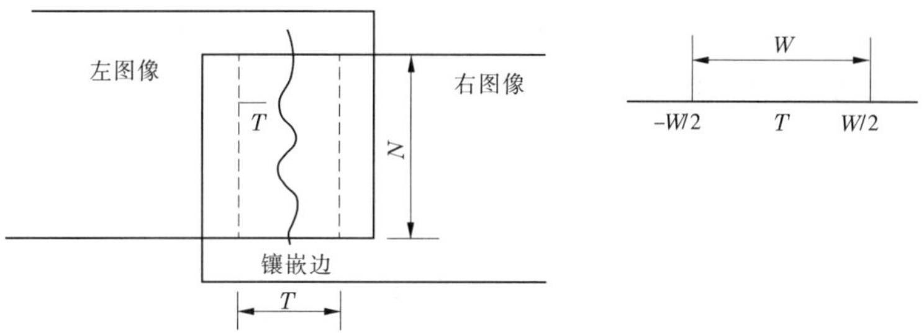

图 4-26　重叠区镶嵌边搜索及模板

搜索最佳的步骤为:

(1)选择 K 列 N 行的重叠区;

(2)确定一维模板,其宽度为 W,从 T 开始(即模板中心在左、右图像的像元号 T 处)自左至右移动模板进行搜索,按一定的算法计算相关系数,确定该行的镶嵌点,逐行搜索镶嵌点可以得到镶嵌边。

所用算法有差分法、相关系数法等(与前述相同,只是用一维算子或模板)。

3. 灰度和反差调整

灰度和反差调整的过程如下：

(1)求接缝点左、右图像平均灰度值 L_{ave}、R_{ave}。

(2)对右图像，按下式改变整幅图像基色

$$R' = R + (L_{ave} - R_{ave})$$

式中，R 为右图像原始灰度值；R'为右图像改变后的灰度值。

(3)求出左、右图像在接缝边上灰度的极值，即 L_{max}、L_{min}、R'_{max}、R'_{min}。

(4)对整幅右图像作反差拉伸

$$R'' = AR' + B$$

式中

$$B = -AR'_{min} + L_{min}$$

$$A = \frac{L_{max} - L_{min}}{R'_{max} - R'_{min}}$$

4. 边界线平滑

经过上述调整，两幅图像色调和反差已趋近，但仍有接缝，必须进行边界线平滑(见图 4-27)。在边界点两边各选 n 个像元，这样有 $2n-1$ 个像元。按下式计算每一行上平滑后的灰度值 D_i

$$D_i = \begin{cases} D_i^L & i < j - \frac{1}{2}(s-1) \\ D_i^R & i > j + \frac{1}{2}(s-1) \\ P_i^L D_i^L + P_i^R D_i^R & j - \frac{1}{2}(s-1) \leqslant i \leqslant j + \frac{1}{2}(s-1) \end{cases}$$

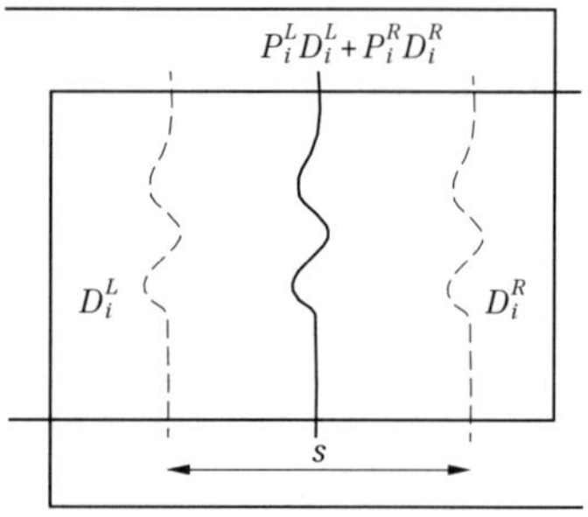

图 4-27　边界线平滑

式中，s 为平滑区宽度；j 为边界点在图像中的像元号(随每行而变)；i 为图像像元号(平滑区内从左至右)；D_i^L、D_i^R 分别为在 i 处左、右图像像元灰度值。

权 P 按下式计算：

$$P_i^L = \frac{j - i + (s+1)/2}{s+1}$$

$$P_i^R = \frac{(s+1)/2 - j + i}{s+1}$$

4.3.4　遥感图像的融合

4.3.4.1　遥感图像的变换与增强

图像变换是图像处理与分析技术的基础，为了快速有效地对遥感图像进行处理与分析，常需要对原定义在图像空间的图像以某种形式变换到另外一些空间，并利用在这些空间的特有性质方便地进行一定的加工，然后变换回图像空间以得到所需要的效果。通过图像变换还可以对遥感图像进行特征提取，这将有助于使用仪器实现对遥感图像的定量分析与自动识别分类。因此，遥感图像的变换处理在遥感图像应用处理技术中有举足轻重的作用。遥感图像的变换处理方法有如下几种：①傅里叶变换；②Hough 变换；③K－L变换；④K－T 变换；⑤典型分析变换；⑥定向变换。

未经增强处理的影像直接用于解译和分类，其效果是不理想的，需要经过一定的增强处理。遥感图像增强处理的主要着眼点在于改进图像显示，提高遥感图像的视觉效果和可解译性，使遥感应用者易于从经过增强处理的遥感图像上获得所感兴趣的有用信息，快速实现从遥感数据向有用信息的转化。

遥感影像校正是以清除伴随观测而产生的误差及畸变，使观测数据更接近于真实值为主要目的处理，而遥感图像增强则把重心放在应用者能从视觉上便于识别影像内容这一点上。典型的影像增强有遥感图像的灰度增强、遥感图像的边缘增强及遥感图像的彩色增强。

4.3.4.2　**图像融合**

遥感技术的发展为人们提供了丰富的多源遥感数据。这些来自不同传感器的数据具有不同的时间、空间分辨率和光谱分辨率以及不同的极化方式。单一传感器获取的图像信息量有限，往往难以满足应用需要，通过图像融合可以从不同的遥感图像中获得更多的有用信息，补充单一传感器的不足。图像融合是指将多源遥感图像按照一定的算法，在规定的地理坐标系生成新的图像的过程。全色图像一般具有较高空间分辨率，多光谱图像光谱信息较丰富，为提高多光谱图像的空间分辨率，可以将全色图像融合进多光谱图像。通过图像融合既可以提高多光谱图像的空间分辨率，又可以保留其多光谱特性。

图像融合可以分为若干层次，一般认为可分为像素级、特征级和决策级。像素级融合对原始图像及预处理各阶段上所产生的信息分别进行融合处理，以增加图像中有用信息成分，改善图像处理效果。特征级融合能以高的置信度来提取有用的图像特征。决策级融合允许多源遥感数据在最高抽象层次上被有效地利用。下面主要介绍基于像素级的图像融合。

首先，图像融合要求多源图像精确配准，当分辨率不一致时，要求重采样后保持一致；其次，将图像按某种变换方式分解成不同级的子图像，同时，这种分解变换必须可逆，由多幅子图像合成一幅图像，即为融合图像。这时多幅子图像中包含了来自其他需要融合的经图像变换的子图像。

遥感图像融合的算法很多，有加权融合，以及基于 IHS 变换、主分量变换和小波变换等的融合方法。

1. 加权融合

基于像元的加权融合对两幅图像的 I_i、I_j 按下式进行

$$I'_{ij} = A(P_i I_i + P_j I_j) + B \tag{4-26}$$

式中，A、B 为常数；P_i、P_j 为两幅图像的权，其值由下式决定

$$P_i = \frac{1}{2}(1 - |r_{ij}|),P_j = 1 - P_i$$

其中，r_{ij}为两幅图像的相关系数，$r_{ij} = \dfrac{\sigma_{ij}}{\sigma_i \sigma_j}$。

2. 基于 IHS 变换的图像融合

IHS 变换将图像处理常用的 RGB 彩色空间变换到 IHS 空间。IHS 空间用亮度（Intensity)、色调(Hue)、饱和度(Saturation)表示。IHS 变换可以把图像的亮度、色调和饱和度分开，图像融合只在亮度通道上进行，图像的色调和饱和度保持不变。

基于 IHS 变换的融合过程如下：

(1)将待融合的全色影像和多光谱影像进行几何配准，并将多光谱影像重采样与全色分辨率相同；

(2)将多光谱影像变换到 IHS 空间；

(3)对全色影像 I'和 IHS 空间中的亮度分量 I 进行直方图匹配；

(4)用全色影像 I'代替 IHS 空间的亮度分量 I，即 IHS→I′HS；

(5)将 I′HS 逆变换到 RGB 空间，即得到融合影像。

IHS 变换方法简单，易于实现。通过变换、替代、逆变换获得的融合影像既具有全色影像高分辨率的优点，又保持了多光谱影像的色调和饱和度。

3. 基于主分量变换的图像融合(K－L 变换法)

首先，对多光谱图像进行主分量变换，变换后的第一主分量含有变换前各波段图像的相同信息，而各波段中其余对应的部分，被分配到变换后的其他波段。其次，将高分辨率图像和第一主分量进行直方图匹配，使高分辨率图像与第一主分量图像有相近的均值和方差。再次，用直方图匹配后的高分辨率图像代替主分量中的第一主分量和其余分量一起进行主分量逆变换，得到融合图像。

也可以将高分辨率图像作为一个波段和多光谱图像组合一起进行 K－L 变换，变换后图像信息的再分配达到高分辨率图像和多光谱图像的融合。

4. 基于小波变换的图像融合

采用离散二进小波变换的图像融合步骤如下：

(1)对高分辨率全色影像和多光谱影像进行几何配准，并且对多光谱影像重采样与全色影像分辨率相同；

(2)对全色影像和多光谱影像进行直方图匹配；

(3)对全色高倍率影像进行分解，分解成 *LL*(低频部分)、*HL*(水平方向的小波系数)、*LH*(垂直方向的小波系数)、*HH*(对角方向的小波系数)；

(4)将多光谱影像分解成四部分：*LL*、*LH*、*HL*、*HH*。

(5)根据需要或保持多光谱色调的程度由步骤(3)、(4)中的 *LL* 重新组合成新的 *LL*；

(6)根据需要由步骤(3)、(4)中的 *LH*、*HL*、*HH* 重新组合成新的 *LH*、*HL*、*HH*；

(7)由步骤(5)、(6)所得的新的 *LL*、*LH*、*HL*、*HH* 反变换重建影像；

(8)其他波段融合重复步骤(3)～(7)。

4.3.4.3　融合后影像的匀光匀色

影像在融合后，由于原始影像本身的色差，融合后的影像在两景接合处的色差较大，为了改善整幅影像的效果，就需要对影像接合部分进行匀光匀色处理，使其整体色调保持一致。进行匀光匀色处理通常使用专门的图像处理软件(如 Photoshop)，即对需要处理的区域，进行色阶、曲线、色彩平衡、对比度/亮度、色相/饱和度等调整，直至图像调整到比较理想的程度。

进行匀光匀色处理后就完成了整幅影像的处理。

第5章　输电线路规划测量技术

§5.1　输电线路可行性研究及初步设计

架空输电线路可行性研究阶段的测量工作主要包括室内选线、野外踏勘及路径优化。初步设计阶段的测量工作除以上内容外,还包括航空摄影测量、摄影测量的外业控制测量、建立路径三维数字模型及三维数字模型路径优化。

5.1.1　路径选择的原则

选择线路路径时应遵守我国有关法律和法令。线路路径的选择应考虑交通条件及地质地形情况。沿线应交通便利,便于施工、运行,但不要因此使线路长度增加较多。若条件允许,最好将路径选在交通相对便利的地方,现在的施工及运输一般都由较大型的机械来承担,若交通不便,势必影响施工进度。在可能的情况下,应使路径长度最短、转角少、角度小、特殊跨越少、水文地质条件好、投资少、材料节省、施工方便、运行方便、安全可靠。

在地质方面一般应观察记录沿线地质地貌现象,对土、石、水等作必要的物理与化学分析,如土壤种类、湿度、水质对混凝土的侵蚀程度等。除按上述常规经验选择外,还应特别注意避开采空区,以免地面塌陷而危及线路安全。如一些采掘业发展史较长的省份,采空区相当多,再加上部分小矿私挖滥采,造成许多地区地面塌陷而危及建筑物的安全。

另外,线路应尽可能避开森林、绿化区、果木林、防护林带、公园等,必须穿越时应选择最窄处通过,尽量少砍伐树木。路径选择应尽量避免拆迁,少拆迁房屋和其他建筑物。线路应避开不良地质地段,以减少基础施工量;应尽量少占农田,不占良田;应避免和同一河流或工程设施多次交叉。

5.1.2　选线的技术要求

5.1.2.1　一般要求

(1)线路与建筑物平行或交叉、与特殊管道交叉或接近,以及与各种工程设施交叉或接近时,应符合相关规程的要求。

(2)线路应避开沼泽地、水草地、易积水处及盐碱地。线路通过黄土地区时,应尽量避开冲沟、陷穴及受地表水作用后产生的强烈湿陷性地带。

(3)线路应尽量避开地震烈度为Ⅵ度以上的地区,并应避开构造断裂带或采用直交、斜交方式通过断裂带。

(4)线路应避开污染地区,或在污染源的上风向通过。

5.1.2.2　对选择转角点的要求

线路转角点宜选在平地或山麓缓坡上;转角点选择应尽量和耐张段长度结合在一起

考虑;转角点应有较好的施工紧线场地并便于施工机械到达;转角点应考虑前后两杆塔位置的合理性,避免造成相邻两档档距过大、过小使杆塔塔位不合理或使用高杆塔。

5.1.2.3　对选择跨河点的要求

(1)应尽量选在河道狭窄、河床平直、河岸稳定、不受洪水淹没的地段。对于跨越塔位应注意地层稳定、河岸无严重冲刷现象。塔位土质均匀,无软弱地层(淤泥、湖沼泥滩、易产生液化的饱和沙土等)存在,避开地下水位较深地段。

(2)不宜在码头、泊船的地方跨越河流。避免在支流入口处、河道弯曲处跨越河流。避免在旧河道、排洪道处跨越。

(3)必须利用江心岛、河漫滩及河床架设杆塔时,应进行详细的工程地质勘探、水文调查和断面测量。

5.1.2.4　对选择山区路径的要求

(1)尽可能避开陡坡、悬崖、滑坡、崩塌、不稳定岩堆、泥石流、喀斯特溶洞等不良地质地段。

(2)线路和山脊交叉时,应从山鞍经过。线路沿山麓经过时,注意山洪排水沟位置,尽量一档路过。线路不宜沿山坡走向,以免增加杆高或杆位。

(3)应避免沿山区干河沟架线。必要时,杆位应设在最高洪水位以上不受冲刷的地方。

(4)特别注意交通问题、施工和运行维护条件。

5.1.2.5　矿区选线的要求

线路进入矿区时,应尽量避开矿带,或少压矿带。当线路必须在矿区上架设时,应考虑在矿区境界线或断层线上架设。当无境界线或断层线可利用时,应尽量垂直矿区走向架设,缩短通过矿区线段的长度。

在矿区范围内架设多条输电线路时,应尽量使两回线路分开架设或保持一定距离,避免同时遭受塌陷的影响。

5.1.2.6　线路经过多气象区选线的要求

当输电线路位于山地时,线路途经多气象区的情况时有发生。为使线路投资节省且安全可靠,在路径选择时应尽量避免反复穿越恶劣气象条件区域。若条件允许,应尽量选择气象条件较好区域的等高线沿地势走线,确需穿越恶劣气象条件区域的,在满足规程规定的同时应尽量缩短穿越长度。

同时,应尽量避开河谷、湖泊、沼泽、山谷受风面等微气象区域。

5.1.2.7　严重覆冰地区选线的要求

(1)要调查清楚已有线路、植物等的覆冰情况(冰厚、突变范围)、季节风向、覆冰类型、雪崩地带,避免在覆冰严重地段通过。

(2)避免靠近湖泊且在结冰季节的下风向侧经过,以免出现严重结冰现象。

(3)避免出现大档距,避免线路在山峰附近迎风面侧通过。

(4)注意交通运输情况,尽量创造维护抢修的便利条件。

架空输电线路路径的选择是一个复杂而多变的过程,不可一概而论。一条线路很难通过一次勘测就可以完全通过,往往要反复修改线路走向。选择路径过程中除上述提到的这些情况外,还有很多不可预见因素。但不论过程如何,路径选择的最终结果都是为了使路径合理、经济、安全。

5.1.3　路径优化的原则

架空输电线路路径方案的优化原则主要有以下几个方面:

(1)避让自然保护区及各类森林公园,保护自然生态环境,减少砍伐赔偿费用。

(2)避开沿线各县市城镇规划区、工业园区,减轻对各部门、城镇的影响程度,尽可能减少拆迁量。

(3)尽可能减少线路长度并靠近现有公路,以方便施工,减少施工便道开辟。

(4)充分考虑沿线地质、地形条件对输电线路可靠性及经济性的影响,尽量避开矿区、不良地质带及洪水淹没区。

(5)综合协调线路路径与沿线已建线路、规划线路以及其他设施的矛盾,统筹考虑线路路径方案。

(6)尽量避让沿线军事设施、矿区和其他大型工矿企业。

(7)合理选择跨越高速公路、河流、湖泊、已建及拟建高压线路等重要交叉跨越物的位置,兼顾线路的安全性和经济性。

§5.2　架空输电线路路径方案的选择

在输电线路可行性研究阶段,室内选线一般利用 1∶5万(或 1∶1万)地形图进行,还可利用遥感影像进行室内选线;在初步设计阶段,除以上两种方法外,还可采用航空摄影的方法。

5.2.1　地形图的基本知识

凡是图上既表示出道路、河流、居民地等一系列固定地物的平面位置,又表示出地面各种高低起伏形态,并经过综合取舍,按比例缩小后用规定的符号和一定的表示方法描绘在图纸上的正形投影图,都称为地形图。

地形是地物和地貌的总称。地球表面是复杂多样的形体,归纳起来可分为地物和地貌两大类。

地面各种固定性的物体,如道路、房屋、铁路、江河、湖泊、森林、草地及其他各种人工建筑物等,称为地物。

地面各种高低起伏形态,如高山、深谷、陡坎、悬崖峭壁和雨裂冲沟等,称为地貌。

5.2.1.1　地形图的内容

地形图的内容丰富,归纳起来大致可分为三类:

(1)数学要素:如比例尺、坐标格网等。

(2)地形要素:各种地物、地貌。

(3)注记和整饰要素:各类注记、说明资料和辅助图表。

5.2.1.2　地形图的比例尺

图上任一线段的长度与地面上相应线段水平距离之比,称为图的比例尺。常见的比例尺表示形式有两种:数字比例尺和图示比例尺。

1. 数字比例尺

以分子为1的分数形式表示的比例尺称为数字比例尺。设图上一线段长为 d,相应的实地水平距离为 D,则该图的比例尺为

$$\frac{d}{D}=\frac{1}{M} \tag{5-1}$$

式中,M 称为比例尺分母。

比例尺的大小视分数值的大小而定。M 值愈大,比例尺愈小;M 值愈小,比例尺愈大。数字比例尺也可以写成1:500、1:1 000、1:50 000等形式。

地形图按比例尺分为三类:1:500、1:1 000、1:2 000、1:5 000为大比例尺地形图;1:10 000、1:25 000、1:50 000、1:100 000为中比例尺地形图;1:250 000、1:500 000、1:1 000 000为小比例尺地形图。

2. 图示比例尺

最常见的图示比例尺是直线比例尺。用一定长度的线段表示图上的实际长度,按图上比例尺计算出相应地面上的水平距离并注记在线段上,这种比例尺称为直线比例尺。

5.2.2　地形图的分幅与编号

为了便于测绘、保管、检索和使用,所有的地形图均须按规定的大小进行统一分幅,并进行系统的编号。地形图的分幅方法有两种:一种是按经纬线分幅的梯形分幅法,另一种是按坐标格网线分幅的矩形分幅法。

我国的基本比例尺地形图都是在1:100万比例尺地形图编号的基础上进行的。20世纪90年代以前,1:100万比例尺地形图用行列式编号,其他比例尺地形图都是在1:100万比例尺地形图的基础上加自然序数;20世纪90年代以后,1:100万比例尺地形图用行列式编号,其他比例尺地形图均在其后再叠加行列号。

5.2.2.1　旧的分幅与编号

1. 1:100万比例尺地形图的分幅与编号

采用国际统一的规定,每幅1:100万比例尺地形图的范围是经差6°、纬差4°。从赤道起分别向南向北,每纬差4°为一行,至北纬88°分为22行,用大写拉丁字母(字符码)A,B,C,…,V表示其相应行号。从180°经线起,自西向东每经差6°为一列,依次用阿拉伯数字(数字码)1,2,3,…,60表示其列号。

由此可知,一幅1:100万比例尺地形图是由纬差4°的纬圈和经差6°的子午线所围成的梯形,其编号由该图所在的行号与列号组合而成。如某地的纬度为北纬39°54′30″,经度为东经122°28′25″,其所在1:100万地形图内的图廓线为东经120°、东经126°和北纬36°、北纬40°,则此1:100万比例尺地形图的编号为J-51,如图5-1所示。

2. 1:50万、1:25万、1:10万比例尺地形图的分幅与编号

这三种比例尺地形图的分幅与编号都是在1:100万比例尺地形图的基础上进行的。

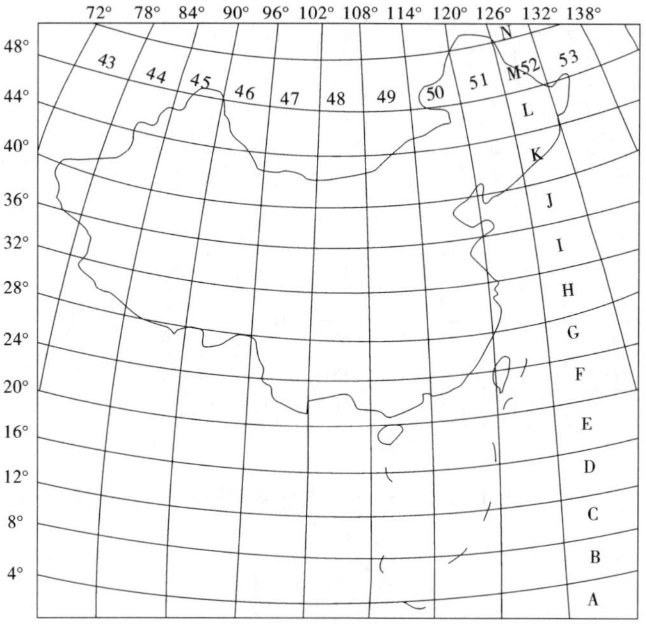

图 5-1　我国 1∶100 万比例尺地形图的分幅与编号

每一幅 1∶100 万比例尺地形图分为 2 行 2 列,共 4 幅 1∶50 万比例尺地形图;分别以 A,B,C,D 表示。例如某地所在的 1∶50 万比例尺地形图的编号为 J－51－A,如图 5-2 所示。

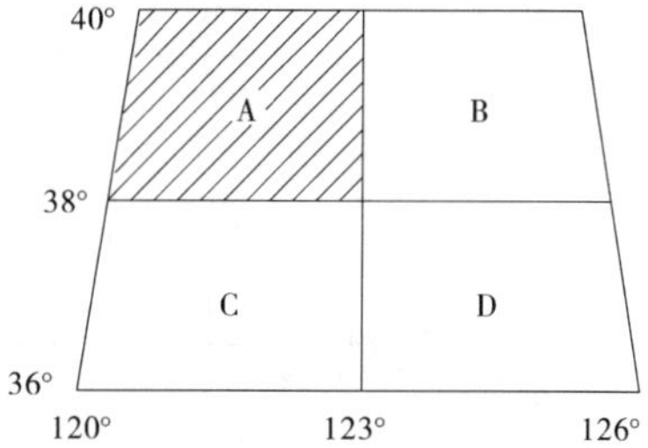

图 5-2　1∶50 万比例尺地形图的分幅与编号

每一幅 1∶100 万比例尺地形图分为 4 行 4 列,共 16 幅 1∶25 万比例尺地形图,分别以[1],[2],…,[16]表示。例如某地所在的 1∶25 万比例尺地形图的编号为 J－51－[2],如图 5-3 所示。

每一幅 1∶100 万比例尺地形图分为 12 行 12 列,共 144 幅 1∶10 万比例尺地形图,分别用 1,2,3,…,144 表示。例如某地所在的 1∶10 万比例尺地形图的编号为 J－51－5,如图 5-3 所示。

3. 1∶5万、1∶2.5 万、1∶1万比例尺地形图的分幅与编号

这三种比例尺地形图的分幅与编号是在 1∶10 万比例尺地形图的基础上进行的,如图 5-4所示。

每幅 1∶10 万比例尺地形图分为 4 幅 1∶5万比例尺地形图,分别以 A,B,C,D 表示。其编号是在 1∶10 万比例尺地形图的编号后加上各自的代号。例如某地所在 1∶5万比例尺地形图的编号为 J－51－5－B。

每幅 1∶5万比例尺地形图分为 4 幅 1∶2.5 万比例尺地形图,分别以数字 1,2,3,4 表示。其编号是在 1∶5万比例尺地形图的编号后加上 1∶2.5 万地形图各自的代号,如 J－51－5－B－4。

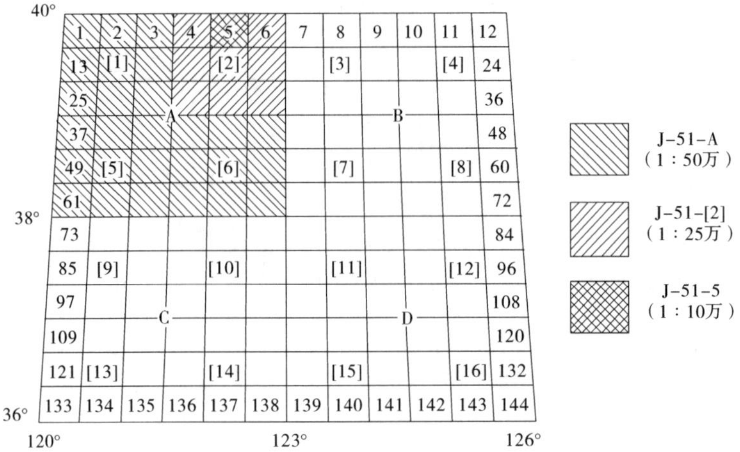

图 5-3　1:50 万、1:25 万、1:10 万比例尺地形图的分幅与编号

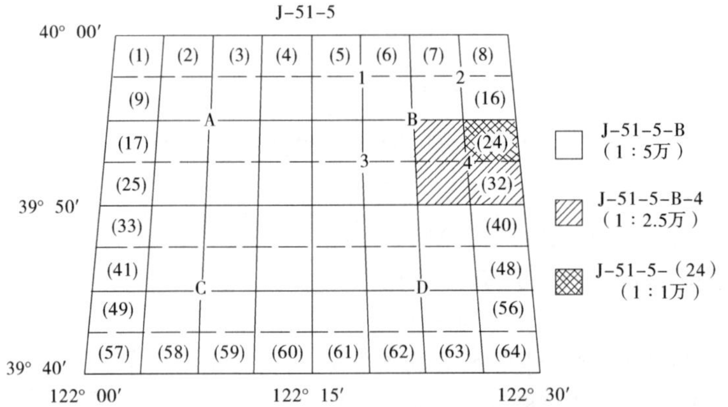

图 5-4　1:5万、1:2.5 万、1:1万比例尺地形图的分幅与编号

每幅 1∶10 万比例尺地形图分为 8 行 8 列，共 64 幅 1∶1万比例尺地形图，分别以(1)，(2)，…，(64)表示；其纬差是 2′30″，经差是 3′45″，其编号是在 1∶10 万比例尺地形图的编号后加上各自的代号，如 J－51－5－(24)。

4. 1∶5 000 比例尺地形图的分幅与编号

1∶5 000 比例尺地形图是在 1∶1万比例尺地形图的基础上进行分幅与编号的。每幅 1∶1万比例尺地形图分成 4 幅 1∶5 000 的图（见图 5-5），其纬差是 1′15″，经差是 1′52.5″，其编号是在 1∶1万比例尺地形图的编号后加上各自的代号(a，b，c，d)。例如某地所在的 1∶5 000 比例尺地形图的编号为 J－51－5－(24)－b。

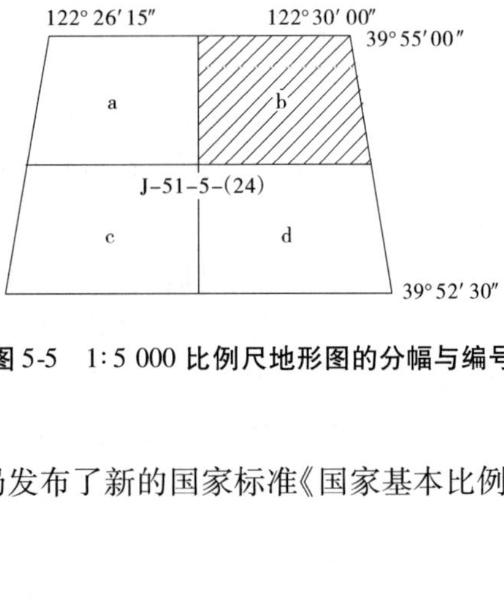

图 5-5　1:5 000 比例尺地形图的分幅与编号

5.2.2.2　新的分幅与编号

为适应计算机管理和检索，1992 年国家标准局发布了新的国家标准《国家基本比例尺地形图分幅和编号》(GB/T 13989—92)。

我国基本比例尺地形图以 1∶100 万地形图为基础,按规定的经差和纬差划分图幅。1∶100万地形图的分幅采用国际 1∶100 万地形图分幅标准。每幅 1∶100 万地形图的范围是经差 6°、纬差 4°;纬度 60°~76°为经差 12°、纬差 4°;纬度 76°~88°为经差 24°、纬差 4°(在我国范围内没有纬度 60°以上的需要合幅的图幅)。

每幅 1∶100 万地形图划分为 2 行 2 列,共 4 幅 1∶50 万地形图,每幅 1∶50 万地形图的范围是经差 3°、纬差 2°。

每幅 1∶100 万地形图划分为 4 行 4 列,共 16 幅 1∶25 万地形图,每幅 1∶25 万地形图的范围是经差 1°30′、纬差 1°。

每幅 1∶100 万地形图划分为 12 行 12 列,共 144 幅 1∶10 万地形图,每幅 1∶10 万地形图的范围是经差 30′、纬差 20′。

每幅 1∶100 万地形图划分为 24 行 24 列,共 576 幅 1∶5万地形图,每幅 1∶5万地形图的范围是经差 15′、纬差 10′。

每幅 1∶100 万地形图划分为 48 行 48 列,共 2 304 幅 1∶2.5 万地形图,每幅 1∶2.5 万地形图的范围是经差 7′30″、纬差 5′。

每幅 1∶100 万地形图划分为 96 行 96 列,共 9 216 幅 1∶1万地形图,每幅 1∶1万地形图的范围是经差 3′45″、纬差 2′30″。

每幅 1∶100 万地形图划分为 192 行 192 列,共 36 864 幅 1∶5 000 地形图,每幅1∶5 000 地形图的范围是经差 1′52.5″、纬差 1′15″。

新国家标准《国家基本比例尺地形图分幅和编号》对地图分幅没有作任何变化,但编号方法有了较大变化。

1∶100 万地形图的编号:行号放在前面,列号放在后面,新系统中横向为行、纵向为列,中间不用连接号。例如,北京所在的 1∶100 万地形图编号为“J50”。

1∶5 000~1∶50 万地形图的编号:均在 1∶100 万地形图的基础上进行编号,其编号都由 10 个代码组成,其中前 3 位是所在的 1∶100 万地形图的行号(1 位)和列号(2 位),第 4 位是比例尺代码(如表 5-1 所示,每种比例尺有一个特殊的代码),后面 6 位分为两段,前 3 位是图幅行号,后 3 位是图幅列号,不足 3 位时前面加“0”(见图 5-6)。

表 5-1　比例尺代码

比例尺	1∶50 万	1∶25 万	1∶10 万	1∶5万	1∶2.5 万	1∶1万	1∶5 000
代码	B	C	D	E	F	G	H

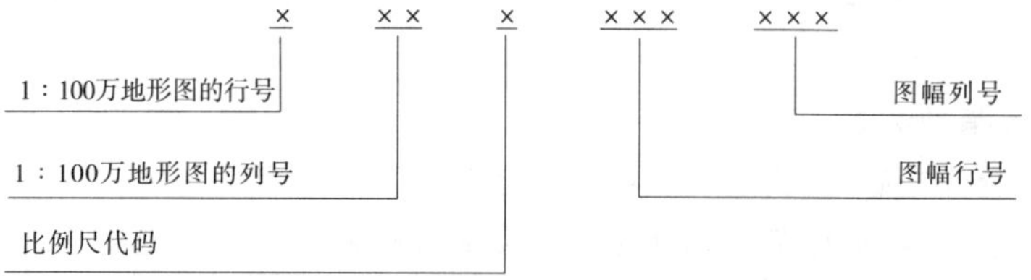

图 5-6　1∶5 000~1∶50 万地形图图号构成

【例】　一条由 A 变电站至 B 变电站的 500 kV 架空输电线路工程,其中 A 变电站的经纬度为 N34°39′、E113°40′，B 变电站的经纬度为 N34°43′、E114°28′，现进行室内选线，需要借阅 1∶5万地形图，试计算都需哪几幅图(线路走向基本为东西方向，且路径曲折系数不大)。

解：依据 A 变电站的经纬度可知，其在 1∶100 万地形图的编号为：

行号：34 ÷ 4 = 8.5，所以其行号为“I”；

列号：113 ÷ 6 = 18.8，所以其列号为“49”。

同理可知，B 变电站在 1∶100 万地形图的编号为：行号“I”、列号“50”。

根据 1∶10 万地形图的编号原则可知，A 变电站所在 1∶10 万地形图的对应编号为“48”，B 变电站所在 1∶10 万地形图的对应编号为“37”。

根据 1∶5万地形图的编号原则可知，A 变电站所在 1∶5万地形图的对应编号为“C”，B 变电站所在 1∶5万地形图的对应编号为“D”。

所以，按旧的分幅与编号，A 变电站所在 1∶5万地形图的编号为“I－49－48－C”，B 变电站所在 1∶5万地形图的编号为“I－50－37－D”。

由于线路走向为东西方向，考虑到路径方案的曲折，故可沿 A、B 两变电站的连线，沿途南北向借阅两幅 1∶5万地形图。因此，需借阅的 1∶5万地形图的编号分别为：

“I－49－48－C”(“I49E008023”)、“I－49－48－D”(“I49E008024”)、“I－49－60－A”(“I49E009023”)、“I－49－60－B”(“I49E009024”)、“I－50－37－C”(“I50E008001”)、“I－50－37－D”(“I50E008002”)、“I－50－49－A”(“I50E009001”)、“I－50－49－B”(“I50E009002”)

括号里为对应的新编号。

5.2.3　选线

5.2.3.1　室内图上选线

选线的目的是在线路起讫点间选出一个技术上、经济上较合理的线路路径。选线分为室内图上选线和现场踏勘选线两步。

在线路路径方案的优化过程中，首先是利用已有的 1∶5万(1∶1万)地形图，或利用收集到的遥感影像进行室内选线。该阶段的主要任务是做好前期准备工作，包括取得各种所需资料，并在地形图上设计线路路径方案。

先在图上标出线路的起讫点、必经点。然后根据收集到的资料(有关城乡规划、工矿发展规划、水利设施规划、军事设施、线路和重要管道等资料)，避开一些设施和对线路有影响的区域，同时考虑地形和交通条件等因素，按照线路路径最短的原则，设计几个方案，经过比较，保留 2～3 个较好的方案。

5.2.3.2　现场踏勘选线

室内图上选线之后，需要进行现场踏勘选线。

在踏勘过程中，需重点踏勘和补充测绘影响线路路径方案的规划区、协议区、拥挤区、林区、工程建设条件复杂区、重要交叉跨越地段、平行接近的通信线等。拥挤区可能影响路径成立时，应测绘拥挤区平面图；对可能影响路径成立的 35 kV 及以上电压等级电力线，应用仪器实测电力线的位置、跨越点及其两端杆位高度；当线路对两侧平行接近的通信线构成影响时，应进行调绘或施测，并将测量结果标绘于地形图上或制作通信线路危险影响相对位置图；若线路通过江河、湖泊、水库等地段，必要时，应配合水文专业进行水文断面、比降点、洪痕点测量；当在江河、湖泊中立塔时，应根据设计需要，测量水下地形图或水下断面图。在踏勘过程中，必须对实地新增地物进行补测，并将补测的内容绘制在室内图上选线所用的地形图上。

现场踏勘选线的任务是，使路径方案在现场得到落实，以使室内所选路径方案在现场行得通，并进一步对路径方案进行优化，为定线、定位工作确定线路的最终走向，设立必要的线路走向的临时目标（转角桩、供线路前后通视用的方向桩等），定出线路中心线的走向。

在现场踏勘选线过程中，还应顾及塔位特别是一些特殊塔位（如转角、跨越点、大跨越等）是否能够成立。对于超高压输电线路，还应考虑沿线每6～8 km有一设置牵引机或张力机的场地及设备运达场地的条件。

第 6 章　输电线路三维优化测量技术

§6.1　架空输电线路路径方案的优化

6.1.1　利用1∶5万(1∶1万)地形图及遥感影像进行路径优化

进行架空输电线路路径优化调整,通常采用1∶5万(或1∶1万)地形图进行室内图上选线,然后进行野外踏勘、调绘。

由于1∶5万(或1∶1万)地形图较旧,线路沿途变化较多,在野外踏勘时,须对全线进行踏勘、调绘,对新增地物进行补测,再展绘于地形图上,然后进行路径优化调整。如果所选路径方案无法实施通过,则须重新选线、重新调绘并进行路径优化,直至使路径方案达到最优(见图6-1)。

图6-1　采用1∶5万地形图进行路径优化

也可采用遥感影像进行路径方案的优化调整。由于遥感影像一般都是最新接收的数据,现势性好,所含的地理信息与实地基本相吻合,在现场踏勘选线时,仅需对少量新增地物进行补测调绘,另外需对线路路径走廊相对比较狭窄的地段,核对路径方案是否可行,然后对路径方案进行整体优化调整(见图6-2)。

6.1.2　利用航测像片进行路径优化

航空摄影测量工作一般在初步设计阶段开展,线路路径航空摄影常采用单航线方式进行。通常在航空摄影测量之后,经过航测外控、像片调绘及空中三角测量之后,利用航测成果对路径方案进行优化调整。

利用航测像片优化路径流程如图6-3所示。

利用航测像片进行路径优化主要有以下几种情况:

(1)由于避让村庄、交叉跨越等问题,优化路径要在初选路径的基础上作出部分调整,如图6-4所示。

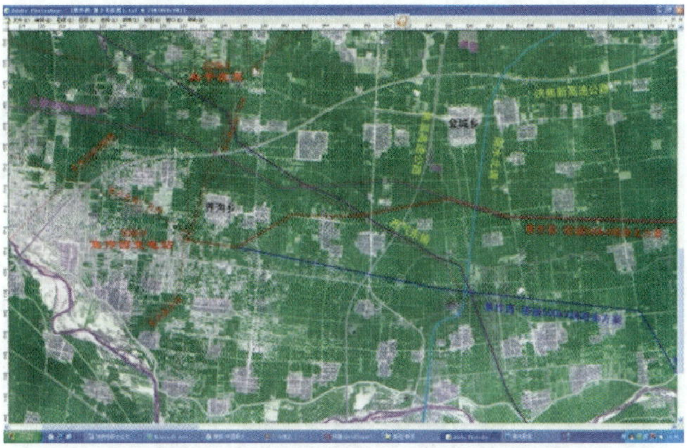

图 6-2　用遥感影像进行路径优化

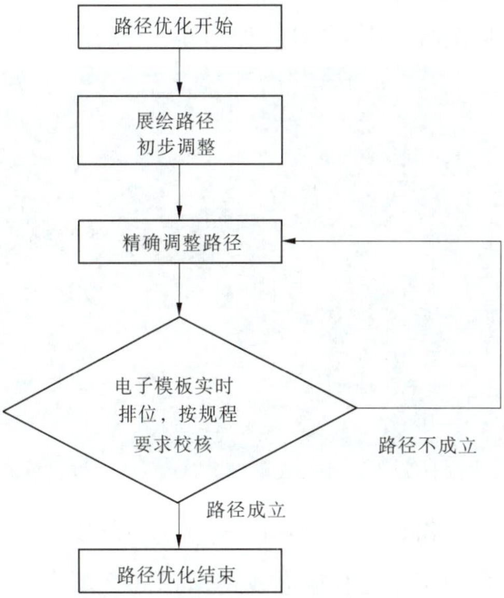

图 6-3　利用航测像片优化路径流程

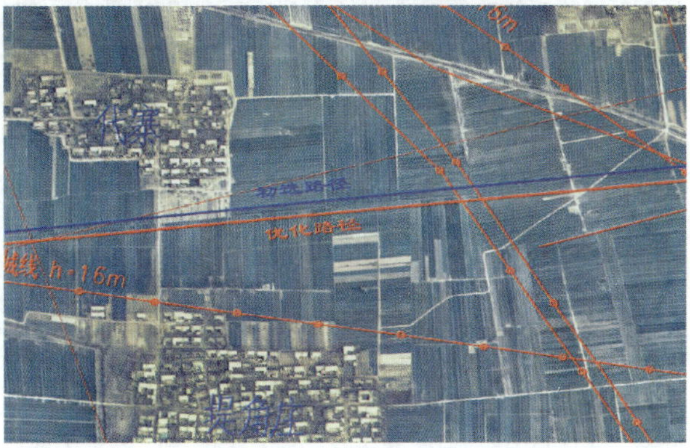

图 6-4　路径优化——避让村庄、交叉跨越

（2）增加转角，调整线路使其远离村庄、避让树林、合理跨越高速公路，如图 6-5 所示。

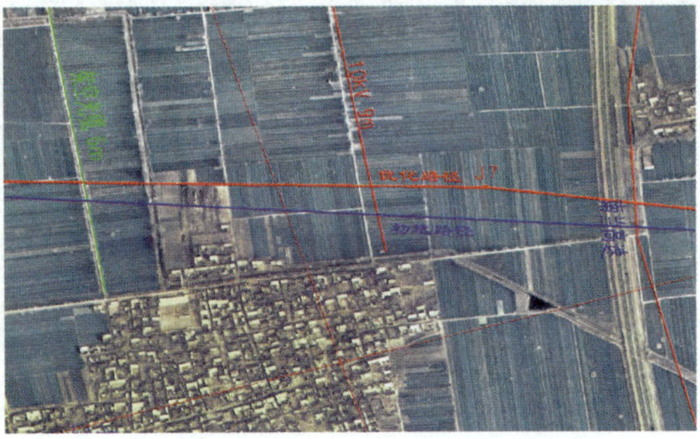

图 6-5　路径优化——远离村庄、避让树林、合理跨越高速公路

（3）调整转角位置，尽量减少房屋拆迁，如图 6-6 所示。

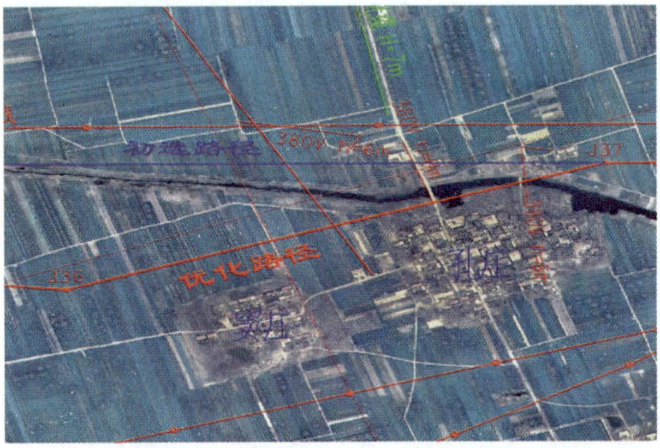

图 6-6　路径优化——减少房屋拆迁

（4）调整转角位置，合理跨越已有输电线路，如图 6-7 所示。

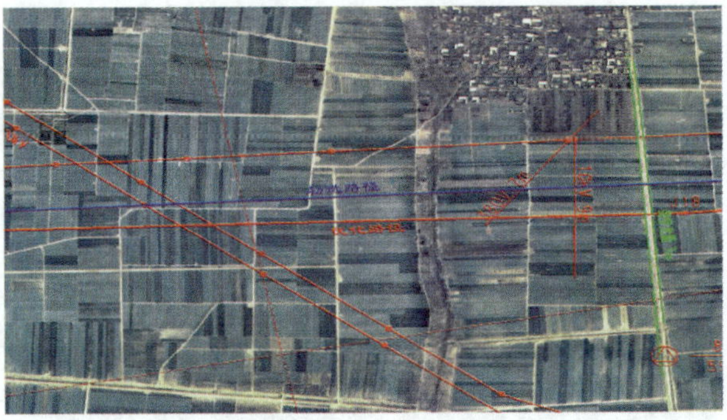

图 6-7　路径优化——合理跨越已有输电线路

（5）调整路径方案，避开破碎、高差过大等不良地形，如图 6-8 所示。

（6）去掉转角，以减少转角个数，如图 6-9 所示。

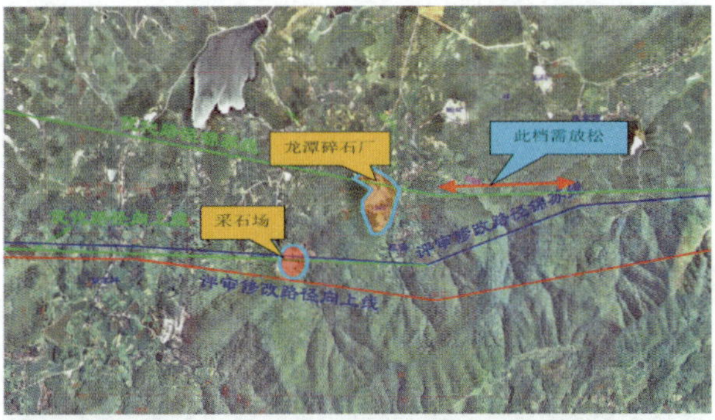

图 6-8　路径优化——避让破碎、高差过大等不良地形

图 6-9　路径优化——减少转角个数

(7)调整路径,使线路远离军事管理区,如图 6-10 所示。

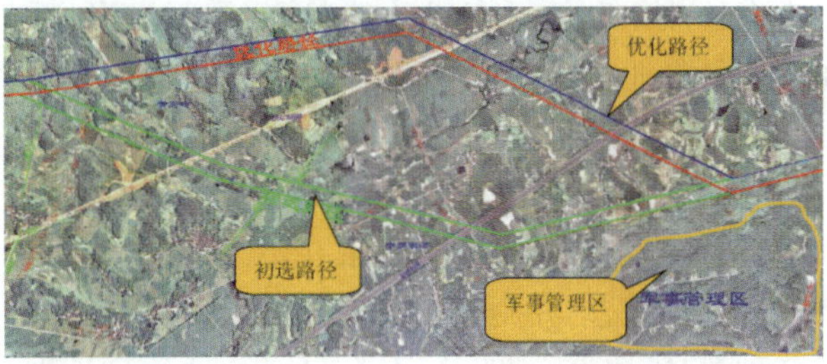

图 6-10　路径优化——远离军事管理区

(8)调整路径,减小转角度数、缩短线路长度,如图 6-11 所示。

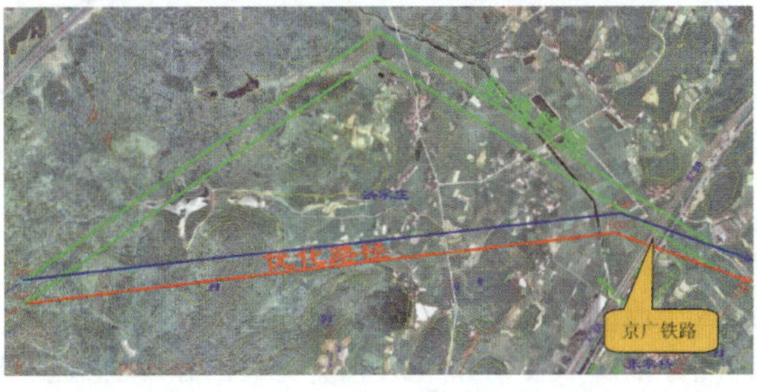

图 6-11　路径优化——减小转角度数、缩短路径长度

(9)调整路径,尽量减少大档距,如图6-12所示。

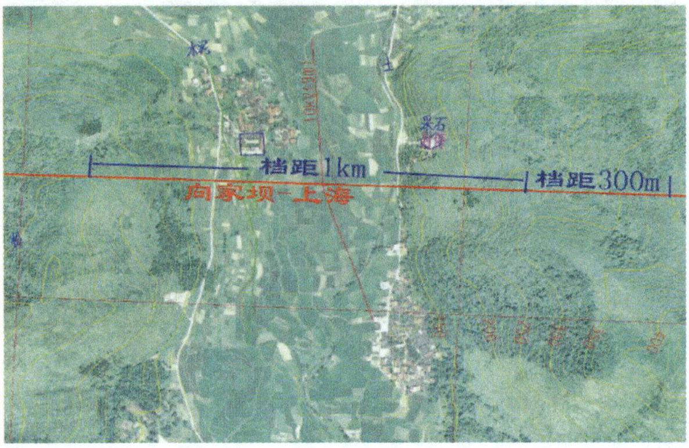

图6-12 路径优化——档距不均匀

§6.2 摄影测量的外业控制测量

6.2.1 摄影测量外业工作任务及作业流程

6.2.1.1 摄影测量外业工作任务

利用航摄像片进行信息处理,要有一定数量的控制点作为数学基础。这些控制点不但要在实地测定坐标和高程,而且它们的数量和在像片上的位置还要符合像片信息处理的需要。因此,在已有大地成果和航摄资料的基础上,需要在野外测定一定数量的控制点,这项工作就是摄影测量外业工作。它的意义在于把航摄资料与大地成果联系起来,使像片量测具有与地面测量相同的数学关系。

摄影测量外业工作的另一项任务就是像片解译(判读)及调绘。我们知道,像片上虽然有地物、地貌的影像,但按影像把它们描绘下来并不是地形图信息,这是由于地形图上表示的地形、地物要经过综合取舍,并用一定的符号表示。另外,地形图上还必须标注地形、地物的名称以及各种数量、质量、说明注记等。所以,要达到地形图的要求,还必须进行实地调查,并将调查结果描绘注记在像片上,这便是像片调绘。

此外,对于航摄漏洞以及大面积的云影、阴影、影像不清楚地区的补测工作,也是摄影测量外业工作的任务之一。

6.2.1.2 摄影测量外业工作流程

摄影测量外业工作是摄影测量过程中的一个重要环节。只有安排好各项工序,才能保证外业工作顺利完成。摄影测量外业工作的作业流程一般如下。

1.技术设计

技术设计是指测区作业的技术文件。技术设计包括两部分内容:一是设计任务书;二是技术设计图。设计任务书应从技术和组织上说明根据和理由,提出最合理的技术方案。技术设计图是设计任务书的补充和附件,技术设计图应准确表示出作业地区、任务范围、地理概况和已知大地控制情况。

编写的设计任务书主要包括设计的目的和任务、测区自然地理概况、测区已有测绘成果、旧图资料、设计方案等内容。所绘制的技术设计图应与设计任务书相配合,以表示技术设计的有关内容。

2. 准备工作及拟订作业计划

准备工作包括仪器设备的准备及资料的收集。

完成测区整体设计后,按所分担任务拟订实施方案,内容包括:对测区的像片进行编号;在像片上标绘已知点和图廓线;按摄影测量要求在像片上选出控制点,并将点位转标到旧图上,以便设计出比较合理的像控点平面和高程联测方案;确定调绘像片,划分调绘面积,并且拟订作业进程表。

3. 外业工作施测

摄影测量外业工作主要包括控制测量及像片调绘两部分。

控制测量包括踏勘已知点,根据在像片上预选的控制点到实地选定,然后在像片上刺点,根据平面和高程联测方案进行选点、观测、计算及成果整理等。

像片调绘工序一般与野外控制测量同时进行。

4. 外业成果检查与验收

对外业成果的检查与验收是保证成果质量的重要措施。为了对外业成果质量进行整体评价,发现差错并及时纠正,必须对外业成果进行全面的检查与验收,其中包括外业组的自检与互检、作业队检查并对成果组织验收、上交。至此,就完成了摄影测量外业工作的全部工序。

6.2.2　像片控制点的布设

用摄影测量方法测图,在每张像片或立体像对影像重叠的范围内都要有一定数量的已知控制点来纠正像片的各种偏差并与地面坐标相连接。这些控制点的坐标和高程可以全部在野外测定,称为全野外布点法;也可以在外业测定少量的控制点,然后在室内进行控制点加密,即用解析空中三角测量法获得所需加密点的地面坐标,这种方法称为非全野外布点法。

只测定平面坐标的控制点称为平面点,只测定高程的控制点称为高程点,同时测定平面坐标和高程的控制点称为平高点。所有这些控制点简称为像控点。

根据地形、摄影资料及信息处理的方法不同,像控点的布设方案也不同。

6.2.2.1　像片控制点布设的一般原则和要求

1. 像控点布设的一般原则

(1)像控点一般按航线全区统一布设,可不受图幅单位的限制。

(2)布设在同一位置的平面点和高程点,应尽量联测成平高点。

(3)相邻像对和相邻航线之间的像控点应尽量共用。当航线间像片排列交错而不能共用时,必须分别布点。

(4)位于自由图边或非连续作业的待测图边的像控点,一律布设在图廓线外,确保成图满幅。

(5)像控点尽可能在摄影前布设地面标志,以提高刺点精度,增强外业控制点的可靠性。

(6)点位必须选在像片上的明显目标点,以便于正确地相互转刺和立体观察时辨认点位。

2. 像控点的位置要求

像控点在像片和航线上的位置,除各种布点方案的特殊要求外,还应满足下列基本要求:

(1)像控点一般应布设在航向三片重叠中线附近,困难时可布设在航向重叠范围内。像控点在像片上应布设在标准位置,也就是通过像主点垂直于方位线的直线附近。

(2)像控点距像片边缘的距离不得小于 1 cm,因为边缘部分影像质量较差,且点位受畸变和大气折光等影响所产生的移位较大,另外,倾斜误差和投影使边缘部分影像变形大,增加了判读和刺点的困难。

(3)点位必须离开像片上的压平线和各类标志(气泡、框标、片号等),以利于明确辨认。为了不影响立体观察时的立体照准精度,规定离开距离不得小于 1 mm。

(4)旁向重叠小于 15% 或由于其他原因,控制点在相邻两航线上不能共用而须分别布设时,两控制点之间的垂直距离不得大于像片上 2 cm。

(5)点位应尽量选在旁向重叠中线附近,离开方位线大于 3 cm 时,应分别布点。

像控点的位置要求如图 6-13 所示。

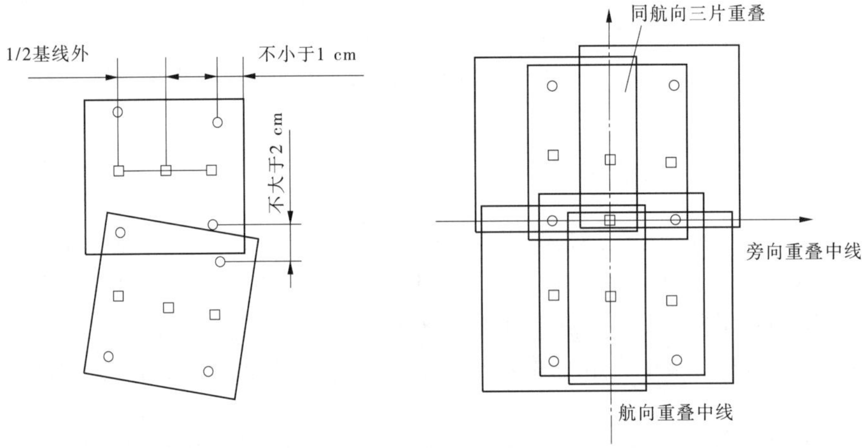

图 6-13 像控点的位置要求

6.2.2.2 布点方案

1. 全野外布点方案

像片控制点全部由外业测定时,称为全野外布点法。全野外布点法精度较高,但外业控制测量的工作量较大,使用范围受到限制,所以常被非全野外布点法所代替。全野外布点法常常用于特殊要求及特殊地形,如在测图精度要求很高、地面测量条件良好或者在小面积测图时才使用。

2. 非全野外布点方案

非全野外布点法也称稀疏布点法。

为了减少野外工作量，一般在外业只布设测定少量的控制点，然后以此为依据，按一定的数学模型进行平差计算，解求加密点（即每张像片或每个立体像对内需要的平面和高程控制点）的平面坐标和高程，这样的方法即为非全野外布点法。非全野外布点法主要方案有以下几种。

1）航带网布点方案

按航带网布设野外控制点的前提是应该满足航带网的绝对定向及航带网变形改正的要求。

像片控制点的具体布设方案是：

（1）六点法：标准布点形式，是优先和普遍采用的方法。该法按每段航带网的两端和中央的像主点，在其上下方向上旁向重叠范围内各布设一对平高点，如图 6-14（a）所示。每段航带网两端一对点间隔的基数线，按摄影比例尺和图比例尺的不同而有不同的规定。

（2）八点法：在每段航带网内，布设八个平高控制点，如图 6-14（b）所示，因航带网内的控制点数目较多，故可采用三次多项式对航带网进行非线性改正。

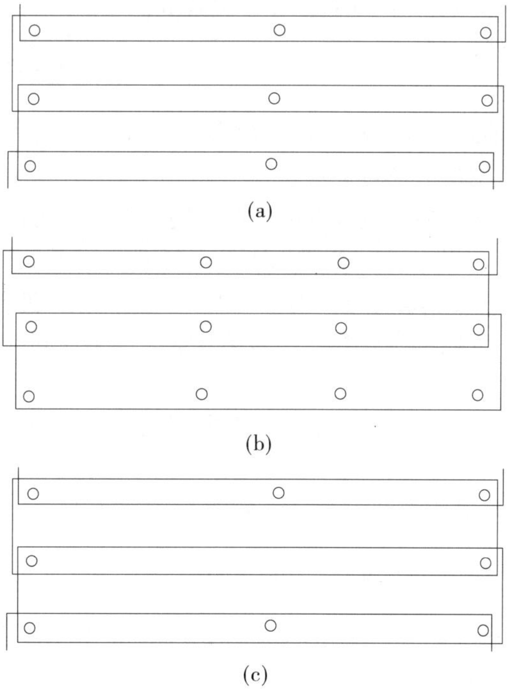

图 6-14　航带网布点方案

（3）五点法：若某段航带网的长度不到最大允许长度的 3/4，而又超过 1/2 的短航带网，可按五点法布设，即在航带网中央的像主点上方、下方或附近只布设一个平高点，如图 6-14（c）所示。

像控点的位置要求，除上述的一般要求外，在航线网内的位置也有特别要求，即每段航线网两端的一对像控点，最好布设在通过像主点且垂直于方位线的直线上；在受到地形条件限制不得已而互相偏离时，偏离一般不要大于半条基线；在个别极困难的情况下，偏离最大不能超过一条基线，如图 6-15 所示。这里必须注意，不要使该段航线网的基线条数超过规定。

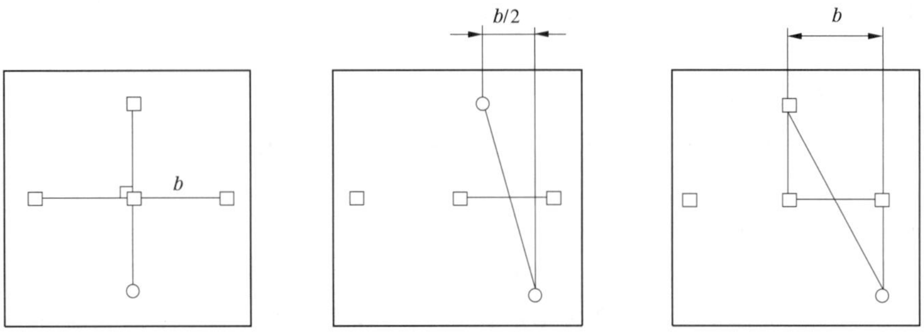

图 6-15　航带网像控点位置

另外，每段航线网中间的一对像控点，要求最好布设在两端像控点的中央，至少要求其中一点位于中央，而另外一点偏离不超过一条基线。当受到地形条件限制在航线网中央不可能布设一对像控点时，允许这对点在中央线同侧偏离不超过半条基线；在中央线异侧，偏离不超过一条基线。

2）区域网布点方案

区域网平差时，以面积最大不超过像对数来划分区域。像对总数是指区域周边所有平高点和高程点连接范围内的像对个数。当一个像对有 1/2 基线跨入周边控制点连线以内时，按一个像对计算，区域内各航线两端控制点间隔与航带网布点法相同。当测区航摄资料的航线旁向重叠符合规定的正常要求时，一般不超过六条航线。

区域网布点，一般只在区域网的四周布设平高点，中间多加一个高程点，图 6-16（a）所示的各方案是常用的区域网布点方案。当像片的旁向重叠过小时，应在重叠的部分增设高程点，如图 6-16（b）所示。

采用光束法区域网平差时，在区域网的四周，经常是平高点与高程点间隔布设，为了加强布点的可靠性，在关键部位布设双平高点，如图 6-16（c）所示。当采用 GPS 进行像片联测时，有时也在区域网的四周密集型布设平高点，如图 6-16（d）所示。

6.2.3　野外像片控制点的选刺、整饰及像片联测

像控点是摄影测量控制加密和测图的基础，因此野外像控点目标的选择情况和指示点位的准确程度，直接影响成果的精度。所以，野外工作需要重视像控点目标的选择和保证指示点位的准确。同时，还要加强检查工作，以确保后续作业正确无误。

6.2.3.1　野外像控点目标选择

野外像控点，无论是平面点、高程点还是平高点，均要求选择在明显目标点。所谓明显目标点，就是在航摄像片上的影像位置可以明确辨认的点。因此，在外业中应选择航摄像片上影像清晰、目标明显的像点作为像控点。

在一般地区，较理想的明显目标点有：近于直角形状且近于水平的固定田角、场地角、草地角，在近似水平面内近于直角相交的固定道路交叉点，平屋顶大型建筑物的墙角等。其中特别是固定田角和道路交叉点，经常作为优先选取的目标。选择道路交叉点时，交角

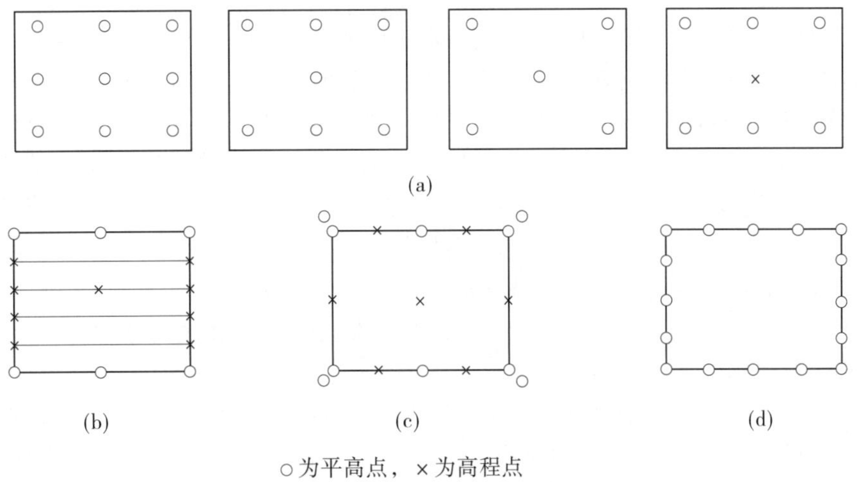

图6-16　区域网布点方案

不要太锐，要求在45°~135°。在山区选择梯田角时，要了解航摄后是否进行农田改造，以保证点位的准确性。在地物比较稀少的地区，允许选择固定的线状地物端点、能辨别出的建筑物的塔形尖顶、像片上影像直径小于0.3 mm的点状地物中心等。

弧形地物、阴影、狭窄沟头、水系、高程急剧变化的陡坡，以及航摄后有可能变迁的地方，均不应当做选择目标。在疏林地区，经常选择矮小独立灌木丛，也可选择能准确辨别树干底部的独立小树。在森林地区，由于树冠密集而覆盖地表面，有时只能选择没有阴影遮盖的树根或可以准确判别的树冠。在荒山地区，选择目标有时十分困难，也允许选择裸露或者半裸露的突出岩石。显然，森林或荒山地区的这些选择目标，将会降低成果精度。

在明显目标点较少的地区，高程控制点可以选择在平山顶、鞍部或其他能够保证高程量测精度的地方。

6.2.3.2　像控点的刺点

在选定像控点后，要在航摄像片上表示出其具体位置，目前仍采用在像片上刺点的方法。

像片刺点精度是保证摄影测量加密等数学精度的最重要的一环，特别是在大比例尺摄影测量的情况下，像片比例尺小于图比例尺较多时更为重要。如果刺点不正确，经常造成内业点数量的大大减少，因此对外业控制点的精度要求也就越来越高。同时，这项工作缺乏严格的检核条件，往往在加密计算时才能发现，给摄影测量后续工作造成严重后果。因此，这项工作必须做到判准、刺准。在实地多找旁证，反复核对，证实无误后再进行刺点。

航摄像片上平面点和平高点的刺孔偏离误差，不得大于像片上的0.1 mm。高程点如选在明显目标点上，则要求相同；高程点如选在山顶和鞍部等不易刺准的地方，应借助于立体观察，尽量准确刺出。对于每个像控点，一般只需要在一张像片上刺孔。因此，应在相邻两航线的所有相邻像片中，选出像控点附近影像最清晰的一张像片进行刺点。像控点如果要顾及图幅布设，相邻图幅共用的点必须在相邻图幅的一张像片上转刺。

像控点的刺孔要小，刺孔直径最大不得超过0.2 mm，且刺孔要透亮。因此，要选用细直而坚硬的针刺，垫上较硬的垫板轻轻刺出。如果不小心刺偏，不允许在同一张像片上重刺，以免出现双孔、多孔和薄膜剥落等现象，而应挑选一张相邻像片，重新仔细刺点，原像片作废。

刺点目标在像片上的影像应与实地形状一致,确认其没有变动后方可刺点。确认像片上微小目标的最好方法是在实地审定。目标在实地可能变动的范围应不大于0.4 m,房角、水泥电杆在1∶2 000地形图中是比较理想的目标,但是外业联测时需要交会或引点。刺点目标在像片上的影像轮廓必须清晰,几何形状必须规整,单靠目视观察很难达到精度要求,平地需要放大镜,山地、丘陵地需用立体镜对像片辨认和刺孔。严格禁止远距离估计刺点、回忆刺点以及回驻地后再画略图等。

在像片控制点野外选刺的同时,还需将测区内所有国家等级的三角点和水准点、图根点等刺出。但是,这些点通常属于不明显目标,当不能准确刺出时,不要勉强刺点,有时可用调绘不明显目标的方法刺出其位置。

刺点工作由一人在现场完成后,必须由另一人到现场检查,刺点者和检查者均需签名,并签注日期。对于自由图边的像控点,则要求专职检查人员到现场检查,确实无误后,签注姓名、日期,以示负责。

6.2.3.3　像片控制点的整饰与注记

选定像片控制点后,进行控制点编号,同时要进行控制像片的整饰,并附加说明。

1. 控制点的编号

野外控制点连同测定这些点所做的过渡控制点,要统一进行编号。编号的原则是:

(1)当顾及图幅布点时,每幅图内控制点不能重号;当不顾及图幅布点时,同期的测区控制点不要重号,以免发生混淆。

(2)编号最好在航线内按从左到右的顺序,在航线间则按从上到下的顺序进行编号,这样便于在工作中查找点位。

2. 控制像片的整饰和注记

控制像片的正、反面整饰和注记样式如图6-17(a)、(b)所示。

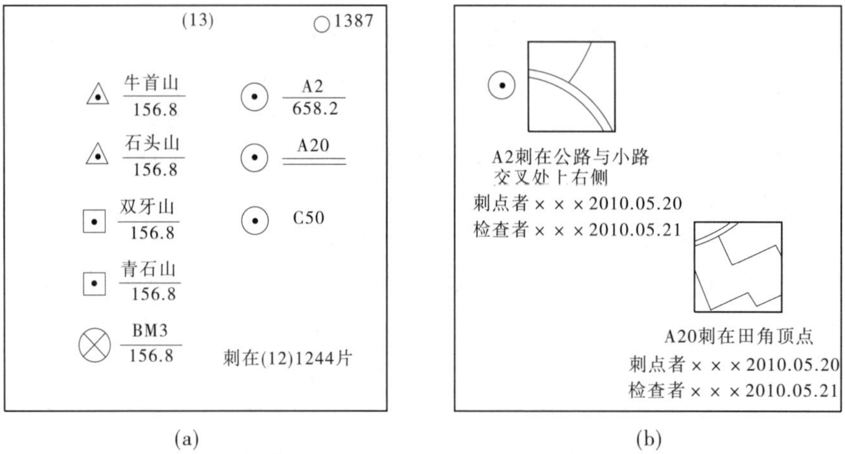

图6-17　控制像片的整饰和注记

1)控制像片正面整饰和注记

凡已准确刺出的点位,三角点用边长 7 mm 的正三角形标出,图根点用边长 7 mm 的倒三角形标出,埋石点用边长 7 mm 的正方形标出。平面点和平高点用直径 7 mm 的红色圆标出,水准点和高程点用直径 7 mm 的绿色圆标出,水准点需在圆中间加“×”符号。凡不能准确刺出的点,用调绘不明显目标的方法判刺出点位后,仍按上述符号用虚线表示,但对于水准点,则一律用实线表示。所有各种点,均需在符号的右侧用红色笔进行分式注记,分子为点名或点号,分母为高程。平面点因无高程,可在分母处加一横线。高程注记以 m 为单位。

对于转刺点,如果顾及图幅布点,则点号仍使用相邻图幅的原编号,并在编号后面简注相邻图幅图号。如果不顾及图幅布点,则点号仍使用相邻测区的原编号,并在编号后面加注相邻测区代号。转刺点的符号和分式注记的方法同上。

对于不刺点的相邻各张控制像片,一般情况下需用直径 10 mm 的圆转标点位;在相邻航线各像片中,还需在其中一像片上注记出点名或点号,同时还需写上刺在第几航线几号像片上的字样。

2)控制像片反面整饰和注记

控制像片反面整饰和注记,一律用黑色铅笔。只对已刺点或转刺点进行反面整饰和注记,对未刺孔的像片不进行反面整饰和注记。根据透刺到像片反面的刺孔位置,仍用像片正面整饰的相应符号标出点位,并注记点名或点号,有时签注刺点者姓名和刺点日期。经现场实地检查后,检查者同样要签注。反面不需注出刺点的高程,但必须对所有刺点注上刺点说明。

控制像片反面的刺点说明,一般情况下用文字说明,书写要正规。例如:

- 当像控点选择在道路交叉点时,在大比例尺测图情况下,不论是大路还是小路,都要注明刺在道路交叉点的哪一侧。指示方位可用东西南北,也可用上下左右,但在同一侧不要混用。
- 当像控点选择在田角、草地角等处时,只用文字说明一下。当田角为山区梯田角时,应注明位于坎上或坎下。
- 当点位在小丘、土堤、窖等处时,应量出并注明刺点至地面比高,注至 0.1 m;当点位选择在其底部时,只作说明,不量注比高。
- 当像控点刺在树冠上,或在刺点位置上有植被覆盖,致使在像片上看不清地表影像时,需调查注记航摄时的植被高,注至 0.1 m。当刺点用文字说明不能确切表达时,还需在像片反面刺孔位置附近加绘点位略图。略图必须实地绘出,应尽可能详细表示出目标附近的影像细部,并放大绘出,亦采用黑色铅笔绘制。

6.2.3.4　像控点联测的常规方法

像控点联测就是像片控制外业测量,测定像控点所对应地面点的地面坐标。如前所述,将已整饰、编号的像控点转标到大致相近比例尺的旧图上,以便拟订控制联测计划。测量控制点的平面坐标,考虑到目前全站仪的广泛使用,常规的方法有边角定点交会及电磁波测距导线。

高程点及平高点的高程联测,根据地形条件,常采用几何水准测高及测距三角高程等方法。

6.2.4 像控点联测的 GPS 方法

随着 GPS 定位技术的不断发展,GPS 应用越来越广泛。实践证明,GPS 定位技术应用于像控点联测不仅可获得良好的精度,而且可取得可观的经济效益,与常规方法比较,更显现其优越性。

布设像控点时,像控点的间距根据图比例尺与像片比例尺的不同而不同,一般为 0.5 ~ 20 km,采用 E 级 GPS 网的作业要求进行像控点联测可以达到各种比例尺的航测成图对像控点的精度要求。

6.2.4.1 仪器的选用

一般载波型单频、双频 GPS 接收机,其标称精度均能满足 E 级 GPS 网的观测要求。

6.2.4.2 GPS 像控点布设

根据 E 级 GPS 网的布网要求及起算点和像控点的分布布设 GPS 网。网中应联测三个以上的国家三角点,考虑到 GPS 高程拟合的需要,在网的四周和中心至少应联测五个等外水准以上等级的水准点作为高程的起算点。

6.2.4.3 GPS 观测

观测之前根据设计网形以及卫星可见性预报表选择合适的观测时段,设定好仪器的各项参数。根据区域网中基线长度及 GPS 接收机的性能确定基线应观测的时间长度。采用快速动态测量和静态测量相结合的模式进行同步观测。观测中要严格对中、整平仪器。

6.2.4.4 数据处理

采用随机或商用软件对外业观测数据及时进行处理和备份,对全部观测结果进行平差计算。

6.2.4.5 高程计算

利用控制网中水准点或联测了水准的三角点为起算点进行高程拟合,其拟合精度主要取决于高程起算点的精度、起算点的分布状态及高程拟合的数学模型,一般高程起算点应选择在网的外围及中央且均匀分布,拟合模型应采用平面或曲面拟合。

总之,根据不同的图比例尺、像片比例尺和不同的处理方法,根据测区内的地形,按区域网布点的作业要求,可将测区划分为多个作业区,分别布设像控点 GPS 控制网,其解算结果,无论是平面数据还是高程数据均能达到精度要求。

对于 1∶500 的大比例尺航测成图,为了提高精度,有时也采用 GPS 进行首级平面控制和像控点联测,同时按 C 级 GPS 平面控制网布设。像控点布设采用平高区域网,按航向每 3 ~4 条基线布设一个平高点,每隔一条航线布设一个相应的高程点,在区域网四角,布设双平高点。对于选刺点困难的地区,如由沙滩、陡壁、森林植被等构成的海岸线立体死角及航摄裂缝地带无法成立体等死角地区,可分别采用单航线布点等方案以提高加密精度。

6.2.5 像片解译与调绘

像片解译俗称像片判读。解译的目的是识别目标,即识别像片上各种影像所反映的属性特征。

用肉眼或借助立体眼镜、放大镜等仪器来分析观察航摄像片，称为目视解译。目视解译人员在掌握影像特征的基础上，依据影像的解译标志，并根据专业工作的实践经验进行判读，这样才能取得良好的判读成果。对航摄像片，大多采用目视解译方法。

6.2.5.1　目视解译的特征和方法

1. 目视解译的特征

航摄像片的目视解译是根据影像信息特征进行的，这些特征即为图像的解译标志，分为直接解译特征和间接解译特征两类。

直接解译特征是地物本身属性在影像上的反映，即直接凭借影像特征确定地物属性。直接解译特征主要有形状、大小、色调、阴影、图案、相关位置、纹理等。

间接解译特征是通过与之联系的其他地物在影像上反映出来的特征，来推断地物的类别属性，如地貌形态、水系格局、植被分布等自然景观特点，以及土地利用和人文历史特点等，多数采用逻辑推理和类比的方法引用间接解译特征。

2. 目视解译的方法

方法一：根据目视解译特征，将像片上影像与实地对照，对影像进行解译，必要时还可应用一般测量方法补测某些在像片上没有影像的地物。

方法二：室内直刺、对比解译。

在室内，根据影像的目标解译标志就能确定地物的属性，称为直刺法。一般具有明显的形状、色调特征的地物，例如高速公路、河流、房屋、树木等均可采用室内直刺法。

在室内，根据影像的目标解译标志，分析摄区有关资料，根据比样像片对照来解译确定地物的属性，称为室内对比解译法。

6.2.5.2　像片调绘与补测

在对航摄像片进行解译的基础上，根据用图的要求，进行适当的综合取舍，按图式规定的符号将地物地貌要素描绘在相应的像片上并作各种注记，然后进行室内整饰，这些工作称为像片调绘。

像片调绘主要注意以下几个方面：

(1)掌握目视解译特征，做到准确解译和描绘；

(2)正确掌握综合取舍的原则，综合合理，取舍恰当；

(3)掌握地物地貌属性、数量特征和分布情况，依据图式的说明和规定，正确运用统一的符号，在像片上进行注记和描绘。

像片调绘除应将像片影像显示的信息判读描绘出来外，对于影像没有显示或者影像不够清晰而地形图又需要表示的地物地貌要素，还需要按其形状位置补绘在像片上。这些要补绘的地物可能是摄影到调绘期间地面出现的新增地物，或者是由于比例尺过小而无法直接判读的较小地物，也可能是被云影、阴影所遮盖而未成像的地物。将像片没有的或者影像不清晰的地物按像片比例尺缩小描绘在像片相应的位置上，这一工作即是像片调绘中对新增地物的补测。

新增地物补测方法有简易补测法与仪器补测法。当新增地物零星分布或者补测面积范围较小时，可以根据周围地物的明显影像，差别交会出新增地物在像片上的位置，这就是简易补测法。当新增地物面积较大,四周又无明显地物影像时,则需要采用仪器补测法。

§6.3　输电线路三维数字模型的建立

在高压架空输电线路的初步设计阶段,通常要建立路径的三维数字模型,以便在选线及路径优化过程中,可以通过计算机系统更好地掌握现场的地形情况,从而更好地调整方案,使路径达到最优。

建立输电线路的三维数字模型的步骤如下:首先,在图像处理软件平台上,对遥感数据或航摄像片进行处理,形成正射影像图;其次,要建立对应区域的地面模型;再次,完成铁塔及地面建筑物的三维建模;最后,利用三维可视地理信息系统,对所建立的地面模型、建筑物模型以及相应的遥感影像或航测像片进行叠加复合,形成三维虚拟视景,进行虚拟飞行路线设计,并将运行结果输出为虚拟飞行动画。

6.3.1　遥感影像、航测像片路径图的制作

对于任何遥感系统获得的原始数据,如卫星遥感影像数据和各类航测像片,从其中还不能得到所需要的资料,必须经过系统的处理,将原始数据转换为数字图像,并经过坐标配准来统一地物、地貌的地理坐标和空间位置,使同名地物能够在新产生的复合图像上其地理坐标、空间位置与几何形态吻合起来。经过处理得到所感兴趣区域的正射影像图。然后将输电线路各个设计路径方案以及所收集到的其他影响路径方案的信息转绘到卫星遥感影像或航测像片上,即完成了路径图的制作。

6.3.2　DEM 的数据采集

为了建立 DEM,必须量测一系列点的三维坐标,这就是 DEM 数据采集或 DEM 数据获取。被量测三维坐标的一系列点称为数据点。DEM 数据采集的方法主要有以下几种。

6.3.2.1　航空摄影测量方法

这是 DEM 数据采集最常用的一种方法,它具有效率高、劳动强度低等优点。就目前而言,主要是利用数字摄影测量工作站来进行自动化的 DEM 数据采集。此时可按影像上的规则格网利用数字影像匹配进行数据采集。

6.3.2.2　利用空间传感器方法

利用全球定位系统(GPS)、机载雷达或机载激光测距仪等进行数据采集,特别是机载雷达,可以快速地获取大量反映地球表面及感兴趣目标物体的三维形状的点云数据。经过对这些点云数据进行处理,可以快速地获取关于地表的数字高程模型(DEM)或数字表面模型(DSM)。

6.3.2.3　地形图扫描矢量化法

这是利用数字化仪对地形图上的信息(如等高线、地性线等)进行扫描数字化的方法。

在架空输电线路工程中,一般情况下,对数字化地形图进行交互式矢量化,从 1∶5万(或 1∶1万)地形图上采集等高线和高程点。矢量化后生成的等高线,经全面检查无误后即可生成 DEM。

6.3.3　铁塔及地面建筑物的三维模型建立

铁塔及地面建筑物(如发电厂、变电站、交叉跨越的建筑物及标志性建筑物等)的三维建模是输电线路可视化的一个非常重要的环节。由于铁塔及地面建筑物型号多样,结构和形式复杂,标准化程度低,所以铁塔及地面建筑物的三维造型及视景仿真比较困难。实现铁塔结构的三维模型和场景的实时交互式漫游,能为输电线路的方案论证、建成后的美学效果制作、工程招投标、设计汇报等提供有力的工具。此外,铁塔三维模型数据是进行空间静、动力计算,有限元分析,概预算,施工模拟等铁塔设计各阶段工作的基础。

6.3.3.1　铁塔三维模型的建立

1. 建立铁塔三维线框模型

在建立铁塔三维线框模型时,应该严格根据设计专业所提供的杆塔及导线数据并按实际尺寸,使用专业软件建立杆塔模型线条,如图6-18(a)所示。

2. 创建铁塔三维实体模型

铁塔三维线框模型建立完成后,可将其导入专业软件中创建三维实体模型,如图6-18(b)所示。

(a)铁塔三维线框模型　　(b)铁塔三维实体模型

图6-18　铁塔三维模型

6.3.3.2　建筑物三维模型的建立

建筑物三维模型的建立与铁塔三维模型的建立大致相同。先按收集到的建筑物的实际尺寸建立三维线框模型,再创建建筑物的三维实体模型,最后利用现场采集到的建筑物的实物景观,将纹理粘贴在建筑物三维实体模型对应的位置,如图6-19所示。

6.3.4　大范围DEM的无缝漫游

输电线路工程都比较长,且线路所经过区域的地形都比较复杂,所生成的DEM数据都比较庞大。大范围的地形数据因为数据量太大而通常不能全部参与显示。要实现对地

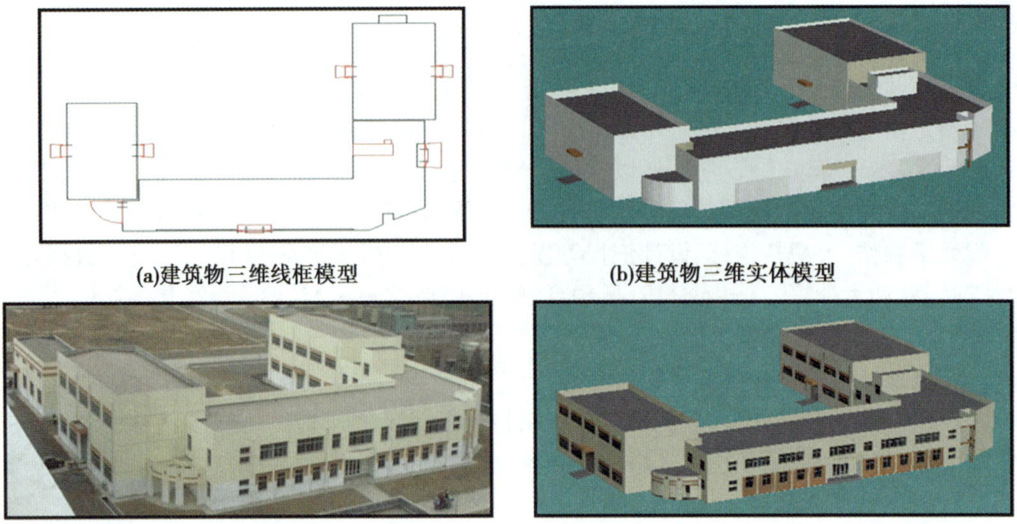

(a)建筑物三维线框模型　(b)建筑物三维实体模型

(c)实拍建筑物景观　(d)粘贴纹理后的建筑物三维实体模型

图 6-19　建筑物三维模型

形数据的可交互式实时渲染，每次只能取其模型的一部分来进行；同时，随着视点和视线的变化，参与计算的这一部分的细节详略程度也应动态地相应改变。维持这样一个与视点相关的基于动态三角构网的视景，需要一个动态视景更新机制来对数据进行有效的组织与管理。这种机制能使视景中可见的部分反复地调入和卸载。视景管理必须通过有关参数来决定什么时候及视景的哪些部分将被卸载或从数据库中调入。因此，那些包含着地形数据库或数据结构的系统必须能够支持空间数据的快速存取。大部分动态视景更新机制包含着在地形数据上对空间范围的查询功能，来调入新的和更新当前视景中的可见部分。

为解决一定精度下大范围地形环境的实时漫游问题，常用的策略是将地形进行分块处理和将内存数据分页，即将参与显示的整块地形细分成一定大小的等大数据块，在漫游过程中，根据视点的位置选择当前可见范围内的数据块参与视景生成，并根据数据块与视点的位置及视线的关系分别设定不同的细节级别，以减少模型的数量，提高视景显示效率。

地形数据经过分块处理后，建立实时显示的分页机制是非常方便的。假设漫游所涉及的数据块大小为 16×16，每次参与显示的数据页的大小为 8×8，视点始终位于数据页的中点附近。随着视点的移动，需要不断更新数据页中的数据块。视点的当前位置 (x_e, y_e) 与数据页几何中心 (x_c, y_c) 间的两个方向的偏移量 Δx 和 Δy 为

$$\Delta x = x_e - x_c, \Delta y = y_e - y_c \tag{6-1}$$

当 Δx 为正时，视点向 X 的正轴方向移动，反之则向负轴方向移动。

如果 $|\Delta x| > \text{cellSize}X$（数据块的宽度）且 $\Delta y < \text{cellSize}X/2$，将移动方向上新的一列数据块读入数据页中，同时将相反方向的一列数据块从数据页中删除，如图 6-20 所示。

同理，根据 Δx 与 Δy 进行 8 个方向的移动，将移动方向上新的一行或一列数据读入数据页中，同时将反方向的一行或一列数据块从数据页中删除。这样，根据视点与数据页几何中心的偏移量大小情况，不断更新数据页中的内容，实现大范围的动态实时漫游。

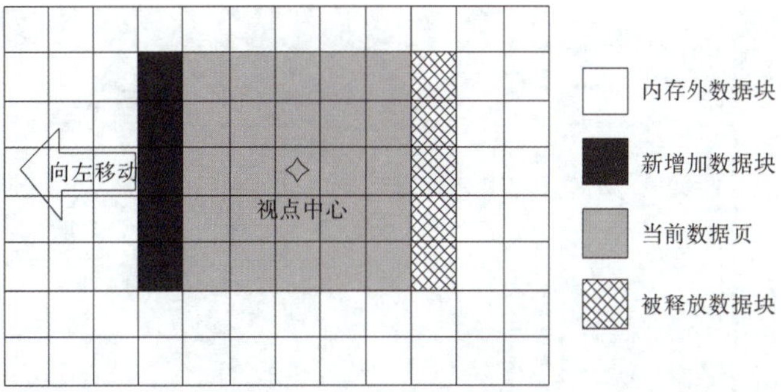

图 6-20　基于分块数据的动态数据页的建立

输电线路遥感图像的三维可视化是一个复杂且巨大的系统工程,涉及多源多时相多分辨率数据集成、海量数据存储、空间数据仓库、“3S”技术、动态互操作技术、网络技术、虚拟现实等多种新技术。为了使三维漫游流畅,本书总结了以下几种方法:

(1)对数据源处理时可删除多余的无用图层,以减少数据量。

(2)为减少数据量,在不影响效果的前提下尽量少用复杂的外部模型,如植被、房屋、铁塔等可以利用透明纹理对象代替模型。

(3)场景较大时可以分块处理。将 DEM 及纹理分块,以便更好地显示地面效果。粘贴纹理时对结构相同的面尽量使用拷贝纹理,可以减少数据量。

(4)场景漫游的路径尽量平滑,同时要控制好视角及位置等。

6.3.5　三维场景浏览

利用三维场景生成及实时漫游软件,能够快速地生成三维场景,支持多幅 DEM 和多张正射影像的同时引入及叠加,支持多种场景漫游方式且漫游速度稳定流畅,从而实现在微机平台上的海量数据三维场景实时漫游。

把事先处理好的 DEM 数据及处理好的正射影像图(遥感影像或航测像片)导入到三维可视化系统中,再把铁塔模型按照设计人员提供的路径方案插入到指定的位置,并保存三维场景。最后,可以选择不同的路线和角度漫游虚拟线路,并将飞行的过程录制成一段 AVI 格式的电影。遥感影像和航测像片三维立体场景分别如图 6-21、图 6-22 所示。

图 6-21　遥感影像三维立体场景

图 6-22　航测像片三维立体场景

§6.4　利用卫星影像和航空像片进行路径优化的效益分析

6.4.1　经济效益

6.4.1.1　提高了路径成立的可信度

卫星影像与地形图相比,目视效果直观,大的水系、密集村庄均能反映出来,为可行性研究阶段的成本预算提供重要的依据。航空像片信息丰富,时效性好,精度高,所包含的信息量和反映的数据流非常符合实地情况。在较大范围内,利用最新的航空像片进行路径优化后,全面综合考虑了错综复杂的问题,减少了不确定因素的干扰,降低了路径的不确定性,提高了路径成立的可信度;利用地面高程模型实时扫描断面、电子模板排位和校核,使得路径在电气技术方面成立,杜绝了高差过大、档距过大、铁塔负荷超载、局部地段陡峭不能立塔等因素导致的路径难以成立的影响。

6.4.1.2　缩短路径长度

利用卫星影像和航空像片进行路径优化,可使路径方案更加合理,减少线路转角个数,缩短线路路径长度,从而可节省工程投资,缩短线路建设工期,运行后电能运输损耗将减小,其经济效益是显而易见和长期的。

6.4.1.3　减少走廊清理费用

通过立体像对可以清楚地识别房屋、工厂、采矿区等重要设施,按照相关规程要求进行合理避让,可以有效减少走廊清理费用。

6.4.1.4　减少交叉跨越费用

架空输电线路一般要跨越铁路、公路、河流和高等级电力线等,优化时保证跨越角度,并尽量减少跨越次数,不仅减少了跨越费用,而且减少了施工时可能需停电、停航导致的经济损失。

6.4.2　社会效益

6.4.2.1　降低施工民事难度

由于从航空像片上能分辨出独立的房屋，从而能尽量避让，并且可以较准确地统计房屋的拆迁量，估算工程量和拆迁费用，因此降低了施工民事难度，减少了工程建设对人民生活造成的不利影响，充分体现了以人为本的理念。

6.4.2.2　充分体现地方经济与电力建设和谐发展的理念

通过对加油站、工厂、通信设施等地物的识别，从而能有效地避让。总体考虑全局规划和可持续发展，让各地方政府在相关规划中能重视、协调、保护好线路走廊，提高规划质量，指导电网建设与地方建设有机地统一协调。

6.4.3　环境效益

6.4.3.1　保护生态环境

保护生态环境，保障经济社会的可持续发展是目前我国的基本国策，已深入到国民经济的各个行业。环境保护计划必须纳入电力发展的规划，采取有利于环境保护的经济、技术措施，使电力与环境保护同步规划、同步实施、同步发展。因此，在进行路径优化时充分考虑各种因素，并加入环境保护的理念，调整路径，减少占用耕地面积，保护环境。

6.4.3.2　减少林地砍伐，保护环境

通过立体影像可以判断林区的分布，从而尽量选择一条对林地破坏较少的路径，最大限度地减少工程对林地的破坏；必须从林区通过时，一般考虑采用跨树法，可以量测林木高度，模拟排位，从而确定线路，以尽可能地保护林业资源，避免破坏环境。

6.4.4　其他效益

6.4.4.1　提供的产品丰富多样

利用卫星影像和航空像片进行路径优化，丰富了传统线路设计单一纸质图的产品线，所提供的产品包含转角坐标、正射影像图、房屋统计数据、跨树统计数据以及排位成果等。

6.4.4.2　排位效益

通过断面排位，能精确计算线路间的交叉跨越，对每个塔位进行电气和结构方面的分析，得到合理的杆塔型号和杆塔高度，计算塔材量，为工程概预算提供比较准确的依据。

6.4.4.3　三维漫游

三维漫游产品通过三维技术，方便相关人员宏观地掌握工程情况，为可行性研究、初步设计评审提供直观的评审资料。

6.4.4.4　提高劳动生产率

通过卫星影像和航空像片处理，能提供线路终勘定线用的1∶10 000正射影像图和线路转角坐标，并为设计提供了平断面图，从而减少劳动强度，提高劳动生产率。

第 7 章　输电线路施工图设计测量技术

架空输电线路施工图设计测量主要包括选线测量、定线测量、平面及断面测量、交叉跨越测量和定位及检查测量。

§7.1　选线测量

选线测量主要是配合设计人员根据批准的初步设计路径方案,应用仪器实地选定路径转角位置,并测定转角值。当线路通过协议区时,应按协议要求用仪器选定路径或进行坐标放样。当线路跨越一、二级通信线及地下通信电缆且交叉角小于或接近限值时,应用仪器测定路径,并施测其交叉角,以保证路径方案满足有关规范的要求。

7.1.1　直线方向

在测量工作中,常常需要确定两点间平面位置的相对关系。除测定两点间的距离外,还需确定两点所连直线的方向。一条直线的方向是根据某一基本方向来确定的。确定一条直线与一基本方向之间的水平角,称为直线定向。

7.1.1.1　基本方向

1. 真北方向

过地面某点真子午线的北端所指示的方向,称为真北方向。真北方向可采用天文测量的方法测定,如观测太阳、北极星等,也可采用陀螺经纬仪测定。

2. 磁北方向

磁针自由静止时其指北端所指的方向,称为磁北方向。磁北方向可用罗盘仪测定。

3. 坐标北方向

坐标纵轴(X 轴)正向所指示的方向,称为坐标北方向。实际使用中,常取与高斯平面直角坐标系中 X 轴平行的方向为坐标北方向。

以上三个基本方向合称为三北方向,见图 7-1。

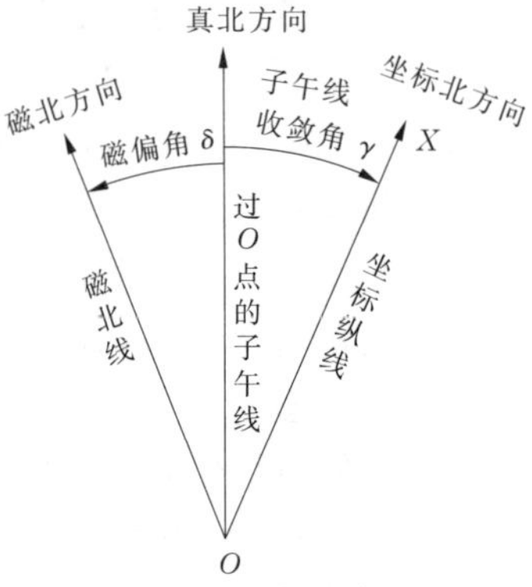

图 7-1　三北方向

7.1.1.2　方位角

由直线一端的基本方向起,顺时针量至直线的水平角,称为该直线的方位角。方位角的取值范围是 0°~360°。

(1)真方位角:由真北方向起算的方位角,用 A 表示。

(2)磁方位角:由磁北方向起算的方位角,用 A_m 表示。

(3)坐标方位角:由坐标北方向起算的方位角,用 α 表示。

7.1.1.3　磁偏角与子午线收敛角

(1)磁偏角 δ:过一点的真北方向与磁北方向之间的夹角,见图7-1。

(2)子午线收敛角 γ:过一点的真北方向与坐标北方向之间的夹角,见图7-1。

δ 与 γ 的符号规定相同,即磁北方向或坐标北方向在真北方向东侧时,δ 与 γ 均为正;磁北方向或坐标北方向在真北方向西侧时,δ 与 γ 均为负,见图7-2。

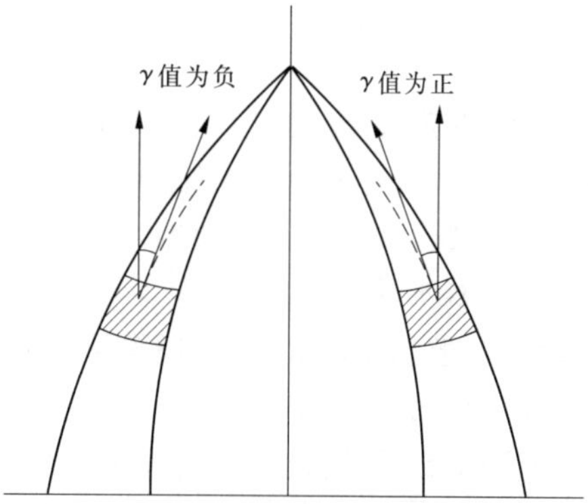

图7-2　γ 的符号规定

7.1.1.4　方位角之间的相互换算

由于三个指北的标准方向并不重合,所以一条直线的三种方位角并不相等,它们之间存在着一定的换算关系。

由图7-3可知,一条直线的真方位角 A、磁方位角 A_m、坐标方位角 α 之间有如下关系式

$$A = A_m + \delta \tag{7-1}$$

$$A = \alpha + \gamma \tag{7-2}$$

$$\alpha = A_m + \delta - \gamma \tag{7-3}$$

式中,δ 为磁偏角;γ 为子午线收敛角。

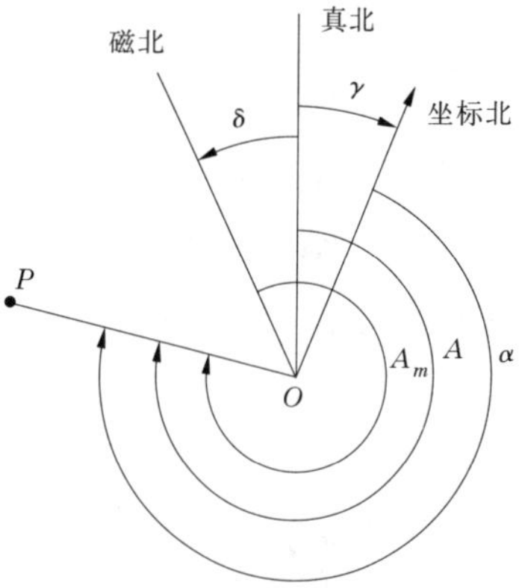

图7-3　三种方位角的关系

7.1.1.5　正、反坐标方位角

一条直线的坐标方位角,由于起始点的不同而存在着两个值,如图7-4中,α_{12} 表示 P_1P_2 方向的坐标方位角,α_{21} 表示 P_2P_1 方向的坐标方位角。α_{12} 和 α_{21} 互称为正、反坐标方位角。称 α_{12} 为正坐标方位角,则 α_{21} 为反坐标方位角;反之,称 α_{21} 为正坐标方位角,则 α_{12} 为反坐标方位角。

由于在同一高斯平面直角坐标系内各点处坐标北方向均是平行的,所以一条直线的正、反坐标方位角相差180°,即

$$\alpha_{12} = \alpha_{21} \pm 180° \tag{7-4}$$

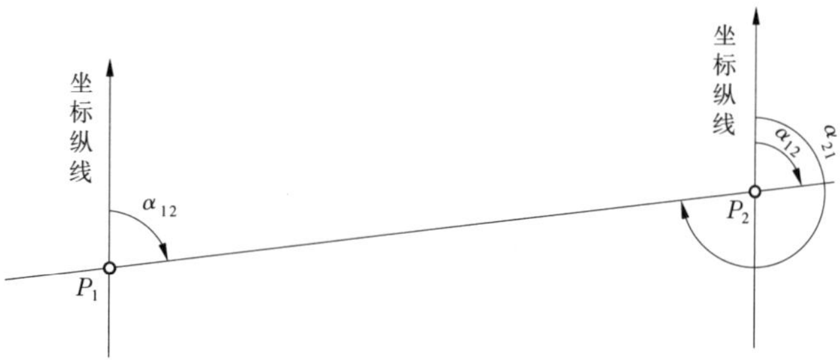

图7-4　正、反坐标方位角

7.1.2　控制测量

为了在定线测量阶段能够准确放样线路转角的位置，在选线阶段，需要进行控制测量和联系测量，坐标和高程系统要与初步设计图纸的坐标和高程系统一致。控制测量可以利用全站仪沿线路路径方向布置附合导线网、闭合导线网或无定向连接角的附合导线网，或者利用 GPS 来建立控制网。

7.1.2.1　控制点坐标的正、反算及坐标方位角的传递

1. 坐标的正、反算

如图 7-5 所示，设 A 为已知点，B 为未知点，当 A 点的坐标(x_A, y_A)及边长 S_{AB} 和坐标方位角 α_{AB} 均为已知时，则可求得 B 点的坐标，通常称为坐标正算。由图 7-5 可知

$$\left.\begin{aligned} x_B &= x_A + \Delta x_{AB} \\ y_B &= y_A + \Delta y_{AB} \end{aligned}\right\} \tag{7-5}$$

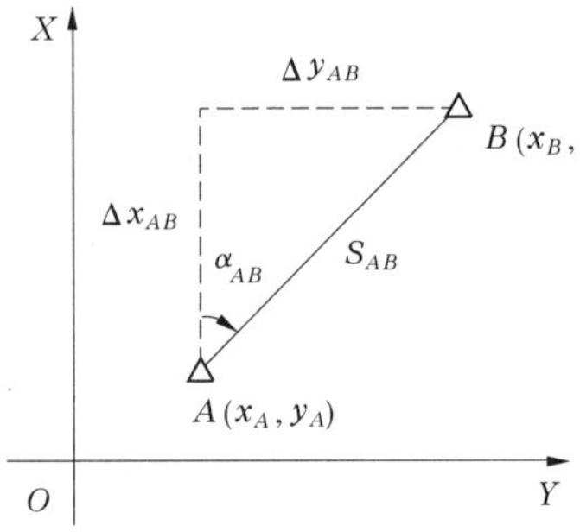

图 7-5　坐标的正、反算

式中

$$\left.\begin{aligned} \Delta x_{AB} &= S_{AB}\cos\alpha_{AB} \\ \Delta y_{AB} &= S_{AB}\sin\alpha_{AB} \end{aligned}\right\} \tag{7-6}$$

所以式(7-5)又可写成

$$\left.\begin{aligned} x_B &= x_A + S_{AB}\cos\alpha_{AB} \\ y_B &= y_A + S_{AB}\sin\alpha_{AB} \end{aligned}\right\} \tag{7-7}$$

式中，Δx_{AB} 和 Δy_{AB} 称为坐标增量。

边的坐标方位角可根据两端点的已知坐标反算出来。有时不仅需要反算坐标方位角，而且要反算边长，这叫坐标反算。如图 7-5 所示，设 A、B 为两已知点，其坐标分别为(x_A, y_A)和(x_B, y_B)，则可得

$$\tan\alpha_{AB} = \frac{\Delta y_{AB}}{\Delta x_{AB}}$$

即

$$\alpha_{AB} = \arctan\frac{\Delta y_{AB}}{\Delta x_{AB}} \tag{7-8}$$

$$S_{AB} = \frac{\Delta y_{AB}}{\sin\alpha_{AB}} = \frac{\Delta x_{AB}}{\cos\alpha_{AB}} \tag{7-9}$$

上两式中，$\Delta x_{AB} = x_B - x_A$，$\Delta y_{AB} = y_B - y_A$。

由式(7-9)算出两个 S_{AB}，并作相互校核。

边长 S_{AB} 也可用下式计算

$$S_{AB} = \sqrt{\Delta x_{AB}^2 + \Delta y_{AB}^2} \tag{7-10}$$

式(7-8)求得的 α_{AB} 可在四个象限之内，它的象限角 R_{AB} 由 Δy_{AB} 和 Δx_{AB} 的正负符号确定，即

$$R_{AB}=\begin{cases}\alpha_{AB} & \Delta x_{AB}>0,\Delta y_{AB}>0\\ \alpha_{AB}+180^\circ & \Delta x_{AB}<0,\Delta y_{AB}>0\\ \alpha_{AB}+180^\circ & \Delta x_{AB}<0,\Delta y_{AB}<0\\ \alpha_{AB}+360^\circ & \Delta x_{AB}>0,\Delta y_{AB}<0\end{cases}$$

2. 坐标方位角的传递

如图 7-6 所示，已知直线 AB 的坐标方位角 α_{AB}，在 B 点观测了转折角 β，则直线 BC 的坐标方位角为

$$\alpha_{BC}=\alpha_{AB}\pm180^\circ\pm\beta \tag{7-11}$$

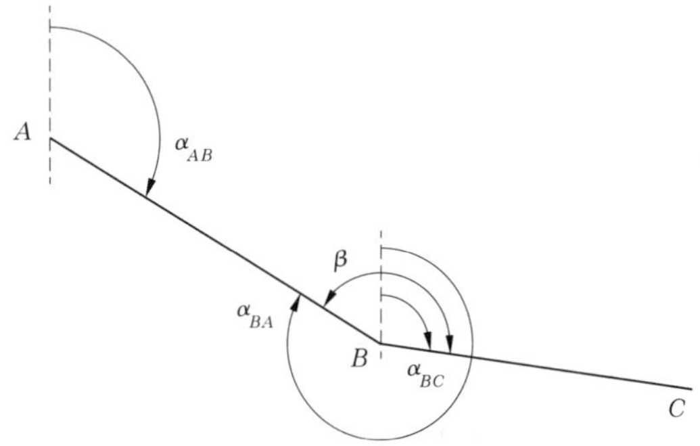

图 7-6　坐标方位角的传递

式(7-11)中，$\alpha_{AB}\pm180^\circ$实际上是直线 BA 的坐标方位角 α_{BA}，又称直线 AB 的反坐标方位角。图 7-6 中 $\alpha_{AB}<180^\circ$，$\alpha_{AB}=\alpha_{BA}+180^\circ$，否则 $\alpha_{AB}=\alpha_{BA}-180^\circ$。图 7-6 中 β 角在传递方向的左边，式(7-11)中取加上 β，若角 β 在传递方向的右边，则式(7-11)中取减去 β。计算的坐标方位角 α_{BC}若超过 360°，应减去 360°，若 α_{BC}为负值，则应加上 360°。

7.1.2.2　导线的布网形式

导线是由若干条直线连成的折线，每条直线叫做导线边，相邻两直线之间的水平角叫做转折角，边长和转折角通常用全站仪同时测定。有了转折角的角值和导线边的边长之后，即可根据已知坐标方位角和已知坐标算出各导线点的坐标。

按照不同的情况和要求，导线可以布置成下列几种形式。

1. 附合导线

如图 7-7 所示，导线起始于一个已知控制点，而终止于另一个已知控制点。控制点上可以有一条边或几条边是已知坐标方位角的边，也可以没有已知坐标方位角的边。

2. 闭合导线

如图 7-8 所示，由一个已知控制点出发，最后仍回到这一点，形成一个闭合多边形。在闭合导线的已知控制点上必须有一条边的坐标方位角是已知的。

3. 支导线

如图 7-9 所示，从一个已知控制点出发，既不附合到另一个控制点，也不回到原来的起始点。由于支导线没有检核条件，故一般只限于在地形测量的图根导线中采用。

4. 单结点导线网

如图 7-10 所示，从三个或更多的已知控制点开始，几条导线会合于一个结点。

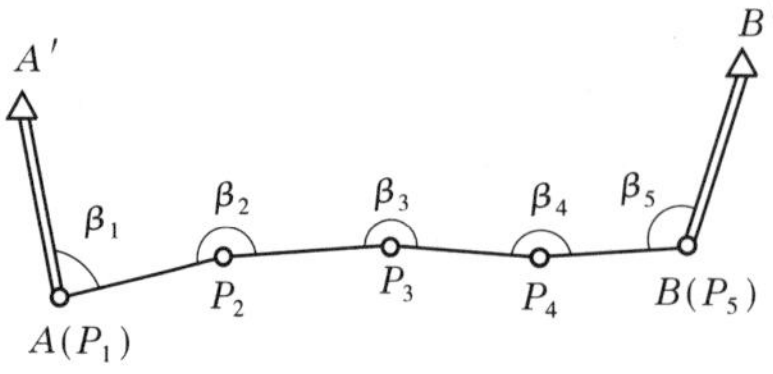

图 7-7　附合导线

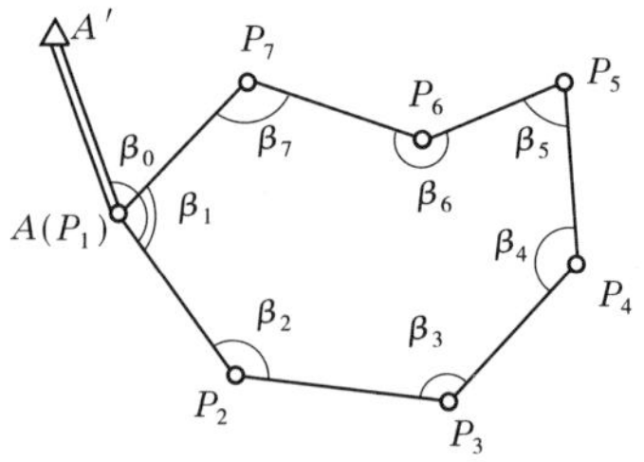

图 7-8　闭合导线

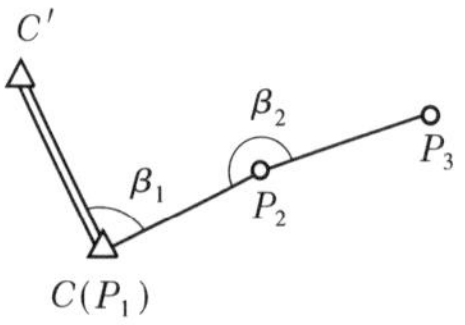

图 7-9　支导线

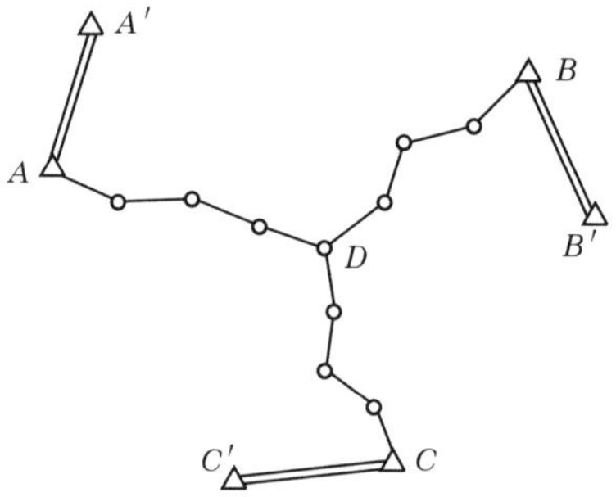

图 7-10　单结点导线网

5. 多结点导线网

如图 7-11 所示，导线网中有两个以上（含两个）结点或有两个以上的闭合环。

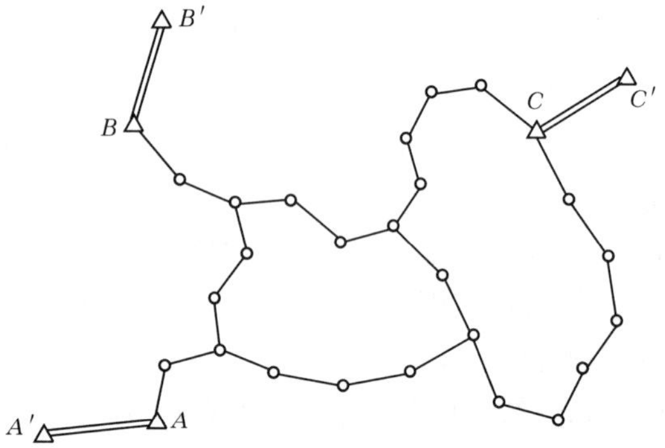

图 7-11　多结点导线网

7.1.2.3　线路选线控制测量常用导线网的近似平差计算

导线测量的目的是获得各导线点的平面直角坐标，计算的原始数据是已知点坐标和方位角，以及观测的角度和边长。对于低等级的导线测量和图根导线测量，通常以单一导线、单结点导线网形式，用近似平差方法进行导线测量的计算。

1. 支导线计算

以图 7-12 为例，其计算顺序如下：

(1) A、M 两点的坐标方位角为 α_{AM}，按式(7-11)计算各边的坐标方位角。

(2)由各边的坐标方位角及边长，按式(7-6)计算相邻导线点的坐标增量。

(3)按式(7-5)依次推算 P_1、P_2、… 各导线点的坐标。

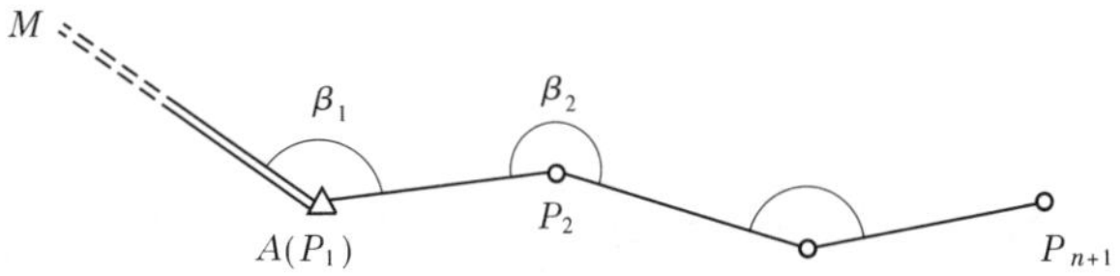

图7-12　支导线计算

2. 仅有一个连接角的附合导线计算

如图7-13所示，这种导线的计算顺序与支导线相同，但其最后一点为已知点 B，故最后求得的坐标(x'_B, y'_B)，由于观测角度和边长存在误差，必然与已知的坐标(x_B, y_B)不相同，将产生坐标闭合差 f_x、f_y。

$$\left.\begin{aligned} f_x &= x'_B - x_B \\ f_y &= y'_B - y_B \end{aligned}\right\} \tag{7-12}$$

可见，这种导线较之支导线增加了一项处理坐标闭合差的计算，最简便的处理方法为按各导线边的长度成比例地改正它们的坐标增量，即

$$\left.\begin{aligned} V_{\Delta x_{ij}} &= \frac{-f_x}{\sum S} S_{ij} \\ V_{\Delta y_{ij}} &= \frac{-f_y}{\sum S} S_{ij} \end{aligned}\right\} \tag{7-13}$$

最后的坐标增量为

$$\left.\begin{aligned} \Delta x_{ij} &= \Delta x'_{ij} + V_{\Delta x_{ij}} \\ \Delta y_{ij} &= \Delta y'_{ij} + V_{\Delta y_{ij}} \end{aligned}\right\} \tag{7-14}$$

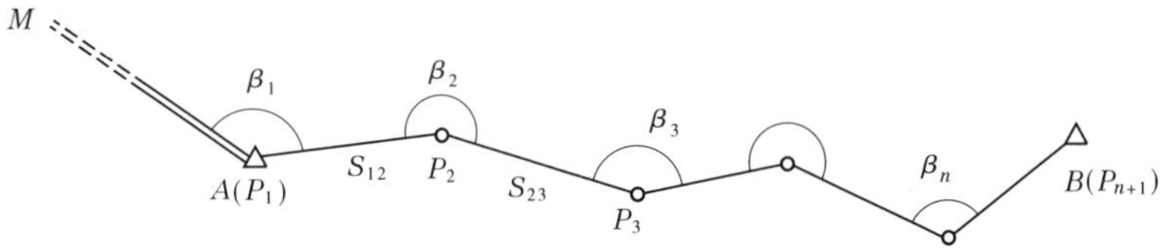

图7-13　仅有一个连接角的附合导线计算

3. 具有两个连接角的附合导线计算

如图7-14所示，因在 B 点观测了连接角，故由坐标方位角 α_{AM} 推算求得的 BN 的坐标方位角 α'_{BN}，由于测角误差的存在，将不会与已知的坐标方位角 α_{BN} 相等，而产生坐标方位角闭合差 f_β。

$$f_\beta = \alpha'_{BN} - \alpha_{BN} \tag{7-15}$$

在各观测角精度相同的前提下，闭合差 f_β 可平均地分配至每个角度上，即每个角度应加上改正数 $V_{\beta i}$。推算坐标方位角 α'_{BN} 时，β_i 前为正号时用

$$V_{\beta_i} = \frac{-f_\beta}{n+1} \tag{7-16}$$

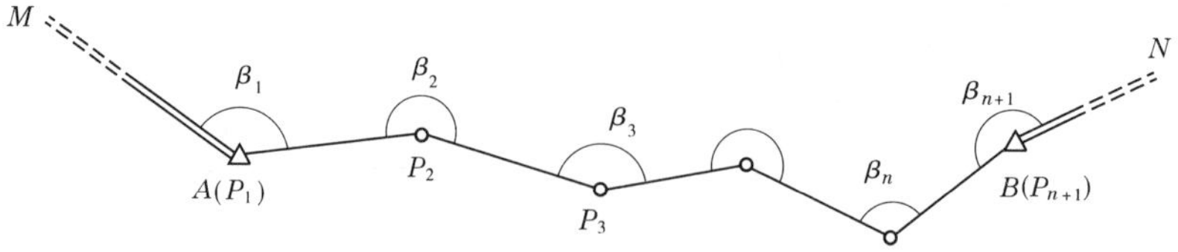

图 7-14　具有两个连接角的附合导线计算

β_i 前为负号时用

$$V_{\beta_i} = \frac{f_\beta}{n+1} \tag{7-17}$$

各角的观测值经改正之后的计算，与仅有一个连接角的附合导线计算相同。具有两个连接角的附合导线算例见表 7-1。

4. 无连接角的附合导线计算

由于这种导线的两端均未测连接角（见图 7-15），故无法直接推算出各导线边的坐标方位角，为此，可采用如下途径：

首先假定导线第一条边的坐标方位角 α'_{AP2}，依次推算出各导线边的假定坐标方位角。然后按支导线的计算方法推求各点的坐标 x_i'、y_i'。由几何原理可知，这时整个导线将旋转一个角度 δ，即

$$\delta = \alpha_{AB} - \alpha_{AB'}$$

δ 算出之后，将各假定坐标方位角加以改正，得到导线边的坐标方位角为

$$\alpha_{ij} = \alpha'_{ij} - \delta$$

最后按一个连接角的附合导线计算方法求得导线的各点坐标。无连接角的附合导线算例见表 7-2。

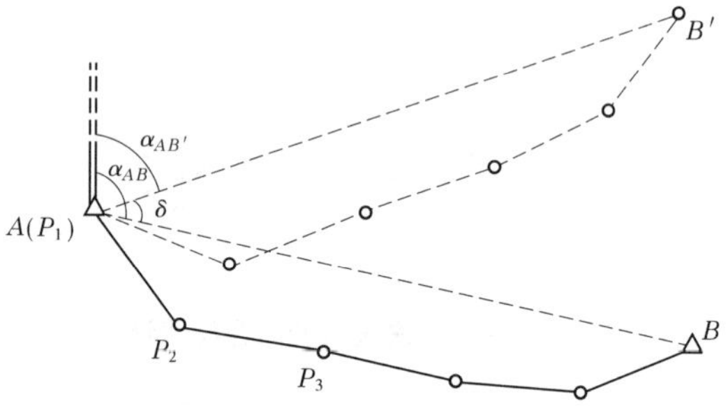

图 7-15　无连接角的附合导线计算

5. 单结点导线网计算

图 7-16 为三条导线构成的单结点导线网。可先选定与结点相连接的任一导线边作为结边，一般最好选在边数较多的一条导线上，如 DD'。由已知方向及所测的转折角分别沿线路 L_1、L_2、L_3 推算结边的坐标方位角 α_1、α_2、α_3。设各线路的转折角数分别为 $n_1+1=4$、$n_2+1=3$、$n_3+1=3$，则结边的坐标方位角 α_1、α_2、α_3 的权分别为 $p_{\alpha_1}=\frac{c}{4}$，$p_{\alpha_2}=\frac{c}{3}$，$p_{\alpha_3}=\frac{c}{3}$，其中 c 为任意常数。按带权平均值公式可算得 DD' 边的坐标方位角的最或然值为

表 7-1 具有两个连接角的附合导线计算表

仪器：Leica－1202　　　　水平度盘读数精度：1″

观测：　　　记录：　　　检查：　　　日期：　　　天气：

测站	观测角 β （° ′ ″）	至下点坐标方位角 （° ′ ″）	至下点边长 S(m)	Δx (m)	Δy (m)	x (m)	y (m)	备注
M		237 59 30						
A	+7 99 01 00	157 00 37	225.85	+4 −207.91	−4 +88.21	2 507.69	1 215.63	
P_1	+7 167 45 36	144 46 20	139.03	+2 −113.57	−2 +80.20	2 299.82	1 303.80	
P_2	+7 123 11 24	87 57 51	172.57	+3 +6.13	−3 +172.46	2 186.27	1 383.98	
P_3	+7 189 20 36	97 18 34	100.07	+2 −12.73	−1 +99.26	2 192.43	1 556.41	
P_4	+7 179 59 18	97 17 59	102.48	+2 −13.02	−4 +101.65	2 179.72	1 655.66	
B	+7 129 27 24	46 45 30		$\Sigma=-341.10$	$\Sigma=-341.10$	2 166.72	1 757.29	
N			$\Sigma=740.00$	$f_x=-0.13$, $f_y=0.12$ $f_s=\sqrt{f_x^2+f_y^2}=0.18$		$x_B-x_A=-340.97$	$y_B-y_A=-541.66$	
	$\Sigma=888°45'18''$	$\alpha_n-\alpha_0=-191°45'00''$						

$f_\beta=-42''$　　$f_{\beta容}=\pm40''\sqrt{6}=\pm97''$　　$K=\dfrac{f_s}{\sum S}=\dfrac{0.18}{740}=\dfrac{1}{4\ 111}<\dfrac{1}{4000}$

表 7-2　无连接角的附合导线计算表

仪器：Leica－1202　　　　水平度盘读数精度：1″

观测：　　　记录：　　　检查：　　　日期：　　　天气：

测站	观测角 β (° ′ ″)	假定至下点坐标方位角 (° ′ ″)	至下点边长 S(m)	$\Delta x'$ (m)	$\Delta y'$ (m)	Δx (m)	Δy (m)	x (m)	y (m)	备注
A		20 00 00	51. 794	+48. 670	+17. 715	−5 +51. 133	−2 +8. 247	5 075. 215	5 111. 594	
P_1	211 35 05	51 35 05	66. 781	+41. 495	+52. 325	−7 +50. 594	−3 +43. 589	5 126. 343	5 119. 839	
P_2	144 35 41	16 10 46	123. 898	+118. 991	+34. 524	−12 +123. 360	−6 +11. 533	5 176. 930	5 163. 425	
P_3	208 53 07	45 03 53	146. 298	+103. 331	+103. 565	−15 +120. 962	−7 +82. 287	5 300. 278	5 174. 952	
B			$\Sigma=388.771$		Σ	346. 049	145. 656	5 421. 225	5 257. 232	

$\alpha_{AB'}=33°39'55''$　　　$f_x=39$ mm　　$f_y=18$ mm

$\alpha_{AB}=22°49'36''$　　　$f_s=\sqrt{f_x^2+f_y^2}=43$ mm　　$\dfrac{f_s}{\sum S}=\dfrac{1}{9\ 041}<\dfrac{1}{4\ 000}$

$\delta=\alpha_{AB}-\alpha_{AB'}=-10°50'19''$

$$\alpha_{DD'} = \frac{p_{\alpha_1}\alpha_1 + p_{\alpha_2}\alpha_2 + p_{\alpha_3}\alpha_3}{p_{\alpha_1} + p_{\alpha_2} + p_{\alpha_3}} \tag{7-18}$$

算得结边坐标方位角的最或然值后，则将三个已知方向至 DD' 间的线路作为附合导线，计算其角度闭合差并改正各转折角的观测值。然后算出各导线边的坐标方位角。

由已知点及各边的边长和坐标方位角分别沿各线路计算结点的坐标为 (x_{D1}, y_{D1})，(x_{D2}, y_{D2})，(x_{D3}, y_{D3})。设各线路的长度分别为 S_1、S_2、S_3，则各线路计算结点坐标的权为 $p_1 = \frac{c}{S_1}, p_2 = \frac{c}{S_2}, p_3 = \frac{c}{S_3}$，则结点坐标的最或然值为

$$\left.\begin{aligned} x_D &= \frac{p_1 x_{D1} + p_2 x_{D2} + p_3 x_{D3}}{p_1 + p_2 + p_3} \\ y_D &= \frac{p_1 y_{D1} + p_2 y_{D2} + p_3 y_{D3}}{p_1 + p_2 + p_3} \end{aligned}\right\} \tag{7-19}$$

然后按各线路分别计算坐标闭合差、坐标增量改正数和各导线点的坐标。

通过布设导线网并进行导线网的平差计算，便可对转角进行放样。在布设导线网时，要在每个转角位置附近布设 2 ~ 3 个控制桩，以便在终勘定位时对转角桩及直线桩进行放样及检查测量。

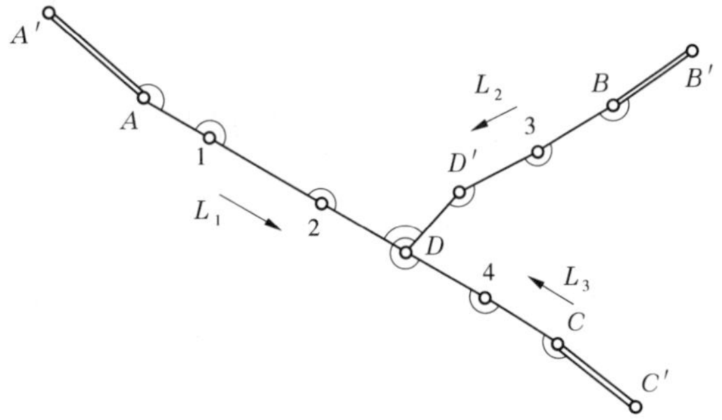

图 7-16　单结点导线网计算

7.1.2.4　GPS 控制网的布设与平差计算

1. GPS 控制网的布设

如图 7-17 所示，一条输电线路从 A 变电站到 B 变电站，要建立 GPS 控制网，为施工图设计提供所需的坐标系统、高程系统及施工图设计过程中所需的控制点。在做控制网之前，首先要收集测区范围内的国家控制点作为起算点（K_1 ~ K_6 为已知点），控制点应尽量分布均匀且能完全控制整个测区。如果线路较短，可只在线路两头联测已知点；若线路较长，需在线路中间合适的位置适当增加起算点的个数。

在布置控制网时，网点间距可在 1 ~ 10 km 内选择，点位应选在靠近路径、交通方便、视野开阔、符合 GPS 接收条件的位置。在需要联测的转角位置附近，应预留控制桩 K_i、K_{i+1}，控制桩之间、控制桩与转角之间必须通视良好，且桩间距离不宜太短。

2. GPS 控制网的平差计算

外业数据采集之后，利用 GPS 控制网平差软件，对整个 GPS 控制网进行平差计算。分别通过无约束平差、约束平差等过程，计算出整个 GPS 控制网中各点的坐标及高程。

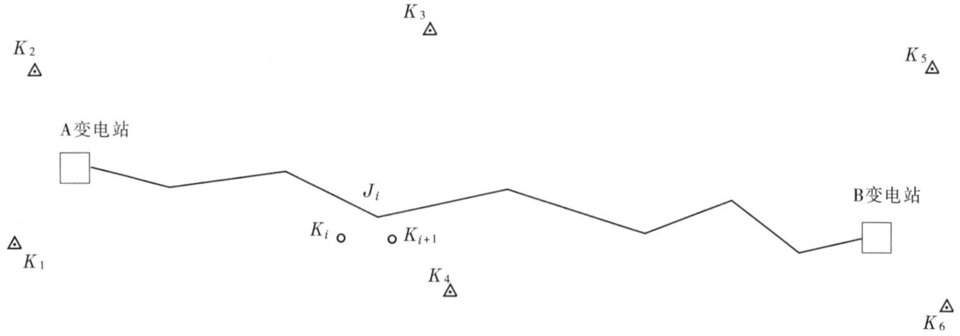

图 7-17　GPS 控制网示意图

如果利用 GPS RTK 进行施工图设计阶段的测量工作,则可直接利用无约束平差的数据进行点校正,将点校正的结果导入手簿即可进行外业的测量工作。

7.1.2.5　利用 GPS RTK 选线时影响路径方案控制点的测量

在选线测量时,根据初步设计的路径方案,首先要大概确定转角在实地的位置,然后对路径沿线两边有影响的地物、地貌进行实测,最后将外业所测数据导入计算机绘成路径方案的选线图,再根据选线的原则,调整转角的位置,以确定线路路径的最终走向。

§7.2　定线测量

定线测量是把线路工程设计的中线测设于实地的测量,就是根据选线测量所确定的路径,将线路中心线的起点、转角点和终点间各线段,用标桩精确地固定于地面上。定线测量的方法主要有直接定线、间接定线和 GPS RTK 定线。

7.2.1　转角放样

7.2.1.1　线路坐标

在测量大地坐标中,南北方向为纵轴 X 轴,向北为正;东西方向为横轴 Y 轴,向东为正。而在架空输电线路工程中,如图 7-18 所示,面向线路前进方向,线路坐标往往是以线路前进方向为里程 N 的增量方向,向前为正,向后为负;以垂直于线路方向为偏距 E 的方向,左边为正,右边为负。

对于架空输电线路工程,如图 7-18 所示,线路沿转角之间的连线向前延伸,所有的塔位均在转角之间的连线上。相邻两转角如 J_1 到 J_2 之间称为一个耐张段,其长度称为耐张段长度(D_{J1J2})。相邻两塔位之间的距离称为档距,如 G_2 到 G_3 之间的档距为 D_{G2G3}。

一般情况下,对于某一工程,以其起点作为该工程里程的起点,即 $N = 0$。如图 7-18 所示,假设 J_0 为该工程的起点,则 J_0 的里程即为 0,里程增量方向沿 J_0 至 J_1 的前进方向,则 J_0 至 J_1 的里程增量即为 J_0 到 J_1 的距离 D_{J0J1},即

$$N_{J1} = N_{J0} + D_{J0J1} \tag{7-20}$$

式中,N_{J0}、N_{J1} 分别为转角 J_0、J_1 的里程;D_{J0J1} 为转角 J_0 至 J_1 的距离。

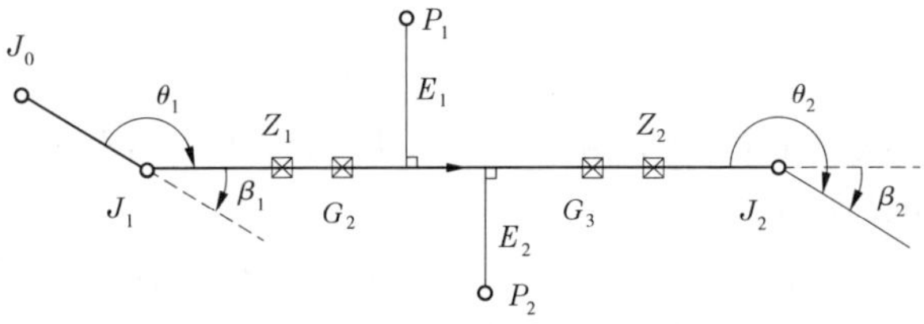

图 7-18　线路坐标及转角度数

当线路到转角后，即要进行下一个耐张段的作业时，里程增量方向将不再沿原来的增量方向，而是以下一耐张段的前进方向为线路里程的增量方向，即

$$N_{Ji+1} = N_{Ji} + D_{JiJi+1} \tag{7-21}$$

式中，N_{Ji}、N_{Ji+1}分别为转角 J_i、J_{i+1}的里程，里程均为正；D_{JiJi+1}为转角 J_i 至 J_{i+1}的距离，即耐张段长度。

同理，每一个直线桩的里程等于后一个桩位的里程加上这两个桩位之间的距离。

$$N_{Zi+1} = N_{Zi} + D_{JiJi+1} \tag{7-22}$$

式中，N_{Zi}、N_{Zi+1}分别为桩位 N_{Zi}、N_{Zi+1}的里程；D_{ZiZi+1}为桩位 N_{Zi}、N_{Zi+1}之间的距离。

对于线路沿线的各点，只要是位于线上的点，其偏距 E 都为 0；如果点位不在线上，则面向线路前进方向，P_1 在左，P_2 在右，根据左正右负的原则，$E_1>0$，$E_2<0$。

7.2.1.2　线路的转角度数

如图 7-18 所示，利用全站仪实际作业过程中，在实测线路的转角度数时，一般以后边耐张段的方向为零方向，以前边耐张段的方向为前视方向，测其左角 θ_1、θ_2、…。在工程的实际应用中，线路的转角度数按下式计算

$$\beta = 180° - \theta \tag{7-23}$$

式中，β 为转角度数；θ 为实测前后耐张段之间的夹角。

按规定，若 β 为正，则线路转角为左转，例如 $\beta = +10°23'$，即称该转角左转 $10°23'$；若 β 为负，则线路转角为右转，例如 $\beta = -5°50'$，即称该转角右转 $5°50'$。

如果利用 GPS RTK 进行放样，则利用实测的转角坐标反算出各耐张段的方位角及相邻耐张段之间的夹角，再按式(7-23)计算出每个转角的度数。

7.2.1.3　线路桩位里程、高程的计算

在架空输电线路施工图设计过程中，桩位主要有转角桩、直线桩、杆塔位桩。由于在施工图图纸上，这些桩位的里程均为整数，但在实际操作过程中，桩位之间的距离不可能正好是整数，因此在计算过程中就存在里程的取舍问题。

如图 7-18 所示，J_0 为线路的起点，J_1、J_2 为线路转角，Z_1、Z_2 为直线桩，$G_1(J_1)$、G_2、G_3 为杆塔位桩。

设 J_0 的里程为 0，J_0 至 J_1 的距离称为耐张段长度，如 $D_{J0J1} = 70.235$ m，则 J_1 的里程应为 70 m，不足 1 m 的部分四舍五入。

J_1 至 Z_1 的距离称为桩间距离，如 $D_{J1Z1} = 382.638$ m，则 Z_1 的里程为 $70 + 382.638 = 452.638$ m，按四舍五入原则，Z_1 的里程为 453 m。同理，其他桩位（转角桩及直线桩）的里程均按此方法依次推算。桩间距离以相邻桩位最终所取里程相减所得，即 J_1 与 Z_1 的

桩间距离为 383 m。

G_2、G_3 为两相邻杆塔，它们之间的距离称为档距，杆塔里程按设计里程在实地进行放样，其里程按距离杆塔较近的桩位实测并推算出来，计算方法同上。最终档距以定位后的相邻杆塔实际里程相减所得。

桩间距离及高差均采用往、返观测，再取平均值。桩位高程从 J_0 开始向前依次推算，如在线路中间有控制点，可随时联测其高程，否则以三角高程依次推算。杆塔位高程则以定位所架设测站的高程推算。

如果是利用 GPS RTK 来进行定线、定位，则以实测桩位、杆塔位的坐标进行距离反算，并依次累加推算各桩位里程，再把里程取整。转角角度则按转角桩与相邻直线桩的方位来计算。

7.2.1.4　线路转角的放样及线路前进方向的确定

1. 线路转角的放样

经过选线控制网的布设，在转角附近都会有 2 ~ 3 个控制点，在放样转角时，可以利用这些控制点，按照选线确定的转角坐标，把转角放样到实地。在线路工程的实际应用中，一般采用极坐标法进行点位放样。

如图 7-19 所示，设 $K_1(x_1,y_1)$、$K_2(x_2,y_2)$ 为转角 J_i 附近的两个已知坐标的控制点，$J_i(x_i,y_i)$、$J_{i+1}(x_{i+1},y_{i+1})$ 为选线确定的两个相邻转角，其设计坐标为已知。

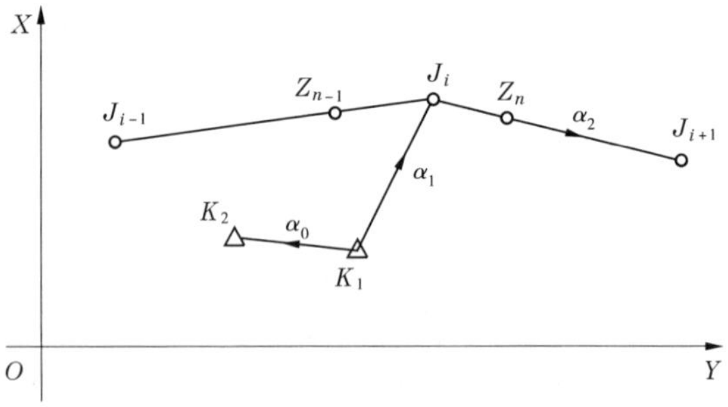

图 7-19　转角放样

根据式(7-8)和式(7-10)，分别计算出已知点 K_1 至 K_2 的方位角 α_0 和距离 D_0、K_1 至 J_i 的方位角 α_1 和距离 D_1，然后按以下步骤进行放样：

(1)在 K_1 点安置全站仪，校测 K_1、K_2 之间的距离、高差，如果实测距离、高差与坐标、高程反算的距离、高差吻合，即可用这两个控制点进行放样；

(2)将镜头瞄准 K_2 点，设置水平度盘为 α_0；

(3)将水平度盘转至 α_1；

(4)调整棱镜至镜头对准方向，前后移动棱镜，直至实测距离与反算距离之差满足要求，即可定桩 J_i；

(5)实测 $\angle K_2K_1J_i$ 及 K_1 至 J_i 的距离、高差，推算出实际放样的 J_i 的新坐标(x_i',y_i')、高程 H_i'，以便进行以后的定线测量。

2. 线路前进方向的确定

同理，分别计算出 J_i'至 K_1 的方位角 α_1'和距离 D_1'、J_i'至 J_{i+1}的方位角 α_2'和距离 D_2'，然

后按以下步骤来确定线路的前进方向：

(1)在放样的 J_i'点安置全站仪，用镜头瞄准点 K_1，设置水平度盘为 α_1'；

(2)将水平度盘转至 α_2；

(3)调整棱镜至镜头对准方向，即可定出直线桩 Z_n。

(4)实测$\angle Z_{n-1}J_i'Z_{n+1}$及 J_1'至 Z_n 的距离、高差，计算出 J_i'的转角度数，推算出直线桩 Z_n 的里程 N_{Zn}、高程 H_{Zn}。

通过以上步骤，即完成了转角的放样及线路前进方向的确定，然后就可以直接进行定线测量了。

7.2.1.5　大地坐标与线路坐标之间的转换

由于线路工程的走向是任意的，因此线路坐标与大地坐标总有一定的夹角，为此，就要找出大地坐标与线路坐标的转换关系，如图 7-20 所示。

$$\alpha_{AB} = \arctan\frac{\Delta y_{AB}}{\Delta x_{AB}} \tag{7-24}$$

$$S_{AB} = \sqrt{\Delta x_{AB}^2 + \Delta y_{AB}^2} \tag{7-25}$$

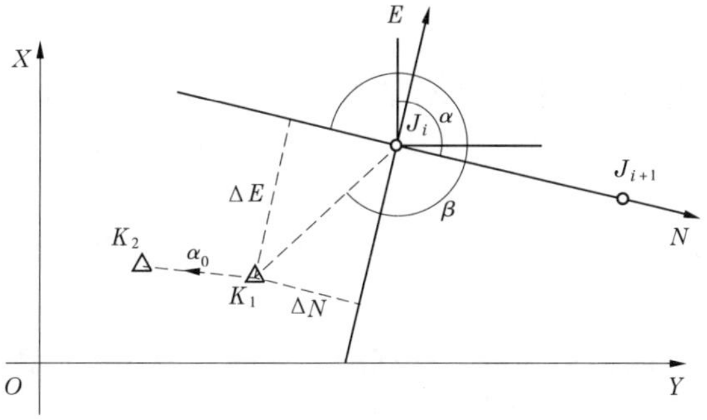

图 7-20　大地坐标与线路坐标的转换关系

将大地坐标转换为线路坐标的计算步骤如下：

(1)由式(7-24)和式(7-25)计算 J_i 至 J_{i+1}的方位角 α 和距离 D(即边长 S)，可知线路坐标方位与大地坐标方位的夹角为 α，若 J_i 的里程为 N_{Ji}，则 $N_{Ji+1}=N_{Ji}+D$。由线路前进方向知 J_i 至 J_{i+1}的线路方位角为 180°；

(2)计算 J_i 至 K_1 的方位角 α_1 和距离 D_1，则 J_i 至 K_1 的线路方位角 $\beta = \alpha_1 - \alpha + 180°$；

(3)由线路里程为正、偏距左正右负原则，K_1 相对于 J_i 至 J_{i+1}的线路里程、偏距增量为

$$\left.\begin{aligned}\Delta N &= -D_1\cos\beta\\ \Delta E &= D_1\sin\beta\end{aligned}\right\} \tag{7-26}$$

则 K_1 相对于 J_i 至 J_{i+1}的线路里程、偏距为

$$\left.\begin{aligned}N_{K1} &= N_{Ji} - D_1\cos\beta\\ E_{K1} &= E_{Ji} + D_1\sin\beta\end{aligned}\right\} \tag{7-27}$$

7.2.2　直接定线

直接定线可采用距离分中法或角度分中法。距离分中法的前视点位应取经纬仪正倒镜不同位置的中点。角度分中法的前视点位应取经纬仪正倒镜两水平角的平分点，也称为重转定线法或正倒镜分中法（见图 7-21）。直接定线后，应检测水平角半测回，并作记录，其角值允许偏差为 ±1′。

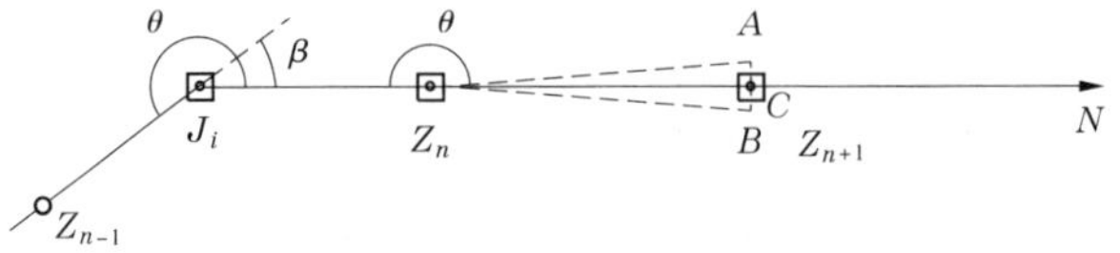

图 7-21　正倒镜分中法定线

7.2.2.1　正倒镜分中法定线的操作步骤

（1）将仪器安置在直线桩 Z_n 上，对中整平后，用正镜对准线路后视目标 J_i，倒转望远镜在线路的前方定出 A 点。

（2）放松照准部制动螺旋，用望远镜重新对准后视目标 J_i（即倒镜位置），再倒转望远镜，又定出线路前方 B 点。

（3）若 A、B 两点重合，该点就是 J_iZ_n 直线延长线上的一点；如 A、B 两点不重合，应取 A、B 连线（且 $Z_nA = Z_nB$）的中点定桩 C，则桩 C 为 J_iZ_n 直线延长线上的一个直线桩 Z_{n+1}。

（4）观测 $\angle J_i Z_n Z_{n+1}$ 半测回，并作记录，如果其角值偏差在 ±1′，即完成此次定桩，反之则重复以上步骤。

（5）观测 Z_n 至 Z_{n+1} 的距离、高差，推算出 Z_{n+1} 的里程 N_{Zn+1}、高程 H_{Zn+1}，以便进行以后的定线测量。

（6）如要加桩，一般采用前视法进行定桩，如图 7-21 所示，测站为 Z_n，要在 Z_{n+1} 前进方向上加桩，则须将仪器镜头对准 Z_{n+1}，然后在该方向上进行定桩，而不采用后视 J_i 来定桩的方法。

7.2.2.2　线路定线的其他要求

（1）直线桩（Z）、转角桩（J）应分别按顺序编号，严禁重号。固定标桩的埋设，可根据工程具体情况确定。

（2）直接定线可采用逐站观测或跳站观测。当采用跳站观测时，其最远点与测站间的距离，平地不宜大于 800 m，山区不宜大于 1 200 m。所加直线桩桩间距离宜均匀，且不宜过短。

（3）直线桩应埋设在便于桩间距离测量、高差测量、平断面测量、交叉跨越测量及检查测量和能长期保存处。桩间距离，平地不宜大于 400 m，山区可根据地形条件适当放长。

（4）定线时照准的前、后视目标必须立直，宜瞄准目标的下部。当照准目标在平地 100 m 以内无遮挡物时，应以细小标志指在桩钉位置。当照准目标距离小于 40 m 时，应照准桩的点位或细直目标的下部。

7.2.3　间接定线

当定线测量中遇有障碍物不能通视时,可采用间接定线方法。间接定线一般采用矩形法、等腰三角形法、任意三角形法和导线法等方法进行定线来延长直线。

7.2.3.1　矩形法定线

如图 7-22 所示,Z_{n-1}至 Z_n 直线前视方向视线被房屋挡住,可采用矩形法延长 $Z_{n-1}Z_n$ 直线。步骤如下:

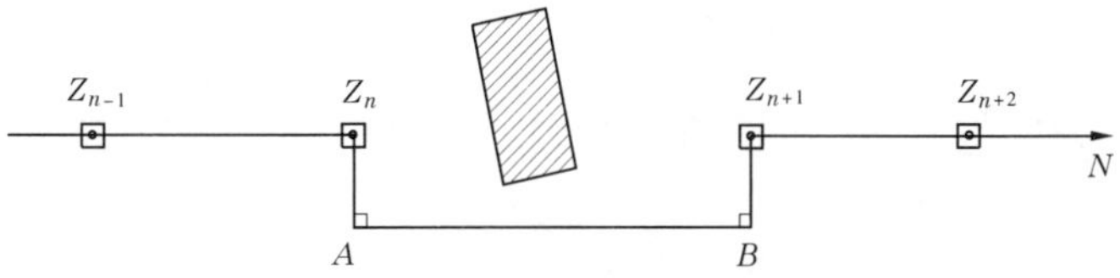

图 7-22　矩形法定线

(1)将仪器安置在 Z_n 点,以 Z_{n-1}点为后视方向,测出 $\angle Z_{n-1}Z_nA = 90°$,在该视线方向上,绕过障碍物测设 A 点,并测出 Z_n 至 A 距离 D_{ZnA}。

(2)将仪器移至 A 点安置,后视 Z_n 点,测出 $\angle A = 90°$,在视线方向上同样测出 AB 距离,测得 B 点。

(3)将仪器移至 B 点安置,后视 A 点,测出 $\angle B = 90°$,在该视线方向上测设 Z_{n+1}点,并使 B 点至 Z_{n+1}点的距离与 Z_n 点至 A 点的距离相等,即 $D_{ZnA} = D_{BZn+1}$。

(4)将仪器安置于 Z_{n+1}点,定出直线 Z_{n-1}至 Z_n 的延长线方向并定出直线桩 Z_{n+2}。

通过以上步骤的操作,线路就成功地绕过障碍物并回到原直线方向上。为保证直线方向,要求 $D_{ZnA} = D_{BZn+1}$,且各转角点的水平角为$\angle Z_{n-1}Z_nA = \angle A = \angle B = \angle BZ_{n+1}Z_{n+2} = 90°$,在实测每个角度时要求一测回。

7.2.3.2　等腰三角形法定线

用等腰三角形法延长直线的测量方法如图 7-23 所示,Z_{n-1}至 Z_n 直线的前视方向不通视,可采用等腰三角形法测定出 $Z_{n-1}Z_n$ 的延长线,其测量方法及要求与矩形法相同。步骤如下:

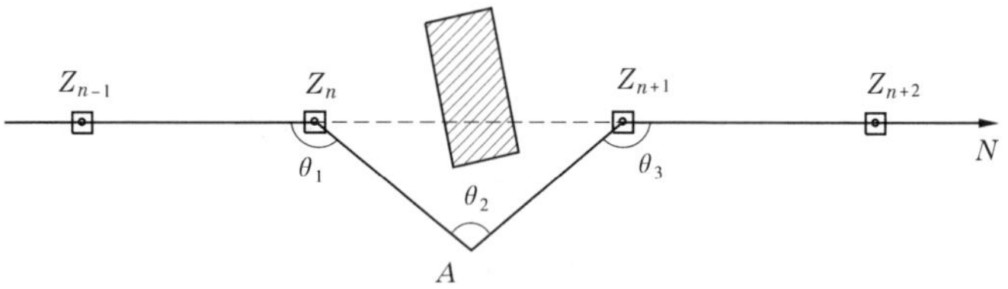

图 7-23　等腰三角形法定线

(1)将仪器安置在 Z_n 点,绕过障碍物测设 A 点,测设转角 θ_1 一测回,并测出 Z_n 至 A 的距离 D_{ZnA}。

(2)将仪器移至 A 点安置,后视 Z_n 点,测设转角 θ_2 一测回,使 $\theta_2 = 180° - 2 \times (180° - \theta_1)$,即

$$\theta_2 = 2\theta_1 - 180°$$

并沿该视线方向测设 Z_{n+1}，使 A 点至 Z_{n+1} 点的距离与 Z_n 点至 A 点的距离相等，即 $D_{ZnA}=D_{AZn+1}$。

(3)将仪器安置于 Z_{n+1} 点，后视 A 点，测设转角 θ_3 一测回，使 $\theta_3=\theta_1$，即可定出直线 Z_{n-1} 至 Z_n 的延长线方向，在此方向上可定出直线桩 Z_{n+2}，使线路回到原直线方向上。

7.2.3.3　任意三角形法定线

由于全站仪在工程中的应用已经普及，因此在线路工程的定线中，如果遇到障碍物，一般都采用任意三角形法来延长直线，如图 7-24 所示。

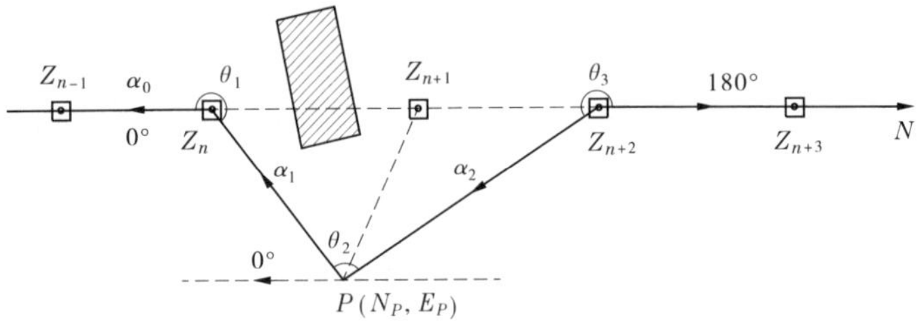

图 7-24　任意三角形法定线

设直线桩 Z_n 的线路坐标为(N_{Zn},0)，其中 N_{Zn} 为正值，当前进方向遇到障碍物时，在偏离直线的任一方向测设一辅桩 P，然后在线路直线方向上恢复直线桩 Z_{n+1}、Z_{n+2}，其步骤如下：

(1)将全站仪架设于直线桩 Z_n，后视直线桩 Z_{n-1}，前视为辅桩 P。实测 θ_1 一测回以及 Z_n 至 P 点距离 D_{ZnP}，用正倒镜分别实测 Z_n 至 P 点的高差 Δh_{ZnP}，取平均值。

(2)将全站仪架设于辅桩 P，后视直线桩 Z_n，实测 P 点至 Z_n 的距离 D_{PZn}，用正倒镜分别实测 P 点至 Z_n 点的高差 Δh_{PZn}，取平均值。取往、返测距离和高差的平均值，作为 Z_n 至 P 点的距离和高差。因此，P 点的线路坐标为

$$\left.\begin{aligned}N_P &= N_{Zn} - D\cos(\alpha_0+\theta)\\ E_P &= E_{Zn} + D\sin(\alpha_0+\theta)\end{aligned}\right\}\tag{7-28}$$

P 点至 Z_n 的线路方位为

$$\alpha=\alpha_0+\theta\pm 180^\circ\tag{7-29}$$

(3)恢复直线：将镜头对准直线桩 Z_n，按式(7-29)将后视水平角置为线路方位，按式(7-28)将 P 点的线路坐标输入全站仪；指挥前视棱镜进行测距，使全站仪显示的前视点的偏距为 0，打下直线桩 Z_{n+2}。实测 θ_2 一测回以及 P 至 Z_{n+2} 点的距离 D_{PZn+2}，用正倒镜分别实测 P 点至 Z_{n+2} 的高差 Δh_{PZn+2}，取平均值。

(4)加桩：如需加桩，则按第(3)步操作，打直线桩 Z_{n+1}。

(5)将全站仪架设于直线桩 Z_{n+2}，后视辅桩 P，实测 Z_{n+2} 至 P 点的距离 D_{Zn+2P}，用正倒镜分别实测 Z_{n+2} 至 P 点的高差 Δh_{Zn+2P}，取平均值。取往、返测距离和高差的平均值，作为 Z_{n+2} 至 P 点的距离和高差。按式(7-28)和式(7-29)，配置后视水平度盘为线路方位 α_2，并将线路坐标输入全站仪；转动镜头使水平度盘至 180°方向，即线路原方向，可在此方向上定直线桩 Z_{n+3}；实测 θ_3 一测回以及至下点的距离及高差。

至此，线路绕过障碍物，重新回到了原线路，间接定线结束，可以重新进行直接定线。

7.2.3.4　导线法定线

在线路工程的定线中,如遇到一些特殊地形、地貌(如树林),利用上述方法进行间接定线还有困难,可以采用导线法来延长直线,如图 7-25 所示。

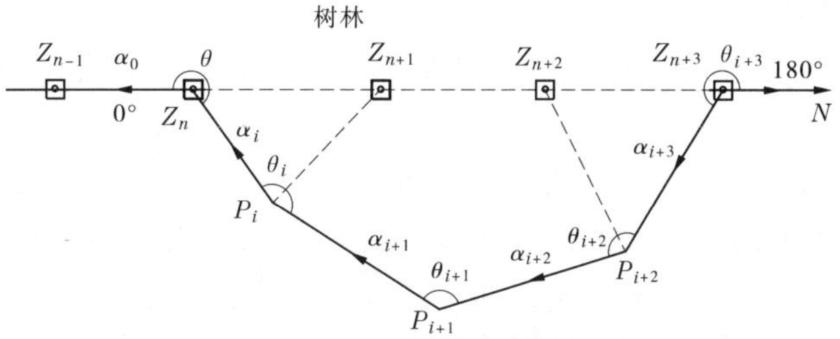

图 7-25　导线法定线

导线法定线的操作与任意三角形法定线基本相同,其坐标与方位的推导计算也是按式(7-28)和式(7-29)进行连续推算,导线测设需按二级导线的要求进行。

7.2.4　特殊条件下的定线

在线路工程的定线过程中,会遇到一些比较特殊的情况,下面介绍几种特殊情况下的定线方法。

7.2.4.1　由辅桩 P 定转角及下一耐张段的方向

如某线路工程的转角 J_i 位于水稻田,在定线过程中,对 J_i 无法直接定桩,也无法在 J_i 架设全站仪,因此在作业过程中,需要通过间接定线的方法来定出耐张段 J_iJ_{i+1} 的方向,如图 7-26 所示。

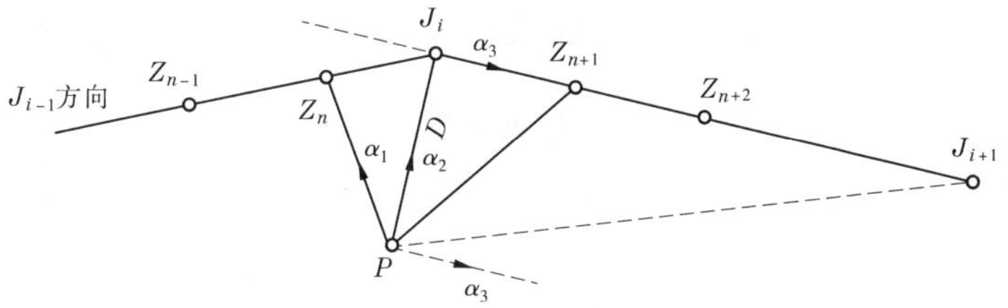

图 7-26　由辅桩 P 对下一耐张段定线

可按任意三角形定线法对耐张段 $J_{i-1}J_i$ 进行定线。

根据耐张段 $J_{i-1}J_i$ 的定线结果,可以由 J_{i-1} 的大地坐标(x_{Ji-1},y_{Ji-1})推算出直线桩 Z_n 及辅桩 P 的大地坐标(x_{Zn},y_{Zn})、(x_P,y_P),又依据选线设计提供的转角 J_i、J_{i+1} 的大地坐标(x_{Ji},y_{Ji})、(x_{Ji+1},y_{Ji+1}),可分别计算出 P 点至 Z_n、J_i 的方位角 α_1、α_2,P 点至 J_i 的距离 D,J_i 至 J_{i+1} 的方位角 α_3。

如要在辅桩 P 点直接定出耐张段 J_iJ_{i+1} 的直线方向,必须计算出 P 点及后视方向 Z_n 相对于耐张段 J_iJ_{i+1} 的线路坐标及后视方位。设转角 J_i 的线路坐标为(N_{Ji},0)(N_{Ji}为正),则计算公式为

$$\left.\begin{aligned} N_P &= N_{Ji} - D\cos(\alpha_3 - \alpha_2) \\ E_P &= -D\sin(\alpha_3 - \alpha_2) \end{aligned}\right\} \tag{7-30}$$

P 点至 Z_n 的线路方位为

$$\alpha = 180° - (\alpha_3 - \alpha_1) \tag{7-31}$$

计算出(N_P, N_P)及 α，即可输入全站仪，按任意三角形法进行直线的恢复。

7.2.4.2　分歧塔定线

在架空输电线路工程中，当双回路变单回路或单回路变双回路时，都要用分歧塔，下面介绍分歧塔定线。

如图 7-27 所示，耐张段 $J_{i-1}J_i$ 为双回路时，J_i 为分歧塔，$J_iJ_{i+1左}$、$J_iJ_{i+1右}$为两条单回路，$J_{i左}$、$J_{i右}$为分歧塔的两横担端点。经选线设计及定线可提供的已知大地坐标数据为：大地坐标 $Z_n(x_{Zn}, y_{Zn})$、$J_i(x_{Ji}, y_{Ji})$、$J_{i+1左}(x_{Ji+1左}, y_{Ji+1左})$、$J_iJ_{i+1右}(x_{Ji+1右}, y_{Ji+1右})$，以及左、右横担的长度 $d_左$、$d_右$。另外，在双回路变为单回路时，单回路塔连在分歧塔的左右横担上，分歧塔的转角方向 J_iF 位于$\angle J_{i+1左}J_iJ_{i+1右}$的角平分线上，横担位于分歧塔转角的平分线上。

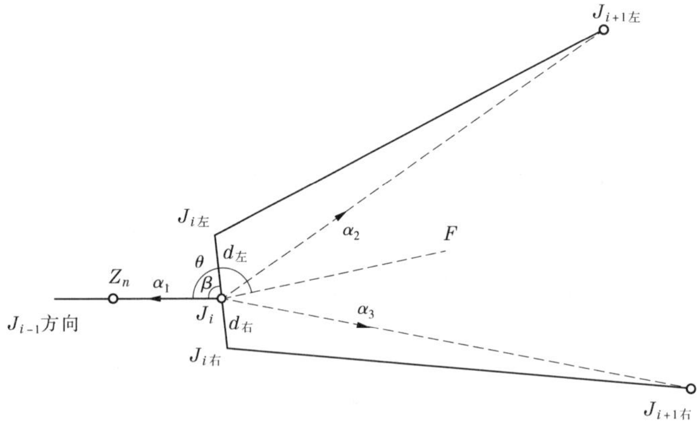

图 7-27　分歧塔定线

由以上已知条件可分别计算出 J_i 至 Z_n、$J_{i+1左}$、$J_{i+1右}$的方位角 α_1、α_2、α_3，则分歧塔的转角度数

$$\theta = \frac{1}{2}(\alpha_2 + \alpha_3) - \alpha_1 \tag{7-32}$$

左横担的方向

$$\beta = \frac{1}{2}\theta \tag{7-33}$$

计算出左、右横担的方向，由左、右横担的长度即可推算出左、右横担的坐标。

由于横担长度较短，在一般情况下，定完横担后，在两条单回路 $J_{i左}J_{i+1左}$、$J_{i右}J_{i+1右}$定线时，不在 $J_{i左}$、$J_{i右}$架设仪器，而在 J_i 直接定出两条单回路的直线方向。定线方法则采用 7.2.4.1 中的方法进行。

7.2.5　水平角观测、桩间距离和高程测量

7.2.5.1　水平角观测

水平角的观测有如下要求：

(1)直接定线的直线桩水平角观测半测回,角值允许偏差为 ±1′。

(2)转角及进行间接定线时的测站水平角观测一测回,按二级导线的要求施测。

7.2.5.2　桩间距离和高程测量

桩间距离和高程测量是要测出各桩位间的水平距离及它们之间的高差。当采用光电测距时,桩间距离在平地应不超过 400 m,在丘陵地带不超过 600 m,在山区不超过 800 m。

高差测量应与测距同时进行。高差测量应采用三角高程测量两测回。两测回的高差较差不应大于 0.4S,S 为测距边长,以 km 计,小于 0.1 km 时按 0.1 km 计。仪器高和棱镜高均量至厘米,高差计算至厘米,成果采用两测回高差的中数,取至分米。

当距离超过 400 m 时,高差应按下列公式进行地球曲率和大气折光改正:

$$r = \frac{1 - K}{2R}S^2 \tag{7-34}$$

式中,R 为地球平均曲率半径;S 为边长;K 为大气折光系数。

采用 GPS RTK 进行测量时,同一直线段内的直线桩宜采用同一基准站进行测量。当更换基准站时,应对上一基准站测设的直线桩进行复测,两次测量的坐标较差应不大于 7 cm,高程较差应不大于 10 cm。

7.2.5.3　测量记录

全站仪定线测量记录如表 7-3 所示。

GPS RTK 定线测量记录如表 7-4 所示。

7.2.6　采用 GPS RTK 进行转角放样及线路定向

7.2.6.1　GPS RTK 测量的特点

采用 GPS RTK 进行预定转角的放样是当前输电线路测量的主流作业方式,其优点体现在以下几方面:

(1)工作效率高。在一般的地形地势下,高质量的 GPS RTK 设站一次即可测完 8 km 半径的测区,大大减少了传统测量所需的控制点数量和测量仪器的设站次数,移动站一人操作即可,劳动强度低,作业速度快,提高了工作效率。

(2)定位精度高。只要满足 GPS RTK 的基本工作条件,在一定的作业半径范围内 GPS RTK 的平面精度和高程精度都能达到厘米级。

(3)全天候作业。GPS RTK 测量不要求基准站、移动站间光学通视,只要求满足电磁波通视条件,因此和传统测量相比,GPS RTK 测量受通视条件、能见度、气候、季节等因素的影响和限制较小,在传统测量看来难以开展作业的地区,只要满足 GPS RTK 的基本工作条件,它就能进行快速的高精度作业,使测量工作变得更容易、更轻松。

(4)GPS RTK 测量自动化、集成化程度高,数据处理能力强。GPS RTK 可进行多种测量内、外业工作。移动站利用软件控制系统,无须人工干预便可自动实现多种测绘功能,减少了辅助测量工作和人为误差,保证了作业精度。

表 7-3　全站仪定线测量记录

仪器：Leica－1202　　　　水平度盘读数精度：1″

观测：　　　记录：　　　检查：　　　日期：　　　天气：

测站	测点	水平角(°　′　″)				平距(m)	高差(m)		仪高(m)	镜高(m)	里程(m)	偏距(m)	高程(m)	备注
		盘左	盘右	角度	转角度数		实测	净高差						
J_1									1.50		1 000		80.00	
	Z_1	0 00 00	180 00 06			350.135	－0.32	－0.12		1.30			79.88	
	Z_2	155 20 38	335 20 40	155 20 36	左 24 39 24	386.766	－0.08	＋0.12		1.30	1 387		80.14	
Z_2						(386.768)		(＋0.14)	1.48					
	J_1	0 00 00				386.770	－0.33	－0.15		1.30	1 000			
	Z_3	180 00 10		180 00 10		400.285	＋0.10	＋0.30		1.30	1 787		80.46	
Z_3						(400.284)		(＋0.32)	1.55					
	Z_2	0 00 00	180 00 12			400.284	－0.58	－0.33		1.30	1 387			
	P_1	205 13 40	25 13 48	205 13 38		366.952	＋1.36	＋1.61		1.30	2 118.955	－156.399	82.10	
P_1						(366.953)		(＋1.64)	1.58					
	Z_3	25 13 38	205 13 46			366.954	－1.95	－1.67		1.30	1 787			
	Z_4	143 26 53	323 26 59	118 13 14		262.606	－0.46	－0.18		1.30	2 329.910	－0.002	81.90	
Z_4						(262.606)		(－0.20)	1.56		2 330			
	P_1	323 26 52	143 26 56			262.605	－0.05	＋0.21		1.30	2 118.955	－156.397		
	Z_5	180 00 02	0 00 04	216 33 09		345.085	＋0.66	0.92		1.30	2 675		82.82	

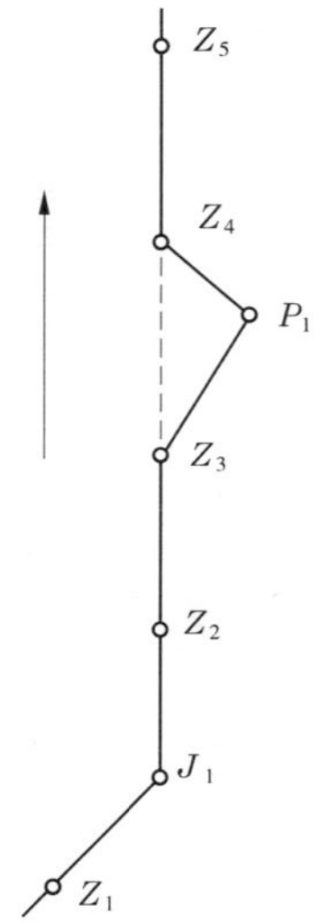

桩位示意图

表 7-4　GPS RTK 定线测量记录

仪器：Leica－1230 GG GPS

观测：　　记录：　　检查：　　日期：　　天气：

序号	桩号	坐标		高程	桩距（m）	里程（m）	方位角（°　′　″）	转角（°　′　″）	备注
		X	Y	H(m)					
33	Z_{32}	3 838 372. 647	462 926. 884	65. 515	384	13 220	123 21 20	0 00 12	
34	Z_{33}	3 838 190. 521	463 203. 559	65. 515	331	13 551	123 21 06	0 00 15	
35	J_{9}	3 838 031. 070	463 445. 825	65. 313	290	13 841	109 53 58	13 27 08	
36	Z_{34}	3 837 925. 066	463 738. 664	65. 385	311	14 152	109 53 49	0 00 09	
37	Z_{35}	3 837 736. 665	464 259. 202	65. 299	554	14 706	109 53 35	0 00 15	
38	Z_{36}	3 837 558. 134	464 752. 580	65. 223	525	15 231	109 54 06	－0 00 31	
39	Z_{37}	3 837 464. 736	465 010. 568	65. 605	274	15 505	109 53 38	0 00 28	
40	J_{10}	3 837 360. 396	465 298. 902	65. 079	307	15 812	123 50 50	－13 57 13	
41	Z_{38}	3 837 073. 994	465 725. 961	64. 975	514	16 326	123 50 42	0 00 08	
42	Z_{39}	3 836 851. 902	466 057. 154	65. 123	399	16 725	123 50 36	0 00 06	

（5）操作简单，易于使用。现在的仪器一般都提供中文菜单，只要在设站时进行简单的设置，就可方便地获得二维坐标。数据输入、存储、处理、转换和输出能力强，能方便地与计算机、其他测量仪器通信。

7.2.6.2　坐标转换参数的求取

GPS RTK 测量的直接数据为 WGS－84 下的坐标，而我们通常需要的是在流动站上实时显示国家坐标系或地方独立坐标系下的坐标，这就需要进行坐标转换参数的求取，即点校正。点校正就是求取 WGS－84 和当地平面直角坐标系之间的数学转换关系的过程，包括基准转换、投影、水平平差和垂直平差。

（1）基准转换：包括两种类型，即 3 参数和 7 参数。3 参数包括 X 轴平移量、Y 轴平移量和 Z 轴平移量；7 参数包括 X 轴平移量、Y 轴平移量、Z 轴平移量、X 轴旋转量、Y 轴旋转量、Z 轴旋转量和比例因子。

（2）投影：我们一般选择横轴莫卡托投影，然后输入长半轴和扁率、假北坐标、假东坐标、纬度、经度和比例因子；当然也可以选择无投影、无转换。

（3）水平平差：参数包括北原点、东原点、北平移量、东平移量、旋转、比例。水平平差就是把 GPS 观测值通过旋转、平移以及比例系数的变化从而使之与控制点相符合，进行水平平差至少需要 3 个水平控制点。

（4）垂直平差：参数包括北原点、东原点、垂直改正常数、北斜坡、东斜坡。垂直平差就是通过至少 3 个高程点来求取估算的大地水准面异常的过程。

点校正可以通过两种方式进行：

（1）在已知转换参数的情况下。如果有当地坐标系与 WGS－84 的转换 7 参数，则可以在测量控制器中直接输入参数，建立坐标转换关系。如果作业是在国家大地坐标系下进行的，而且知道椭球参数和投影方式以及基准点坐标，则可以直接定义坐标系，建议在 GPS RTK 测量中最好加入 1～2 个点校正，避免投影变形过大，提高数据可靠性。

（2）在不知道转换参数的情况下。如果在局域坐标系中工作或在任意坐标系中进行测量和放样工作，可以直接采用点校正方式。建立坐标转换关系平面至少要有 3 个点，如果进行高程拟合则至少要有 4 个高程点参与点校正。

点校正后的结果中包含了残差，所谓残差，就是校正执行后的格网平面坐标和 GPS 坐标的差值；残差越小，说明校正的参数越精确，GPS（WGS－84）坐标和当地平面坐标之间的相对关系越好。

垂直平差也存在残差，此处的残差就是大地水准面与估算的大地水准面之差；而垂直改正常数就是此处的估算的大地水准面异常，其关系可表示为

$$h_E = H - N_E \tag{7-35}$$

式中，N_E为估算的大地水准面异常；h_E 为校正后的高程；H 为大地高。

垂直校正参数中的北斜坡和东斜坡不应超过 50×10^{-6}。如果在点校正中北斜坡和东斜坡数值过大，则说明垂直误差会越来越大。经过总结发现点校正后的垂直误差为

$$\Delta h = \sqrt{[(X - X_0) r_N]^2 + [(Y - Y_0) r_E]^2} \tag{7-36}$$

式中，r_N 为北斜坡改正数；r_E 为东斜坡改正数。

点校正的结果要求是：

(1)水平平差:北平移量、东平移量的取值应在 $-100\sim100$ m;

(2)垂直平差:北斜坡、东斜坡的取值应小于 50×10^{-6}。

对于线路工程做点校正时,为提高精度,应尽量增加水平控制点和高程控制点,并使其覆盖整个测区,同时在控制点的选择上要考虑宽度尽量大于 1 km。

对于 500 kV 及以上等级的输电线路工程而言,目前在初步设计阶段均采用航空摄影方法进行线路路径优化。在航测外控作业过程中应该充分考虑后续工作内容,在布设静态 GPS 控制网时充分考虑 GPS RTK 点校正的要求,参考站的布设应控制整个带状测区,同时宽度要大于 1 km,不能仅沿线路方向布设;联测的已知国家控制点应分布均匀,并能控制整条线路。在解算过程中先采用无约束平差求出 WGS-84 椭球下的大地坐标,把它保存起来;然后进行约束平差并把得到的平面网格坐标保存起来。选择一些构成网形比较好,并能覆盖整个区域的点来做点校正,通过比较选择一组残差较小的最优参数作为最终采用的点校正参数。

对于 220 kV 及以下等级的输电线路而言,目前初步设计阶段均采用 1:5万地形图配合卫星像片进行选线和优化,因此没有覆盖全线的控制点可供选用。为此,我们通常采用线路一端的控制点进行点校正。

7.2.6.3　利用 GPS RTK 进行点放样

在进行放样之前,根据需要输入待放样的点位坐标,点号一般编为 $J(X,Y)$,这些点位坐标就是线路的转角坐标,通常由设计人员提供。当 GPS 初始化完成后,在测量手簿主菜单上选择“测量”图标,测量方式选择“RTK”,再选择“放样”选项,即可进行放样测量作业。在作业时,在手簿控制器上显示箭头及目前位置到放样点的方位和水平距离,只需根据箭头的指示放样。当流动站距离放样点的距离小于设定值时,手簿上显示同心圆和十字丝,分别表示放样点位置和天线中心位置。当流动站天线整平后,十字丝与同心圆圆心重合时,这时可以按“测量”键对该放样点进行实测,并保存观测值。

7.2.6.4　利用 GPS RTK 进行线路定向

在测量手簿中输入转角点坐标后,选择“键入直线”,输入直线名及直线的起点和终点点号以及起始点里程,并保存。当 GPS 初始化完成后,在测量手簿主菜单上选择“测量”图标,测量方式选择“RTK”,再选择“放样线”选项,即可进行放样线测量作业。在作业时,在手簿控制器上显示箭头及目前位置到放样线的垂直距离和在该线上的里程。当流动站距离放样线的垂直距离小于设定值时,手簿上显示十字丝和一条直线,分别表示天线中心位置和待放样线的中心位置。当流动站天线整平后,十字丝与直线重合时,可以按“测量”键对该放样点进行实测,并保存观测值,即线路的方向。

由于 GPS RTK 定线不需要点与点之间通视,而且实时动态地显示当前的位置,所以在施测过程中,非常容易控制线路走向以及与其他建筑物的几何关系。如图 7-28 所示,J_i、J_{i+1}是线路的两个转角点,首先用 GPS 流动站分别在这两个点上进行测量,获得 J_i、J_{i+1}的坐标信息,将 J_iJ_{i+1}设置成直线,然后以该直线作为参考线,根据 GPS 的实时指示,放样线段中间各点,即可完成 J_i 至 J_{i+1}耐张段的定线施测。

7.2.7　采用 CORS 进行转角放样及线路定向

CORS 将网络化概念引入到大地测量应用中,克服了传统 GPS RTK 技术上的缺点。

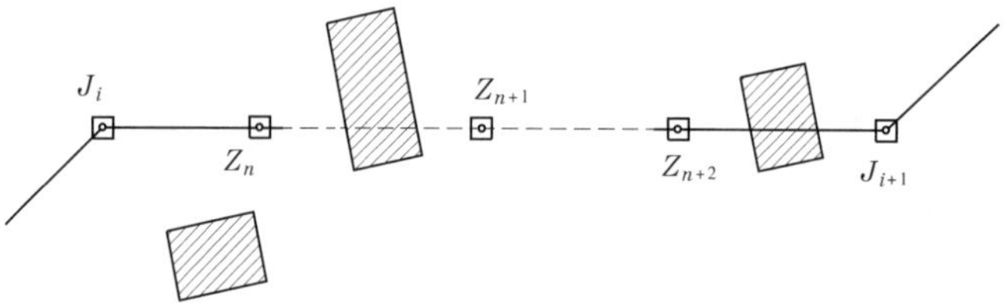

图 7-28　GPS RTK 定线

与传统 GPS RTK 相比，CORS 使用了一组覆盖大面积的参考站所提供的改正数信息，而来自单参考站的传统 GPS RTK 改正数只在参考站有效距离内才有效。CORS 相对于单基站具有更多的优势：增大了覆盖范围，改善了可利用性，有最佳的可靠性、更快捷的流动站的初始化过程、均质的高精度、更高的生产率。

采用 CORS 进行线路转角放样及定向的作业方法与常规 GPS RTK 基本相同，作业前需进行坐标系统参数的求取工作。但与常规 GPS RTK 相比，CORS 的作业范围更大了，同时减少了架设参考站的环节。

§7.3　平面及断面测量

高压输电线路平断面是高压输电线路设计排杆位必不可少的重要依据，依据相关规范，平面测量要求测量线路中心线两侧 50 m 范围内对线路有影响的建筑物、道路、管线、河流、悬岩、陡壁等地形地貌，断面测量要求测量线路中心线上能真实反映地形变化和地貌特征的点，断面图比例尺为 1∶500。

7.3.1　平面测量

平面测量就是测出线路通道范围内的所有地物地貌的标高及平面分布位置。对于 500 kV 及以下等级线路测量范围是线路中心线两侧 50 m，对于 500 kV 以上等级线路测量范围是线路中心线两侧 75 m。测量过程中应对线路通道范围内的河流、建筑物、自然地物地貌、经济作物以及通信线、电力线、地埋管线等进行平面测量，交叉跨越测量应与平面测量和断面测量同时进行，比例尺为 1∶5 000。

当设计需要时，应搜集或施测线路的进出变电所或电厂升压站相对位置的平面图。当需要测绘变电所或电厂进出线平面图时，成图比例尺可为 1∶1 000 或 1∶2 000。进出线平面图与变电所或电厂应采用同一坐标系。根据设计需要，在跨越居民区时，还要测量拆迁分图，坐标采用线路坐标，比例尺为 1∶1 000。

进行平面测量前应取得线路的转角桩及直线桩资料，可采用全站仪或 GPS RTK 进行平面测量。

7.3.1.1　全站仪测量平面的方法

1. 线路平面测量

采用全站仪进行平面测量，主要采用极坐标法。具体操作为：

如图 7-29 所示,在直线桩 Z_n 上设站,直线路径以后视 J_i 方向为 0°方向,前视方向为 180°方向,测站点坐标采用线路坐标,即 N 坐标为直线桩里程,E 坐标为偏距 0,高程为直线桩高程。如实测平面点 A,由实测角度 θ 和距离 D 即可计算出 A 点的里程增量 ΔN 和偏距 E。如果将测站的里程输入全站仪,则在测记过程中,可以直接读出碎部点的里程和偏距。

如图 7-29 所示,当在转角桩 J_i 设站时,如向 Z_{n-1} 方向测量,则应将水平度盘置于 0°;当向 Z_n 方向测量时,则应将水平度盘置于 180°。测量过程中前后视断面点测量范围,应以转角桩平分线为分界线。

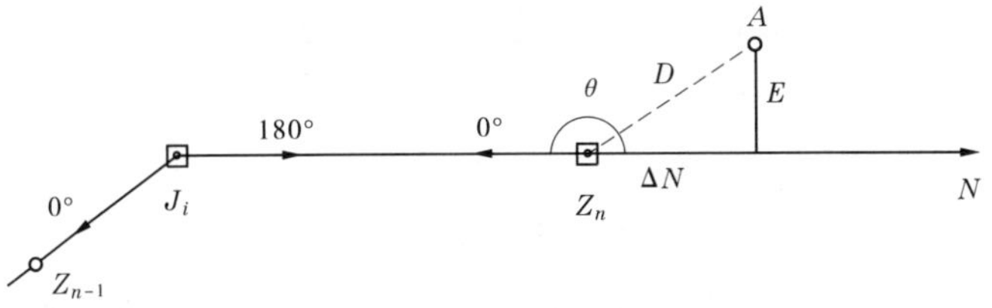

图 7-29　线路平面测量

设站后可对地形地物点进行测量。对于 500 kV 及以下线路应实测线路中心线两侧 30 m 范围内的地形地物,30 m 外可采用目估法测绘。对于 500 kV 以上等级线路应实测线路中心线 50 m 范围内的地形地物,50 m 外可采用目估法测绘。测量过程中应注意房屋、井、坟、地貌、地下管线及植被范围的精确测绘。当地形起伏较大时,应注意测出高于线路中心线的地形点。

在测量过程中应靠近桩位观测。测量地物点测距不宜大于 800 m,测量地形点测距不宜大于 1 000 m。当桩间距离较大或地形、地物条件复杂时,应加设临时测站。采用全站仪加设临时测站时,应同向观测两测回或对向各观测一测回,距离较差相对误差不应大于 1/1 000,高差较差限差为 0. 3 m。

2. 线路进出线图测量

为了更合理地利用出线走廊,使变电所或电厂的进出线更为合理,需要对变电所或电厂测量进出线图。进出线图与变电所或电厂应采用同一坐标系,成图比例尺可为 1∶1 000 或 1∶2 000。

如图 7-30 所示,在进行变电所进出线图测量时,为保持其坐标及高程系统与变电所一致,需利用变电所的控制点(如 K_1、K_2),在测图时,采用极坐标法对变电所及其周边的地物地貌进行详细测绘,包括变电所的龙门架、围墙、已建成的铁塔、对路径有影响的路、沟渠、电力线、通信线、坟、井等,并生成一定比例尺的地形图,提供给设计人员,以便进行本期工程终端及其走向的定位等工作。

3. 线状、面状地物测量

1) 线状、面状地物的平面测量

如图 7-31 所示,对于线状地物,如路(公路、铁路)、电力线、通信线等,其测量方法基本相同,在施测时,一般都是在中心线上测一点,再测一个方向点,两点相连即可完成线状

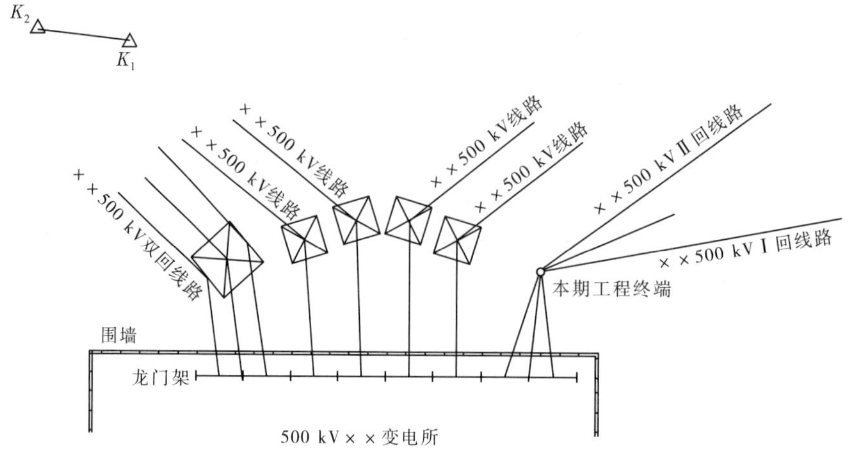

图 7-30　变电所进出线图

地物的测量(图中 A_1、A_2 点);对于面状地物,如树林、成片的坟区等,则需测量各拐角点,将这些拐点相连即完成面状地物的测量(图中 H_1、H_2、H_3 点)。

如图 7-31 所示,在测量路(公路、铁路)时,要分别测量路后中心线点(A_1)、路后方向点(A_2)和路前中心线点(A_3)三个点。如果路不太宽,则可直接量出路的宽度,不必路前路后都测点。如果是等级较高的公路,如一级公路、高速公路、铁路等,必须测量线路跨越公路附近的公路里程桩(A_4),以便计算出线路跨越公路、铁路的里程。在测量铁路时,应测出铁路轨顶高程及铁路里程桩。

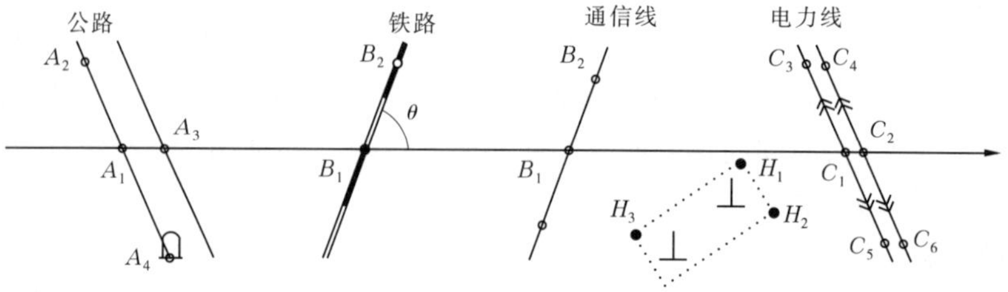

图 7-31　线状、面状地物测量

如图 7-31 所示,在线路跨越电力线时,对于 35 kV 以下(35 kV、10 kV、380 V、220 V)的电力线,要分别测量中心线点(B_1)、方向点(B_2);对于 35 kV 以上(110 kV、220 kV、330 kV、500 kV)的电力线,一般要测量前、后的中心线点(C_1、C_2)及前、后的左、右边线点(C_3、C_4、C_5、C_6)。测量这些点时都对应测量这些点的悬高,悬高测量将在交叉跨越测量中讲述。

2)交叉跨越角的计算

对于高等级的公路(一级公路、高速公路)、通信线、35 kV 以上(110 kV、220 kV、330 kV、500 kV)的电力线、地下管道(石油管道、煤气管道)等,都需要计算其交叉跨越角,即线路与交叉跨越物交叉的锐角。

如图 7-31 所示，如果用全站仪测量，坐标为线路坐标，如 $B_1(N_1, E_1)$，$B_2(N_2, E_2)$，则交叉角按下式计算

$$\theta = \arctan\left|\frac{E_1 - E_2}{N_1 - N_2}\right| \tag{7-37}$$

如果用 GPS RTK 测量，则计算 B_1、B_2 的坐标方位角，再计算其与跨越耐张段的坐标方位角之间的夹角，即为要求的交叉角。

4. 房屋分布图

在进行房屋测量时，应测出房屋的实体形状，可测出四个房角点中的任意三点，或者测出两点并量取房屋长度或宽度，同时应注意测量房屋地面至屋顶的高度。在线路工程全线的选线过程中，难免会遇到局部无法避开的居民区、养殖场、工厂等，需要详细测绘其相对线路中心线的位置。房屋分布图的测量与线路的平断面图同时进行，其坐标采用线路坐标，成图比例尺为 1∶1 000，并分别统计出房屋的结构、楼层数、面积等指标，如图 7-32 所示。

7.3.1.2　GPS RTK 测量法

采用 GPS RTK 进行平面测量应采用与定线阶段相同的坐标转换参数，同时应掌握定线后转角桩、直线桩坐标和参考站点坐标。GPS RTK 仪器测量精度不应低于 5 cm，开始测量前应在已知坐标桩位上进行校测。利用 GPS RTK 进行测量应现场绘制草图，测量数据中应保留平面、高程精度指标。

7.3.2　纵、横断面测量

测出沿线路中心线及两侧边线方向或线路垂直方向的地形起伏特征变化点的高度和距离，这种测量称为断面测量。沿线路中心线方向施测各点地形变化状态，叫做纵断面测量；沿线路中心线的垂直方向施测各点地形变化状态，叫做横断面测量。

架空输电线路断面测量主要测定地物、地貌特征点的里程和高程，可采用全站仪或 GPS RTK 进行断面测量。

7.3.2.1　纵断面测量

线路纵断面测量是施测线路中心线的地形断面，目的是绘制纵断面图，以提供给设计人员来确定杆塔的形式、高度以及位置，从而设计导线的弧垂以符合相关规程所规定的电气距离要求。

1. 断面点的选择

高低不平的地形，理论上有无数个断面点，如何使观测点反映地形起伏的真实情况，需要在实际测量中进行合理的选择。测的断面点越多，绘制的断面图就越接近实际地形，但工作量会非常大，同时数据量也会很多，处理起来非常繁杂。由纵断面测量的目的可知，对于地形无明显变化或对导线弧垂没有明显影响的地面点，可以尽量不测。线路跨越的地面建筑物、通信线、电力线、架空管道、水渠、冲沟以及旱地、水田、果园、桑地、沼泽地等的边界，这些点会影响导线弧垂和杆塔位置的确定，同时又能反映地形变化特征，需要施测出来。在导线弧垂对地距离有密切影响的地段，应适当地加密线路中心线观测点或者施测边导线的断面点。对于山区和丘陵区，还要特别注意线路边线点及危险点的施测。

房屋分布图(G1~G2)

第1页

村庄名称	郭后寨村														
房屋序号	1	2	3	4	5	6	7	8							
户主姓名															
房屋结构	砖	砖	砖	砖	砖	砖	砖	砖							
主房楼层	1	1	1	1	1	1	1	1							
辅房楼层	1	1	1	1	1	1	1	1							
主房面积	327.8	127.5	10.5	235.0	172.5	265.5	107.5	7.6							
辅房面积															
总面积	327.8	127.5	10.5	235.0	172.5	265.5	107.5	7.6							
最小偏距	0.0	0.0	4.4	0.0	0.0	0.0	4.6	−0.1							
处理意见															
备注															

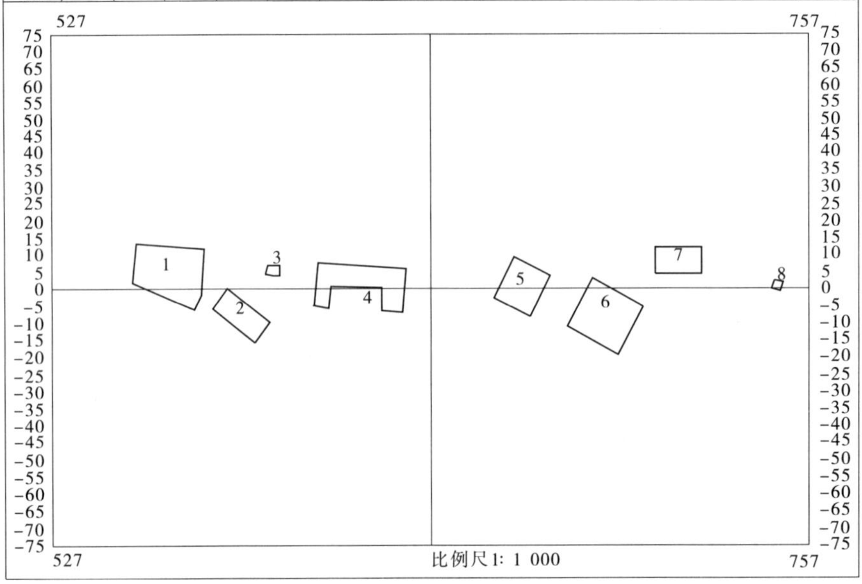

图 7-32　房屋分布

所以,断面点的选择应以控制主要地形变化为原则,因地制宜地进行选择,一切应从工程需要的角度出发。

如图 7-33 所示,*A*—*C* 间为山间沟底,可少测或不测;*A* 点、*C*—*D*、*E*—*F*、*F*—*G* 等位置与杆塔确定及导线弧垂对地距离的要求关系密切,应注意施测;*B*、*E* 两点虽不在线路中心断面上,但是由于其与线路中心较近,一般为 50 m 以内,对于大档距应按设计要求,考虑到风偏的影响,应对其进行施测。

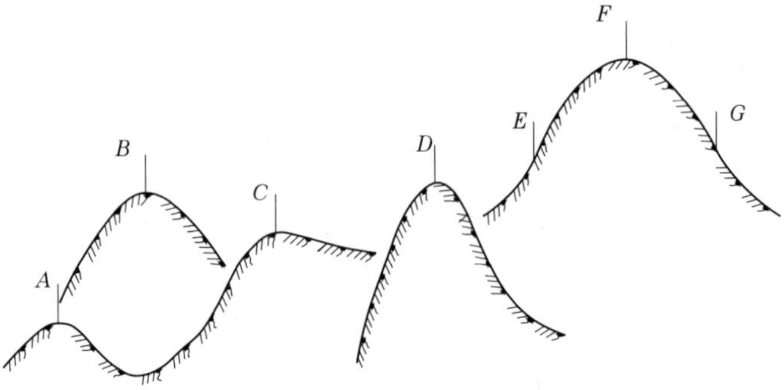

图 7-33　断面点选择

2. 断面点的施测

可采用全站仪进行断面点的施测，如图 7-34 所示。

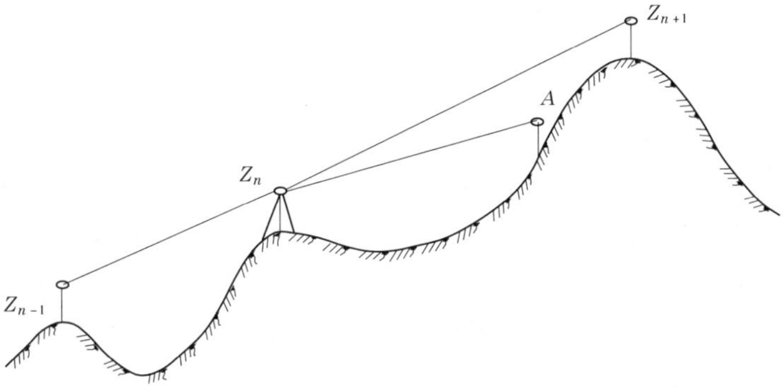

图 7-34　断面点的施测

施测方法及步骤如下：

(1)将全站仪安置于 Z_n 桩上，整平、对中，量取仪器高 i，设站时应输入测站点坐标，取独立坐标系，里程为 N 坐标，偏距为 E 坐标，测站点高程为 H 坐标。以线路后视直线桩 Z_{n-1} 方位为依据，测定出线路前视方向，或者以 Z_{n+1} 方向为前视方向。

(2)线路方向标定后，锁定水平制动。观测人员指挥跑尺人员立尺于断面点 A 上，使望远镜对准棱镜，测出 A 点的坐标和高程，并记录。

(3)对于边线点及风偏点应将棱镜立于实际点位进行测量并记录点位属性。

7.3.2.2　**横断面测量**

测量横断面是为了考虑线路两侧边线对地的安全距离，以及杆塔基础的施工基面是否符合架空送电线路技术规范的要求。一般规定当边线外有高宽比大于 1∶3的边坡时，除测线路中心线断面外，还需测出边线风偏点的纵断面和横断面。风偏横断面的长度或风偏点的位置应根据其对边导线的危险影响而定，风偏横断面图的水平与垂直比例尺应相同，可采用 1∶500 或 1∶1 000，一般以中心断面为起画基点。当中心断面处于深凹处不需测绘时，可以边线断面为起画基点。进行横断面测量时，自中心线向两侧测出的距离，要根据线路电压等级和斜坡坡度确定。

横断面测量方法与纵断面测量相同，可采用 GPS RTK 或全站仪进行测量。当采用全站仪时首先将仪器安置在线路的中心线上，测量线路垂直方向上各断面点间的距离和高差。横断面施测长度一般为 30 m 左右，也可近似地按下式计算

$$\delta = s_1 + (f + \lambda)\sin\alpha + s_2 \tag{7-38}$$

式中，δ 为绝缘子串长度；f 为大风时导线的弧垂；s_1 为线路中心与所测边导线间的距离；s_2 为安全距离；α 为导线风偏角。

7.3.2.3　**GPS RTK 进行纵、横断面测量**

采用 GPS RTK 进行断面点的施测非常简单，只需测量人员手持 GPS RTK 仪器，按照手簿提示的位置，到需要施测的断面点处进行测量并记录即可。在测量过程中，应注意仪器的卫星接收情况、是否固定、精度情况等。

7.3.3　交叉跨越测量

当线路跨越一般河流、水库和水淹区时,除施测断面外,还要测量河岸、滩地和航道的位置,同时应根据水文专业要求测绘洪水位及积水位高程,并注明由水文人员提供的发生时间(年、月、日)以及施测日期。当在塘、河中立塔时,应根据设计需要,测量塘、河地形图及水下地形图,水下地形图的比例尺可为1∶500,测点间距不小于10 m。当线路跨越铁路和主要公路时,应测绘交叉点轨顶及路面高程,注明左右去向和被交叉处的里程。当交叉跨越电气化铁路时,还应测绘机车电力线交叉点线高。当跨越索道、特殊(易燃易爆)管道、渡槽等建筑物或构筑物时,应测绘中心线交叉点顶部高程和左右边线交叉点的高程,并注明其名称、材料、通向等。当跨越房屋时,应测量交叉点屋顶高程,注记屋顶的建筑材料、结构类型、房屋间数。当跨越拟建或正在建设的设施时,应根据设计人员现场指定的位置和要求进行测绘或根据设计人员提供的相关资料标注在平断面图上。

7.3.3.1　交叉跨越电力线、通信线的悬高测量

当线路交叉跨越10 kV及以下等级电力线和弱电线路时,应测量中心线交叉点的线高。当已有电力线左右杆不等高时,还应施测有影响一侧边线交叉点的线高及风偏点的线高,注明其电压等级。当中心线或边线跨越杆塔顶部时,应施测杆塔顶部高程。对设计要求的一、二级通信线及地下光缆,应施测交叉角。跨越35 kV及以上等级的电力线时,除应测量中心线与地线两个交叉点的线高外,还应测量本工程线路两侧边线处被交叉地线的高度,以及有影响一侧风偏点的线高,注明其电压等级、两侧杆塔号及通向。

交叉跨越测量可采用GPS RTK与全站仪结合进行实施,实际测量中采用GPS RTK进行交叉跨越平面位置及地面标高的测量,采用全站仪进行交叉跨越的标高测量。

1. 单独利用全站仪进行悬高测量

在单独利用全站仪进行交叉跨越测量时,要由仪器按线路偏距来控制棱镜移至线下或所需的边线下,再进行交叉跨越线的悬高测量。

如图7-35所示,跨越物高度的测量需测定测站至跨越点的平距D及测站到跨越物的天顶距V,量取测站仪器高i及棱镜高l,跨越点的高程可按以下方法计算:

(1)若测站A点的高程已知,则跨越点的高程按下式求出

$$H_{跨越物} = H_{测站} + \frac{D}{\tan V} + i \tag{7-39}$$

式中,$H_{跨越物}$为跨越物的高程;$H_{测站}$为测站的高程;D为测站至跨越点的平距;V为测站至跨越物的天顶距;i为仪器高。

由式(7-39)可知,跨越物的高程的测量精度取决于平距D及天顶距V的测量精度,通常我们在同一测站对上述两项进行一测回的观测即可满足跨越物高度的精度要求。

当线路要跨越原有线路时,需要测量原线路的地线高,如图7-35中的实线,在观测时,需将望远镜的十字丝的水平丝切地线的上沿;如果线路要下穿原有线路,则需测量导线的高度,如图7-35中虚线,在观测时,需将望远镜的十字丝的水平丝切导线的下沿。左、右边线的测量同样用这种方法。

(2)若测站A点的高程未知,测点B的高程已知,则跨越点的高程按下式求出

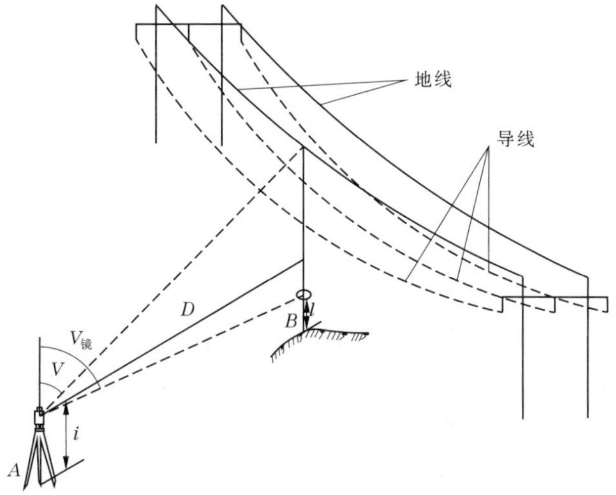

图 7-35　交叉跨越测量

$$H_{跨越物} = H_{测点} + \frac{D}{\tan V} - \frac{D}{\tan V_{镜}} + l \tag{7-40}$$

式中，$H_{测点}$为测点 B 的高程，$V_{镜}$ 为测点 B 处的天顶距；l 为镜高；其他符号含义同前。

2. GPS RTK 和全站仪联合作业进行悬高测量

如果利用 GPS RTK 和全站仪联合作业来测量交叉跨越线的悬高，则可用下面的方法来操作。

如图 7-36 所示，在任意可以进行悬高测量的位置，由 GPS RTK 实测一点 A，然后将全站仪安置于 A 点，再分别测出交叉跨越线路的中心线点 B_1 和左、右边线点 B_2、B_3，同时，由全站仪来观测 B_1、B_2、B_3 所对应悬高点的天顶距。计算方法为：

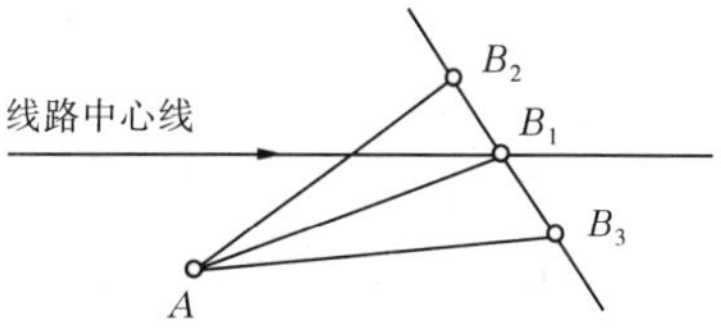

图 7-36　联合测量示意图

(1) 由实测所得 A、B_1、B_2、B_3 的坐标反算出其距离；

(2) 由式(7-39)计算出跨越物的高程。

如果不实测 A 点的坐标及高程，则测点处需放置棱镜，可按式(7-40)计算。

3. 龙门架挂线点高程的测量

在变电所或电厂测量龙门架及母线架高程时，通常设备带电，棱镜不宜到达，因此不能精确测量出测站至挂线点的距离。对于这种情况，一般采取如下几种方法来操作。

1) 解析法

如图 7-37 所示，J_1 为线路终端，A、B 分别为龙门架延长线上的两个点，C 点为本次出线的挂线点，由于无法直接测量出 J_1 至 C 点的距离 D，可以将仪器架设于 J_1，分别测出 J_1 至 A 点、B 点的距离 D_1、D_2，以及夹角 θ_1、θ_2，则距离 D 可按以下方法计算。

由余弦定理

$$D_{AB} = \sqrt{D_1^2 + D_2^2 - 2D_1 D_2 \cos(\theta_1 + \theta_2)}$$

和正弦定理

$$\angle A = \arcsin \frac{D_2 \sin(\theta_1 + \theta_2)}{D_{AB}}$$

可以求出 J_1 至 C 点的距离

$$D = \frac{D_1 \sin A}{\sin(\theta_1 + \angle A)} \tag{7-41}$$

实测挂线点的天顶距，即可按式(7-39)求出挂线点的高程。

2）坐标图解法

如图 7-37 所示，E、F 为垂直于龙门架两端点的任意两点，利用 GPS RTK 分别测量 J_1、A、B、E、F 的坐标，将这些点的坐标展绘于 CAD 图上，对 AB 间的距离进行等分，即可图解出本次出线的挂线点位置 C，从而可以直接量出 J_1 至 C 点的距离 D。实测挂线点的天顶距，即可按式(7-39)求出挂线点的高程。

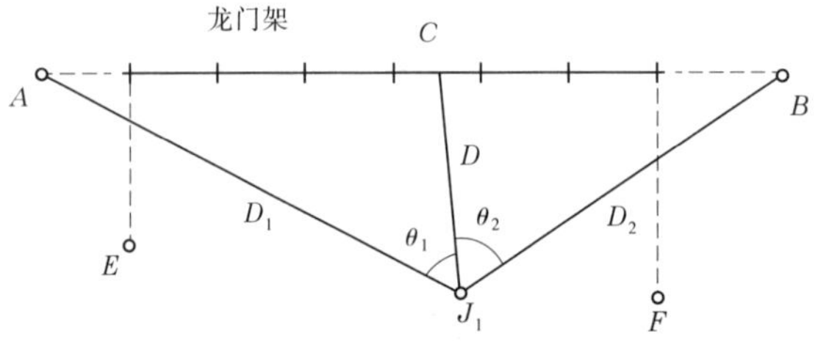

图 7-37　坐标图解法示意图

3）全站仪激光测距模式

可用全站仪激光测距模式，直接对准跨越物进行测量。此方法既安全又方便，但考虑到电磁影响，平距需多测几个测回，在测回较差不大的情况下取平距均值。全站仪激光测距模式测程较短，一般在 100 m 以内，所以设站不宜距观测点太远。

4. 无法到达跨越点悬高的测量

1）解析法

如果跨越点无法到达，但可以观测到跨越线两端的杆塔，或者跨越线两端的某个位置，如图 7-38 所示，可用解析法测量跨越点的高程。这种方法与测量龙门架挂线点高程的解析法的测设与计算均相同。

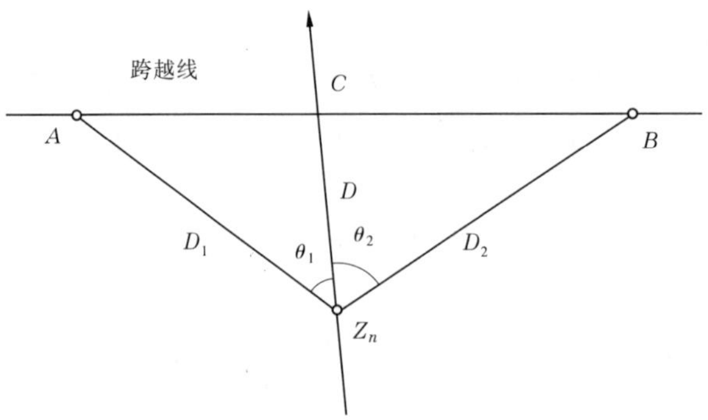

图 7-38　解析法测量示意图

2)坐标图解法

坐标图解法也是利用 GPS RTK 进行测量,其方法与测量龙门架挂线点高程的坐标图解法的操作步骤相同。

3)利用跨越点高的解析法

如果跨越点无法到达,同时测站上也观测不到跨越线两端的杆塔,那么只要能够在跨越线前后两测站测得该跨越线的天顶距,也可以间接地算出跨越点的高程。

如图 7-39 所示,Z_n、Z_{n+1} 为测站,其高程分别为 H_1、H_2,仪器高分别为 i_1、i_2,V_1、V_2 分别为在两测站测得悬高的天顶距,D_1 为两测站间的距离。根据跨越点 B 的悬高是唯一的条件,可由式(7-39)组成方程:

$$H_1 + \frac{D_1 + D_2}{\tan V_1} + i_1 = H_2 + \frac{D_2}{\tan V_2} + i_2$$

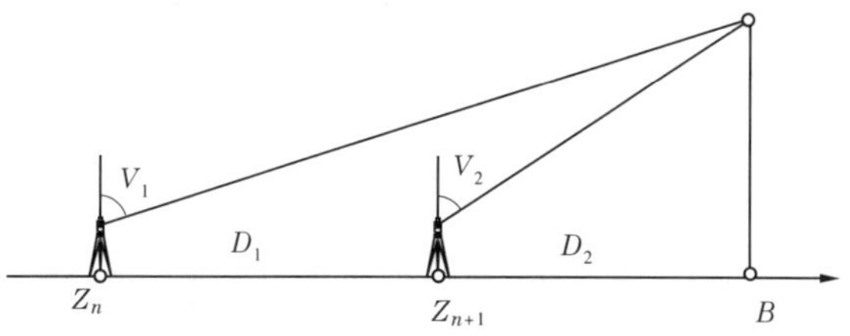

图 7-39　利用跨越点高的解析法

由此推算出

$$D_2 = \frac{(H_2 - H_1 + i_2 - i_1)\tan V_1 \tan V_2 - D_1 \tan V_2}{\tan V_2 - \tan V_1} \tag{7-42}$$

求出 D_2 即可由式(7-39)求出跨越点的高程。

需要注意的是,上述方法中跨越点均为线路中心线与跨越线路的交叉点,实际测量中由于有线路边线跨越要求,需根据边线宽度要求测出线路边线与跨越线路地线较高侧交叉点的高程。如果是新建线路下穿已有线路,应测量新建线路与已有线路交叉点处最下方的导线的高程及新建线路边线与已有线路较低侧交叉点处导线线高和最低一侧边线与风偏导线线高。对于重要的交叉跨越,应在前视方向和后视方向各施测一次,彼此校核。

5. 其他需要测量跨越高度地物的测量

除交叉跨越电力线、通信线外,其他还需要测量高度的有风偏点、房屋高度等,其测量方法与测量悬高的方法相同。

7.3.3.2　跨越河流断面的测量

当线路跨越河流时,需要测量垂直于河道方向的断面。跨河断面一般要求起跨点位置从河堤外脚至对岸河堤外脚,另外还需测量上、下游的比降点。

如图 7-40 所示,A_1、A_2 是河后堤岸,A_3、A_4 是河前堤岸,AB 是要测量的跨河断面,其基本垂直于跨越段的河道,B_1、B_2 为上、下游的两个比降点。沿 AB 方向,逐点测量并最后生成跨河流断面图,如图 7-41 所示。

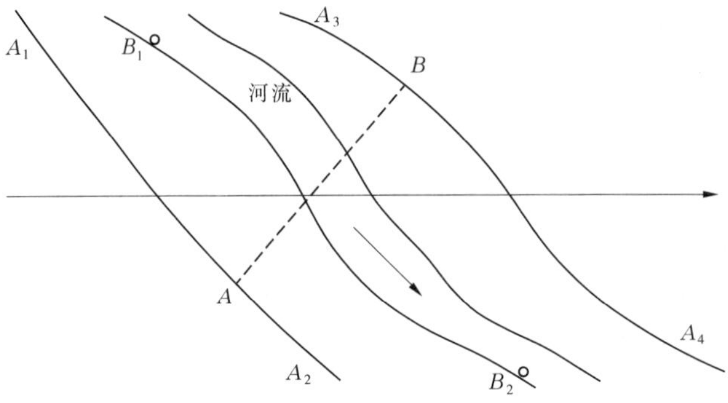

图 7-40　跨越河流示意图

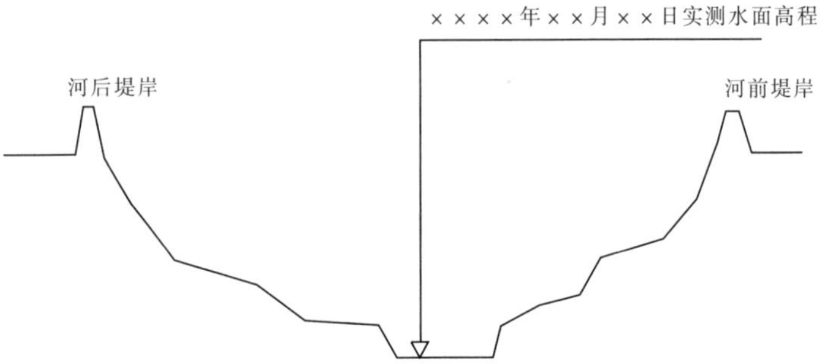

图 7-41　跨河流断面图

7.3.4　航空摄影测量

7.3.4.1　航测平断面图的方法

采用航测方法测绘平断面图前应有空中三角形(简称空三)加密平差计算数据、像片参数数据等相关资料,正确设置相机参数、图幅参数、边线距离并保证转角坐标导入或输入正确。目前常用的是 VirtuoZo 全数字摄影测量系统和 JX－4 数字摄影测量工作站。下面以 JX－4 数字摄影测量工作站为例来介绍航测方法测绘平断面图的步骤。图 7-42 为航测平断面图主要流程示意图。

航测内业的作业步骤为:①建立工程目录;②按照系统要求的格式新建相机文件;③批量建立像对;④导入空三加密成果;⑤批处理完成各像对的内定向、相对定向、核线重采样和绝对定向;⑥建立工作区;⑦利用架空输电线路软件新建工程文件和图形文件,并根据需要修改工程参数和图幅参数;⑧输入转角坐标;⑨联机操作测绘平断面图。

在作业过程中应注意限差要求。内定向:采用框标定向,框标坐标量测误差不得超过 ±0.01 mm。相对定向:定向点上的残余上下视差不得超过 ±0.005 mm,个别不得超过 ±0.008 mm。

绝对定向平面坐标误差应符合下列要求:①平地、丘陵地区不得超过 ±0.000 2M(M 为成图比例尺分母),个别不得超过 ±0.000 3M;②山地、高山地区不得超过 ±0.000 3M,

个别不得超过 ±0.000 4M。

绝对定向高程定向误差:平地、丘陵地区不得超过 ±0.3 m,山地、高山地区不得超过 ±0.5 m。

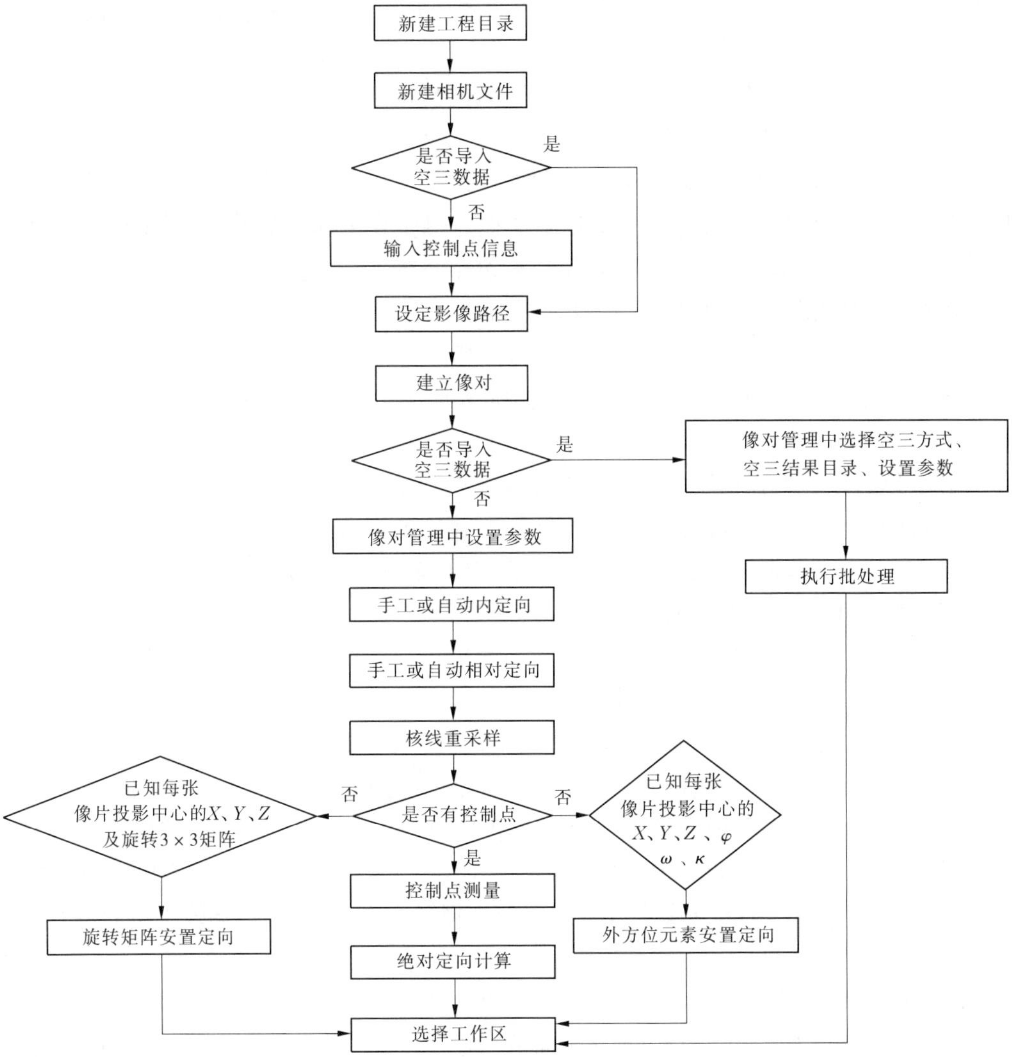

图 7-42　航测平断面图主要流程示意图

平断面图测绘的作业流程为:①打开架空输电线路软件,新建工程,修改相关工程信息;②新建图形文件,根据需要修改图幅参数中的高度和长度,以及标尺参数;③输入转角坐标;④打开 JX－4,再打开 JX－4 for TL,在 JX－4 中选择与 TL 联机,先用鼠标选择坐标的转角段,然后选择对应的像对,开始测图。

采集断面数据可采用自动扫描方式或手动方式。对于平丘地区可采用自动扫描方式。自动扫描时应人工跟踪立体,扫描步距宜为实地距离 5～10 m,行距为边线至中心线的垂距,行数为中心线和左、右边线。对于山地则应采用手动方式,根据地形采用适当的步距。选测的断面点应能真实地反映地形变化和地貌特征,断面点间距在平地不宜大于

50 m,独立山头不得少于 3 个断面点。在导线对地距离可能有危险影响的地段,断面点应适当加密,对山谷、深沟等不影响导线对地距离安全的地方可不测或少测,但应注意测绘风偏点和横断面图。线路通过林区、果园、苗圃、农作物及经济作物区时应测出其边界和树高,并在平断面图上标注;对于线路中心线两侧规定范围内有影响的建筑物和构筑物,应测出实际形状和位置,并标注高度;对于线路平行接近的通信线、地下光缆、电力线等,应测出位置和高度,同时注意将调绘信息全面转绘到平断面图上。

7.3.4.2　航测平断面图高程误差来源

航测成图的系统误差主要来自于航摄像片变形、航摄物镜畸变、大气折光和地球曲率四种误差。航测成图的偶然误差主要包括像控点测量误差、加密点误差、影像分辨率误差、定向误差及数据采集误差。在全数字摄影测量系统下,通过像点移位的方法可以消除系统误差。航测成图高程加密精度估算公式为

$$m_{hj} = \sigma_h(0.93 + 0.19i)H/b \tag{7-43}$$

式中,m_{hj}为加密点高程中误差;H 为摄影航高;b 为像对基线长;σ_h 为像点高程观测中误差。

由此可见,影响高程精度的主要因素是像控点测量误差、摄影参数、地形要素及制图人采集数据时的误差。经过统计发现,航测平断面图的高程误差一般为平丘区 0.5 m 左右,山区 1.5 m 左右,在一些植被密集区高程误差甚至可达 10 m 左右。

7.3.4.3　航测平断面图高程拟合方法

由于航测制图过程中高程误差的存在,必须采取一定的方法对航测平断面图进行拟合,从而提高航测平断面图的可靠性。

1. 注意参与高程拟合的点的选择

在航测平断面图中,平面精度一般小于 1 m,满足输电线路平面 1∶5 000 比例尺精度要求。但是如果参与高程拟合的点选择在高程变化较大位置,如沟、渠、坎的边缘处,则 GPS RTK 采集的外业高程点展绘到航测平断面图上后的位置的高程无法代表实际点位的高程。因此,在 GPS RTK 采集外业数据时应选择高程变化较小、地形较平缓的位置。

2. 采取分区线性拟合

在航测平断面图绘制过程中,存在植被高度变化、地面倾斜变化以及人为因素的影响,特别是在山区,地形变化较大,航测断面的高程误差偶然性较大。为此,对航测断面应采用分区线性拟合的方法。具体方法为将 GPS RTK 外业采集点展绘到平断面图上,通过分析 GPS 点与航测高程差值的变化规律,建立合理的区间,利用 GPS RTK 外业采集点对各区间内的航测断面独立拟合。

由于山区及植被密集区航测高程误差的偶然性较大,在 GPS RTK 外业数据采集时应适当提高采集密度,建议间隔 100 ~ 200 m 采集一点,对影响排位安全的位置应重点关注。

3. 注意控制影响高程误差的因素

在航测成图过程中,一条线路应尽量由一人独立完成,从而减少人为误差的影响。针对植被密集区断面高程应尽量切至地面,无法切至地面时,应在平断面图上进行标注,便于拟合断面时加以考虑。

7.3.5　平断面图计算机辅助制图

平断面图外业测量完毕,需要进行计算机辅助制图。线路测量计算机辅助制图内容包括:数据采集、平断面图绘制、为线路设计输出自动排杆数据接口文件、直接生成 dwg 图形文件为其他后续 CAD 工作服务。

数据处理方式主要有以下几种:

(1)与全站仪联机自动记录观测数据,现场自动形成平断面图。

(2)手工输入测量原始数据,自动成图(有即输即现和批量输入两种方式)。

(3)通过接口程序,自动处理全站仪、GPS 等仪器所采集的数据。

经过外业数据采集、内业数据处理,利用专门的线路平断面图成图软件系统,最终生成线路工程的平断面图,并为线路设计输出自动排杆数据接口文件,直接生成 dwg 图形文件(见图 7-43(a)、(b)、(c))。

§7.4　定位测量

定位测量是把设计的线路杆塔测设于实地的测量,就是按照设计的塔位里程,将标桩精确地固定于地面上。定位线测量的方法主要有直接定位、间接定位和 GPS RTK 定位。

7.4.1　直接定位

直接定位的方法与直接定线的方法相同。如果采用后视法,就采用正倒镜分中法定位;如果采用前视法,即前视桩位与所定塔位在测站的同一方向上,可将仪器镜头对准后视桩,固定镜头水平制动,控制棱镜的距离,直接进行定位测量。在定位过程中,要对原有桩位进行校测,以确保桩位的直线性及里程、高程的正确性。

7.4.2　间接定位

如果距离塔位附近的直线桩互不通视或塔位与直线桩之间不能通视,在这种情况下,就不能采用直接定位的方法,而要采用间接定位的方法。间接定位的方法主要有以下几种。

7.4.2.1　三角形法

如图 7-44 所示,设直线桩 Z_n 与 Z_{n+1}不通视,将仪器架设在分别与直线桩 Z_n、Z_{n+1}和塔位桩 G_i 均相互通视的 P 点,其操作与计算如下:

将仪器架设在 P 点,将棱镜分别置于两直线桩 Z_n、Z_{n+1},分别测量 P 点至两直线桩 Z_n、Z_{n+1}的距离 d_1、d_2 及它们之间的夹角 θ_1,而 Z_n、Z_{n+1}之间的距离 d 为已知,则由正弦定理可得

$$\frac{d}{\sin\theta_1} = \frac{d_2}{\sin\theta_2}$$

则

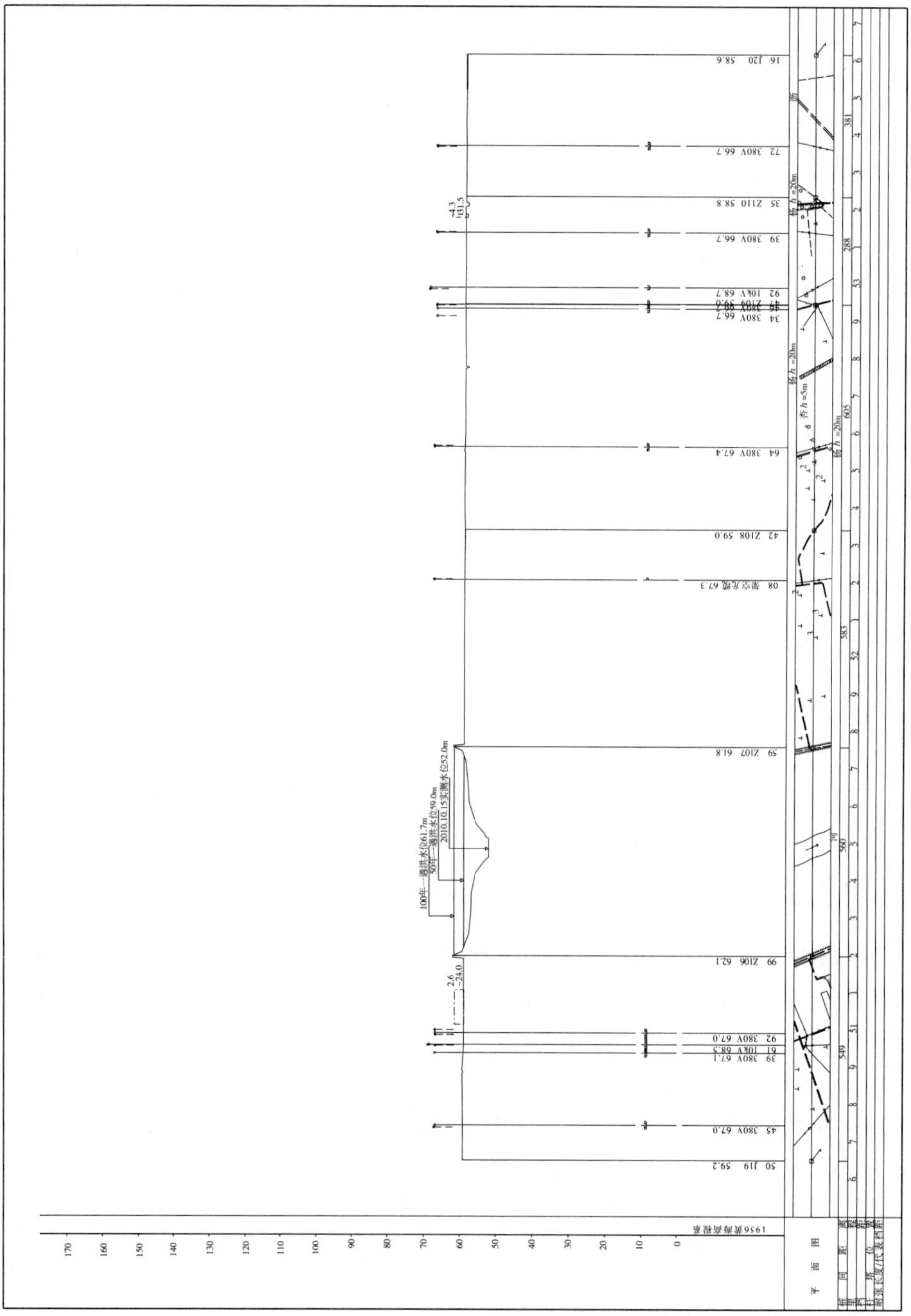

(a)平地

图 7-43　线路平断面图　（单位:m）

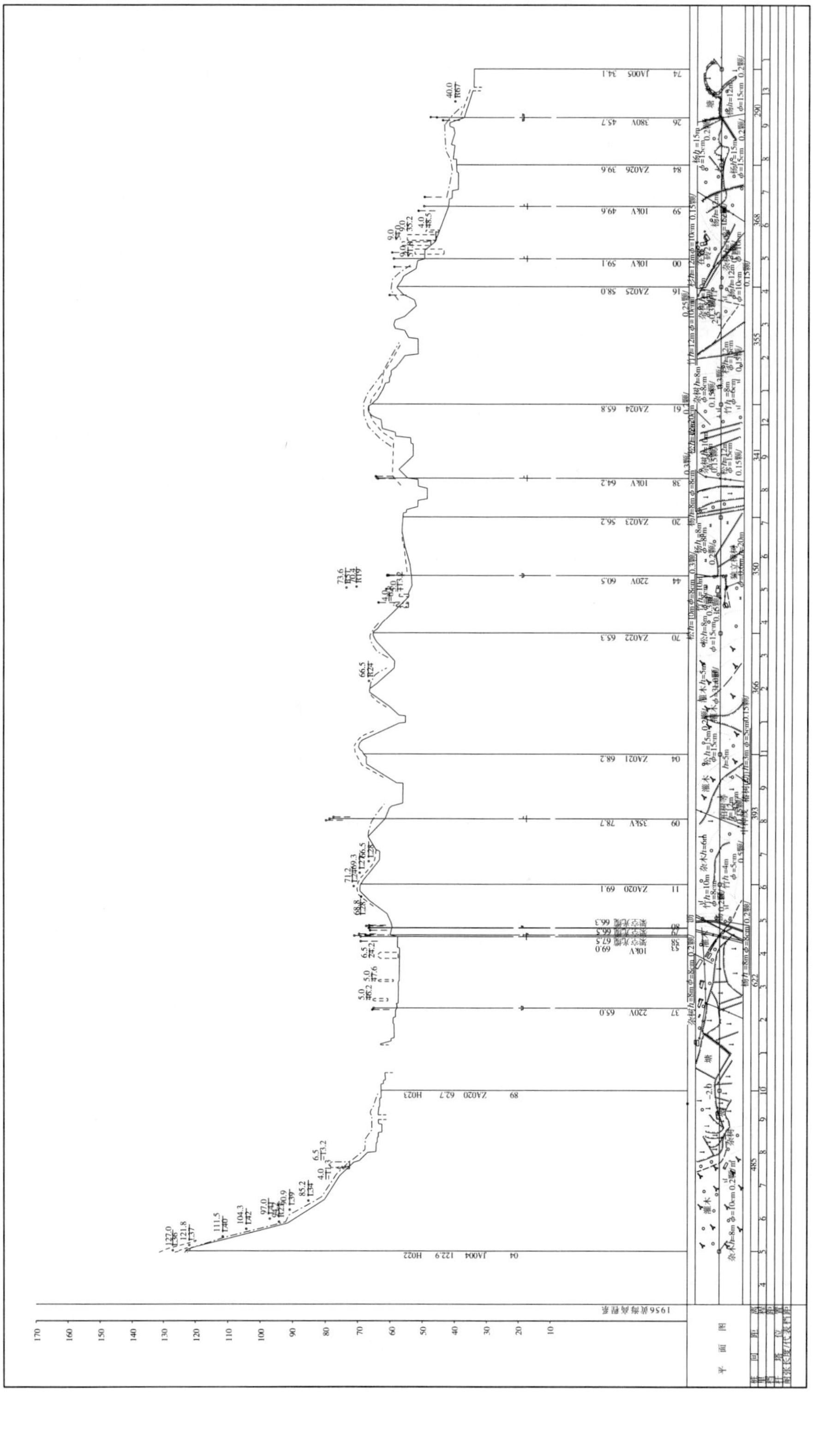

(b)丘陵

续图 7-43

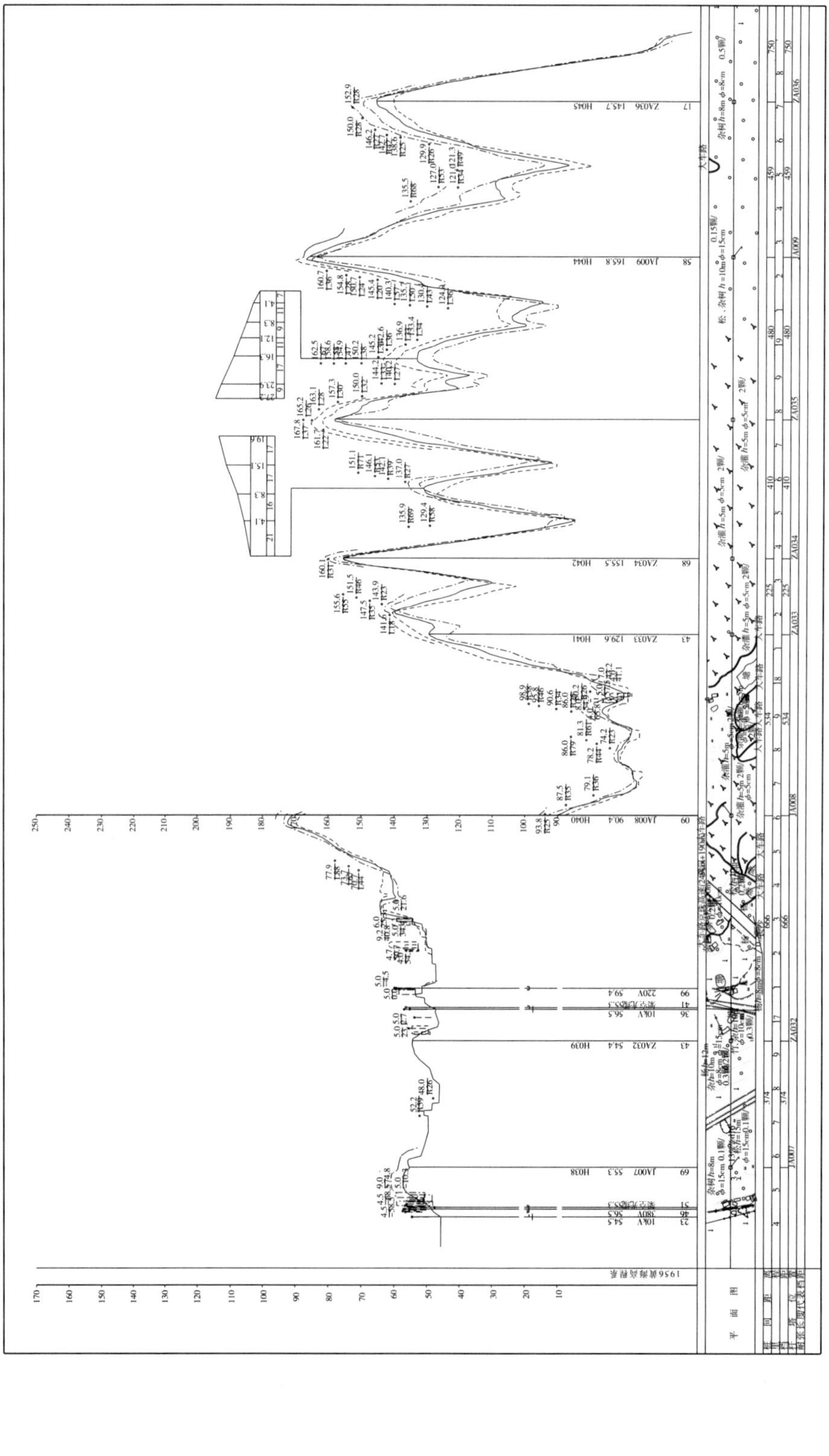

(c)山地

续图 7-43

$$\theta_2 = \arcsin \frac{d_2 \sin\theta_1}{d} \tag{7-44}$$

从而可以按三角形定线的方法计算出 P 点的里程、偏距及 P 点至后视点的线路方位，即可对杆塔 G_i 进行定位。

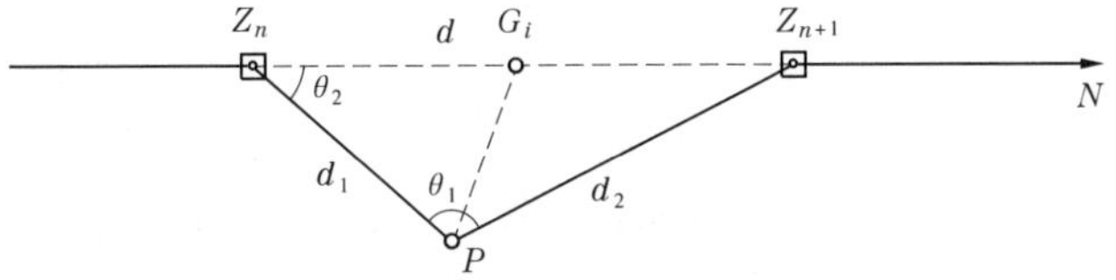

图 7-44　三角形法定位

7.4.2.2　无定向导线法

由于一些工程的终勘与定位不同时进行，而是在终勘之后很长一段时间才进行定位，因此会有直线桩丢失的现象。如果连续有几个直线桩丢失，保存下来的两个直线桩可能距离较远，且这两个直线桩都是孤立的，那么三角形法定位显然就不能满足要求了。如果出现这种情况，就可以用无定向导线法进行定位。

如图 7-45 所示，设直线桩 Z_m 与 Z_n 间隔距离较远，这两个直线桩都是孤立的，我们可以从直线桩 Z_m 作一条无定向导线，联测至直线桩 Z_n，其操作与计算如下。

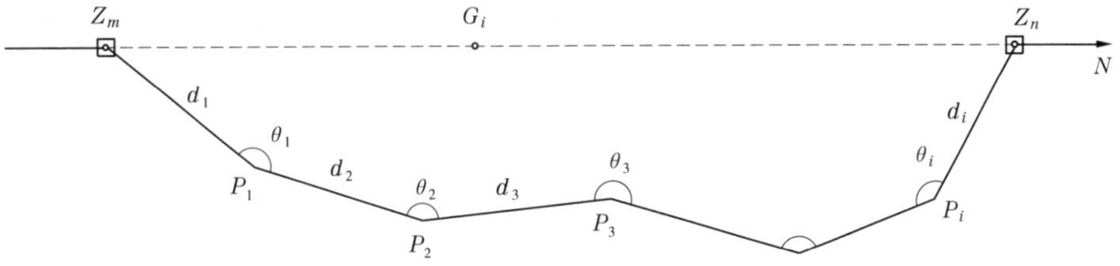

图 7-45　无定向导线法定位

依次在 P_1 至 P_i 点上架设仪器，按二级导线来作无定向导线，分别测出各条边的边长及相邻两条边的夹角，而 Z_m、Z_n 的线路坐标分别为 $Z_m(N_{Zm},0)$、$Z_n(N_{Zn},0)$，推导方式如下：

(1)设 Z_m 至 P_1 的方位为 α，由已知数据，可连续推算出 $P_1,P_2,\cdots,P_i,Z_n$ 点的坐标，推算出的 Z_n 的新坐标为 $Z_n'(X_{Zn},Y_{Zn})$。

(2)计算 Z_m 至 Z_n 与 Z_m 至 Z_n'夹角 θ，则 Z_m 至 P_1 的方位应为 $\alpha-\theta$。

(3)将 Z_m 至 P_1 的方位改为 $\alpha-\theta$，重复第(1)步的计算，所得各点的坐标即为正确的线路坐标。

通过以上的计算，就可以按导线法定线的方法进行定位了。

无定向导线法定位测量记录见表 7-5。

GPS RTK 定位与定线的方法完全相同，这里不再赘述。

表 7-5　无定向导线法定位测量记录

仪器:Leica－1202　　　　水平度盘读数精度:1″

观测:　　　　记录:　　　　检查:　　　　日期:　　　　天气:

测站	测点	水平角 (° ′ ″)	平距 (m)	推算坐标 1		推算坐标 2		至上站线路方位角 (° ′ ″)
				X	Y	N	E	
Z_{11}				－2 000	0	－2 000	0	
P_1				－2 397.982	0	－2 311.517	－247.683	38 29 16
	Z_{11}		397.982					
	P_2	158 52 57	371.138					
P_2				－2 744.196	133.714	－2 665.729	－358.485	17 22 13
	P_1							
	P_3	156 08 06	397.930					
P_3				－3 025.661	415.007	－3 061.105	－313.474	353 30 19
	P_2							
	P_4	202 28 21	402.480					
P_4				－3 397.477	569.095	－3 448.037	－424.263	15 58 40
	P_3							
	P_5	143 00 31	285.596					
P_5				－3 542.422	815.176	－3 714.639	－321.851	338 59 11
	P_4							
	Z_{17}	139 38 17	366.663					
Z_{17}				－3 479.613	1 176.419	－3 890.295	－0.002	298 37 28

设 Z_{11} 里程为 2 000 m,Z_{11} 至 Z_{17} 的线路方位为 180°,之间距离为 1 890.295 m,则两个直线桩的线路坐标分别为:Z_{11}(2 000,0),Z_{17}(3 890.295,0)。设第一轮以 Z_{11} 至 P_1 的起算方位 $\alpha_0=180°00'00''$ 推算,经第一轮推算后得出 Z_{17} 的新坐标,经计算 Z_{11} 至 Z_{17} 与 Z_{11} 至 Z'_{17} 之间的方位角差为 $-38°39'16''$,则以 Z_{11} 至 P_1 的起算方位 $\alpha_0=218°29'16''$ 推算,即得到所有导线点的线路坐标。

7.4.3　检查测量

定位前和定位中应进行检查测量,检查测量的内容主要有:

(1)直线桩间方向、距离、高差的检测:判定桩位是否被碰动或移位,如有碰动或移位,则应重新测量;对方向超限的直线桩,要对桩位进行修正;对高差较差超限的,要进行重测,并以重测数据为准,对原数据进行修改。

(2)被交叉跨越物的距离、高差的检测:对 10 kV 及以上等级电力线,要半测回检测其悬高,应对照平断面图上的数据,如高差较差超过 ±0.3 m,则需对悬高进行重新测量,并以检测数据为准,将其更改至平断面图上。

(3)危险断面点的距离、高差的检测:危险断面点要在就近的桩位上进行半测回检测。

(4)转角桩角度的检测:采用方向法半测回检测转角角度。

(5)间接定线的桩间距离、高差的检测:判定桩位是否被碰动或移位,如有碰动或移位,则应重新测量。

(6)定位前应对照平断面图进行实地巡视检查,发现重要地形地物漏测或与实地不符时,应进行补测或修改。

7.4.4　塔基地形图及塔基断面测量

在输电线路设计中,为了铁塔的设计及基础配置工作,需要由测量部门提供平断面图和每一基铁塔的塔基断面图或塔基地形图。线路工程的塔基断面或塔基地形图主要为线路结构部门就塔基边坡保护、配制高低腿、边坡、挡土墙、排水沟等提供重要参数依据,在(特)高压线路工程中,山区、丘陵地区的塔位均要求测绘塔基断面图或塔基地形图。

塔基地形图是指以塔位为中心,根据铁塔基础的大小,测出其地形起伏,而绘制出的地形图,如图 7-46 所示。塔基地形图的测量通常以塔位为中心,比较均匀地测出若干地形点,成图比例尺为 1∶200,等高距为 0.5 m。塔基地形图的测量可以采用全站仪或 GPS RTK 进行。

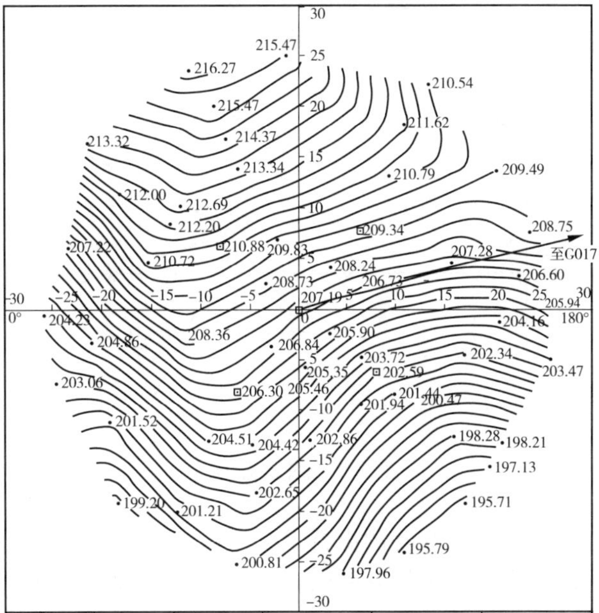

序号	16	塔号	G16	比例尺	1∶200

图 7-46　塔基地形图

塔基断面图(见图7-47)是指塔中心至四个塔腿方向的断面线。如图7-48所示,G_i为直线塔,四个塔腿方向与线路方向的夹角分别为45°(A腿)、135°(B腿)、225°(C腿)、315°(D腿);J_n是转角塔,则四个塔腿的方向分别位于横担±45°的方向,可按下式确定

$$\alpha = \frac{180° \pm \theta}{2} \pm 45° \tag{7-45}$$

式中,α为转角塔塔腿相对线路的方向;θ为转角角度,如果转角为左转,式中取$-\theta$,如果转角为右转,取$+\theta$。

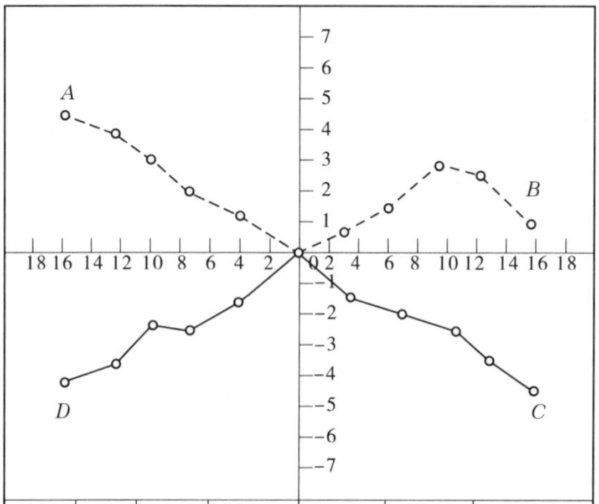

序号	20	塔号	G20	比例	横向	1:200
					纵向	1:100

图7-47　塔基断面图

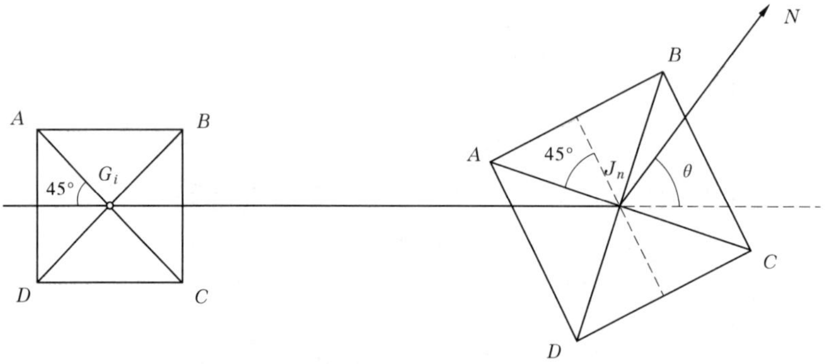

图7-48　塔腿方向

在每个方向上,根据设计要求,各测出若干个断面点,要求测出点位与塔中心的距离及高差,并与塔中心相连,即绘制成塔基断面图,成图比例尺横向为1∶200,纵向为1∶100。塔基断面图可与塔基地形图同时测量,也可在塔基地形图上截取。

塔基断面观测记录见表7-6。

表 7-6 塔基断面观测记录

仪器:Leica－1202 水平度盘读数精度:1″

观测: 记录: 检查: 日期: 天气:

测站	测点	仪器高(m)	镜高(m)	方向	平距(m)	高差(m)		备注
						$\Delta h_{测}$	$\Delta h_{净}$	
G_{20}		1.5						
	Z_{19}			0				
			1.3	45°(*A*)	4.0		+1.2	
			1.3	45°(*A*)	7.4		+2.0	
			2.0	45°(*A*)	10.0		+3.0	
			2.0	45°(*A*)	12.4		+3.9	
			2.0	45°(*A*)	16.0		+4.5	
			1.3	135°(*B*)	3.2		+0.7	
			1.8	135°(*B*)	6.2		+1.4	
			1.8	135°(*B*)	9.6		+2.9	
			2.0	135°(*B*)	12.4		+2.5	
			2.0	135°(*B*)	15.8		+0.9	
			1.5	225°(*C*)	3.6		−1.5	
			1.8	225°(*C*)	7.2		−2.0	
			2.0	225°(*C*)	10.8		−2.5	
			2.0	225°(*C*)	13.0		−3.5	
			2.0	225°(*C*)	16.2		−4.5	
			1.6	315°(*D*)	4.0		−1.6	
			1.6	315°(*D*)	7.4		−2.5	
			1.8	315°(*D*)	10.0		−2.3	
			1.8	315°(*D*)	12.3		−3.6	
			2.0	315°(*D*)	16.0		−4.2	

在测塔基断面时,将仪器架设在塔位桩上,以后视桩的方向为 0°,如果为直线桩,则分别在 *A*(45°)、*B*(135°)、*C*(225°)、*D*(315°)方向上;如果塔位为转角,则按式(7-45)计算出 *A*、*B*、*C*、*D* 腿的方向,按设计的要求,测出每个方向需要的点的距离和高差。

§ 7.5 线路改造工程常用的一些测量方法

已有线路工程的改造设计也需要测量平断面图，如果有原来的平断面图，可以直接在原有平断面图上进行修测，但经过施工阶段，各基塔位可能与设计数据不一致，因此在平断面图的修测过程中，需要对档距进行复测，另外，还要对每一基塔的挂线点高进行复测。在复测过程中，最常用的方法就是沿线路对每一基塔进行测量，测出档距及每一基塔的挂线点高。下面介绍用前方交会法进行档距及挂线点高的观测和计算的方法。

如图 7-49(a)所示，在已知控制点 A 上，观测已知点 M 和待定点 P 之间的角度 α，得到 AP 边的方位角 α_{AP}，$\alpha_{AP}=\alpha_{AM}+\alpha$。在已知控制点 $B(x_B,y_B)$上，观测已知点 N 和待定点 P 之间的角度 β，得到 BP 边的方位角 α_{BP}，$\alpha_{BP}=\alpha_{BN}+\beta$。待定点 P 的坐标(x_P,y_P)可由两已知直线 AP 和 BP 交会求得，直线 AP 和 BP 的点斜式方程为

$$x_P-x_A=(y_P-y_A)\cot\alpha_{AP}$$

$$x_P-y_P\cot\alpha_{AP}+y_A\cot\alpha_{AP}-x_A=0 \tag{7-46}$$

和

$$x_P-x_B=(y_P-y_B)\cot\alpha_{BP}$$

$$x_P-y_P\cot\alpha_{BP}+y_B\cot\alpha_{BP}-x_B=0 \tag{7-47}$$

式(7-47)减去式(7-46)得

$$y_P=\frac{y_A\cot\alpha_{AP}-y_B\cot\alpha_{BP}-x_A+x_B}{\cot\alpha_{AP}-\cot\alpha_{BP}}$$

则

$$x_P=x_A+(y_P-y_A)\cot\alpha_{AP}$$

整理得

$$\left.\begin{aligned}x_P&=\frac{x_A\tan\alpha_{AP}-x_B\tan\alpha_{BP}-y_A+y_B}{\tan\alpha_{AP}-\tan\alpha_{BP}}\\y_P&=\frac{y_A\cot\alpha_{AP}-y_B\cot\alpha_{BP}-x_A+x_B}{\cot\alpha_{AP}-\cot\alpha_{BP}}\end{aligned}\right\} \tag{7-48}$$

如果已知点 A、B 之间通视，在 A 点可以观测 AB 和 AP 之间的角度，在 B 点可以观测 BA 和 BP 之间的角度，如图 7-49(b)所示，则可以推算出

$$\left.\begin{aligned}x_P&=\frac{x_A\cot\beta+x_B\cot\alpha-y_A+y_B}{\cot\alpha+\cot\beta}\\y_P&=\frac{y_A\cot\beta+y_B\cot\alpha+x_A-x_B}{\cot\alpha-\cot\beta}\end{aligned}\right\} \tag{7-49}$$

例如在一改造工程中，结合原有的平断面图要测设出 56#、57#、58#、59#、60#五基杆塔的档距及其挂线点高，利用前方交会法进行施测(见图 7-50)。由于在实际作业过程中所测的 α 角与式(7-49)中的 α 不一致，因此将$(360°-\alpha)$代入式(7-49)得

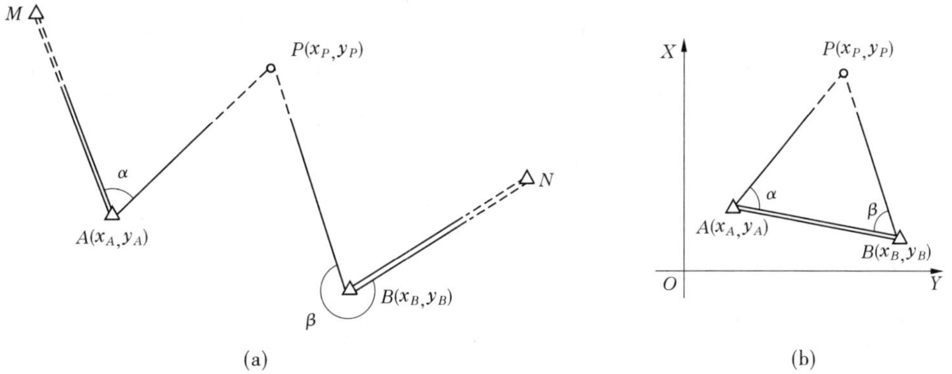

图 7-49　前方交会法

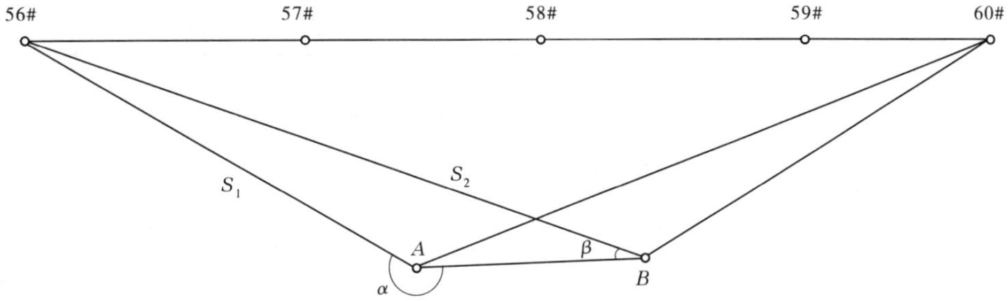

图 7-50　前方交会法测量计算示意图

$$\left.\begin{aligned} x_P &= \frac{x_A\cot\beta + x_B\cot(360^\circ - \alpha) - y_A + y_B}{\cot(360^\circ - \alpha) + \cot\beta} \\ y_P &= \frac{y_A\cot\beta + y_B\cot(360^\circ - \alpha) + x_A - x_B}{\cot(360^\circ - \alpha) + \cot\beta} \end{aligned}\right\}$$

为了便于计算器计算,可将上式化简为

$$\left.\begin{aligned} x_P &= \frac{x_A\tan\alpha - x_B\tan\beta - (y_A - y_B)\tan\alpha\tan\beta}{\tan\alpha + \tan\beta} \\ y_P &= \frac{y_A\tan\alpha - y_B\tan\beta + (x_A - x_B)\tan\alpha\tan\beta}{\tan\alpha + \tan\beta} \end{aligned}\right\} \tag{7-50}$$

由正弦定理可得

$$\left.\begin{aligned} S_1 &= \frac{D\sin\beta}{-\sin(\alpha - \beta)} \\ S_2 &= \frac{D\sin\alpha}{\sin(\alpha - \beta)} \end{aligned}\right\} \tag{7-51}$$

在现场作业时,观测记录见表 7-7、表 7-8,由原平断面图,塔位地面高程为已知。前方交会法计算记录见表 7-9、表 7-10。

表 7-7　前方交会法观测记录(一)

仪器:Leica－1202　　水平度盘读数精度:1″

观测:　　记录:　　检查:　　日期:　　天气:

测站	测点	仪器高(m)	镜高(m)	平距(m)	高差(m)		高程(m)	备注
					$\Delta h_{测}$	$\Delta h_{净}$		
A		1.50					214.6	
	B		1.30	312.824	－5.6	－5.4		
	58#		1.30	363.170	－11.9	－11.7	202.9(已知)	地面高程
				(312.825)				
B		1.50					209.2	
	A		1.30	312.826	＋5.2	＋5.4		
	58#		1.30	361.108	－6.5	－6.3	202.9(已知)	

表 7-8　前方交会法观测记录(二)

仪器:Leica－1202　　水平度盘读数精度:1″

观测:　　记录:　　检查:　　日期:　　天气:

测站	测点	水平角(°　′　″)			垂直角(°　′　″)			仪器高(m)	备注
		$B_{左}$	$B_{右}$	$\overline{B}$	$V_{左}$	$V_{右}$	$\overline{V}$		
A								1.5	
	B	0 00 00	180 00 04	0 00 00					
	56#	199 55 41	19 55 48	199 55 42	86 49 20	273 10 30	86 49 25		
	57#	234 19 45	54 19 51	234 19 46	85 14 10	274 45 42	85 14 14		
	58#	295 55 42	115 55 48	295 55 43	84 00 35	275 59 20	84 00 38		
	59#	331 33 10	151 33 16	331 33 12	85 21 10	274 38 44	85 21 13		
	60#	338 05 22	158 05 28	338 05 23	83 04 25	276 55 29	83 04 28		
B								1.5	
	A	0 00 00	180 00 05	0 00 00					
	56#	14 38 18	194 38 22	14 38 18	87 22 30	272 37 22	87 22 34		
	57#	30 12 42	210 12 48	30 12 44	86 32 55	273 27 01	86 32 57		
	58#	64 45 06	244 45 14	64 45 08	83 07 44	276 52 06	83 07 49		
	59#	133 04 54	313 05 02	133 04 56	82 14 58	277 44 50	82 15 04		
	60#	147 57 35	327 57 40	147 57 35	79 44 58	280 14 52	79 45 03		

表 7-9　前方交会法计算记录(一)

仪器:Leica－1202　　　　水平度盘读数精度:1″

观测:　　　　记录:　　　　检查:　　　　日期:　　　　天气:

测站	测点	α (°　′　″)	β (°　′　″)	坐标		至下点距离(档距)(m)	备注
				X	Y		
A				0	0		
B				0	312.825		
	56#	199 55 42	14 38 18	292.264	－806.126	581.847	
	57#	234 19 46	30 12 44	312.970	－224.648	383.689	
	58#	295 55 43	64 45 08	326.617	158.798	475.581	
	59#	331 33 12	133 04 56	343.513	634.079	241.496	
	60#	338 05 23	147 57 35	352.100	875.422		

现场选取 A、B 两点作为测站,这两点与所要观测的塔位均通视良好。

由表 7-7 的观测记录,计算 A、B 两点往、返测距离的平均值为 312.825 m,设 A、B 两点的坐标分别为 $A(0,0)$,$B(0,312.825)$。

由表 7-8 的观测记录,按式(7-50)计算可得每基塔位的坐标。

按坐标反算公式可计算出每两基塔位之间的档距。

表 7-10　前方交会法计算记录(二)

仪器:Leica－1202　　　　水平度盘读数精度:1″

观测:　　　　记录:　　　　检查:　　　　日期:　　　　天气:

测站	测点	垂直角 V_1 (°　′　″)	平距 S_1(m)	高差 Δh_1(m)	高程 H(m)	垂直角 V_2 (°　′　″)	平距 S_2(m)	高差 Δh_2(m)	高程 H(m)	平均高程 $\overline{H}$(m)	备注
A	i＝1.5									214.6	
B	i＝1.5									209.2	
	56#	86 49 25	857.471	49.086	263.686	87 22 34	1 156.490	54.499	263.699	263.692	
	57#	85 14 14	385.250	33.598	248.198	86 32 57	621.955	39.005	248.205	248.202	
	58#	84 00 38	363.173	39.603	254.203	83 07 49	361.113	45.006	254.206	254.204	
	59#	85 21 13	721.150	60.110	274.710	82 15 04	470.324	65.499	274.699	274.704	
	60#	83 04 28	943.577	116.112	330.712	79 45 03	663.694	121.505	330.705	330.708	

§7.6　输电线路测量成果

架空输电线路工程的测量成果必须符合质量要求,对所有资料应认真整理、分类、提交并及时归档。各勘测设计阶段需提交的测量成果主要包括以下内容。

7.6.1　初步设计阶段

(1)重要交叉跨越平断面图;
(2)拥挤地段平面图;
(3)变电所进出线平面图;
(4)水文断面测量成果;
(5)GPS 外控成果及路径调绘报告;
(6)测量技术报告。

7.6.2　施工图设计阶段

(1)测量技术报告;
(2)平断面图;
(3)塔基断面图;
(4)塔位地形图;
(5)房屋分布图;
(6)拥挤地段平面图;
(7)重要交叉跨越分图;
(8)通信线路危险影响相对位置图;
(9)塔位坐标成果表;
(10)水文断面测量成果。

提交的电子文件应包括平断面图、塔基断面图、房屋分布图、塔位地形图、重要交叉跨越分图、塔位坐标成果表等内容。提交电子产品转换为设计排位接口数据时应确保数据的全面和准确。

第 8 章　输电线路施工测量技术

§8.1　施工复测和分坑测量

施工复测是施工前施工单位对设计部门已测定线路中心线上的各直线桩、塔位桩及转角桩的位置、档距和高程进行全面复核测量。对校测过的塔位桩,根据基础类型进行基础坑位测定及坑口放样工作,称为分坑测量。

8.1.1　杆塔桩位复测

输电线路杆塔桩的位置,是由设计人员按照经设计测量绘制的线路断面图,根据有关技术参数设计确定的。由于设计定位到施工往往经过一段较长的时间,因此容易因个别原因而出现杆塔桩偏移或丢失等情况,甚至在线路路径上新增一些建筑物或构筑物,改变线路断面及设计条件。所以,在施工前应按照有关技术标准和规范,对设计阶段测定的杆塔桩位进行全面复核。施工复测的方法与设计定位测量的方法相同。随着现代测量手段的不断发展,部分施工单位已经引进了 GPS 及全站仪等先进测量仪器,施工复测的方法也发生了重大的变化。采用 GPS 进行线路复测时,应采用与设计阶段一致的坐标转换参数,以减小系统性误差,复测时直接测定桩位坐标,满足限差要求即可,方法简单。下面主要介绍采用全站仪进行复测的方法和要求。

8.1.1.1　直线杆塔桩位的复测

直线杆塔桩位复测以两相邻的直线桩为基准,采用正倒镜分中法来进行。如图 8-1 所示,Z_{n-1}、Z_n 为直线桩,G_i 为直线杆塔中心桩。将仪器安置于 Z_n 桩上,用正镜后视 Z_{n-1} 桩上的棱镜,然后倒转望远镜,前视 G_i 桩测得 A 点;用倒镜后视 Z_{n-1} 桩,再倒转望远镜,前视 G_i 桩测得 B 点,量取 AB 的中心点 C。如 C 点与 G_i 桩中心点重合,表明该直线杆塔桩位是正确的;如不重合,量取 C 点至 G_i 桩中心点的水平距离 d,d 为杆塔桩的横线路方向偏移量,偏移量应符合测量技术规程要求,如不超过限值,则为合格,超过限值时,应将杆塔桩移至 C 点。

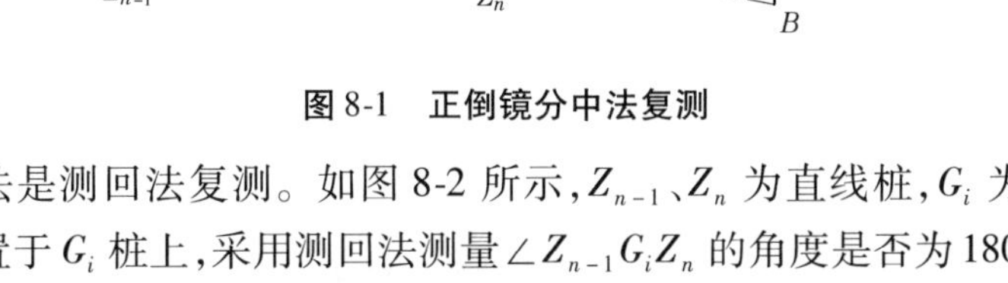

图 8-1　正倒镜分中法复测

另一种方法是测回法复测。如图 8-2 所示,Z_{n-1}、Z_n 为直线桩,G_i 为直线杆塔中心桩。将仪器安置于 G_i 桩上,采用测回法测量 $\angle Z_{n-1}G_iZ_n$ 的角度是否为 180°。如果实测水平角平均值在 $180° \pm 1'$ 以内,则认为杆塔中心桩 G_i 在线路中心线上;如果实测水平角平均值超过 180° ±1′,则杆塔中心桩位置发生了偏移,需采用正倒镜分中法加以纠正。

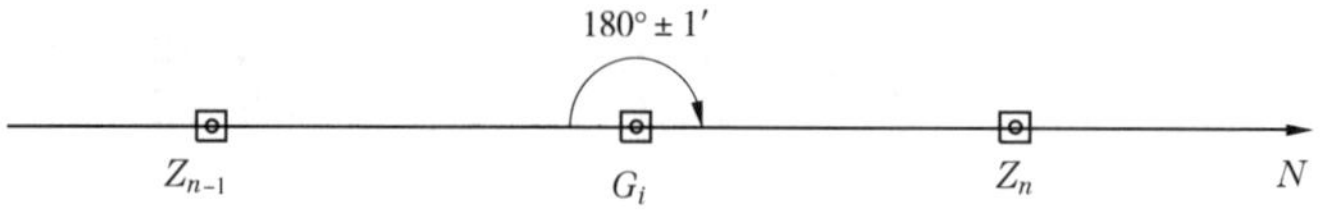

图 8-2　测回法复测

8.1.1.2　转角杆塔桩位的复测

转角杆塔桩位的复测,采用一测回法复测线路转角的水平角度,检查复测值是否与设计角度值相符,偏差量应不大于 1′30″。如图 8-3 所示,J_i 为转角桩,Z_{n-1} 为后视方向直线桩,Z_n 为前视方向直线桩。

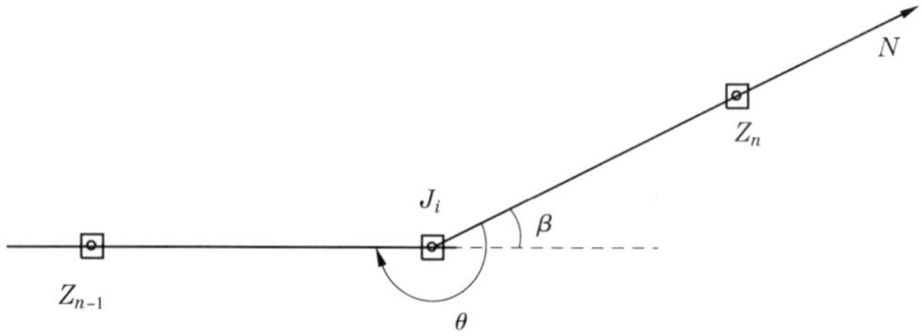

图 8-3　转角杆塔桩位复测

将仪器安置于转角桩 J_i 上,瞄准后视方向直线桩 Z_{n-1},前视直线桩 Z_n,测其右转角 θ,用测回法施测一测回。如果所测角度值不大于误差限值,则认为合格,如果超过误差限值,则应重新复测,同时确定直线桩的直线性。如果角度确有错误,应立即与设计人员联系,研究恢复转角桩位。

8.1.1.3　档距和标高的复测

线路上杆塔的高度是根据杆塔地面位置的标高及档距间的最大弧垂曲线,利用平断面图确定的。若相邻杆塔位间的档距及断面标高,或杆塔桩位的标高发生测量错误,将会引起导线的对地或对被跨越物的安全距离减小。因此,需对相邻杆塔中心桩间的平距及塔位标高和档内地形变化较大、有可能使导线对地电气距离减小的地形凸起点进行复测。相邻杆塔中心桩间的平距复测值应不大于设计档距的 1%,地形标高及杆塔桩位标高的偏差值不应大于 0.3 m。如图 8-4 所示,Z_n、Z_{n+1} 为直线桩,同时又分别是 G_i、G_{i+1} 直线杆塔的中心桩,两杆塔之间有两个地形起伏凸起点 C、D,则 $G_i \sim G_{i+1}$ 间的档距及 C、D、G_{i+1} 点的标高复测方法如下:

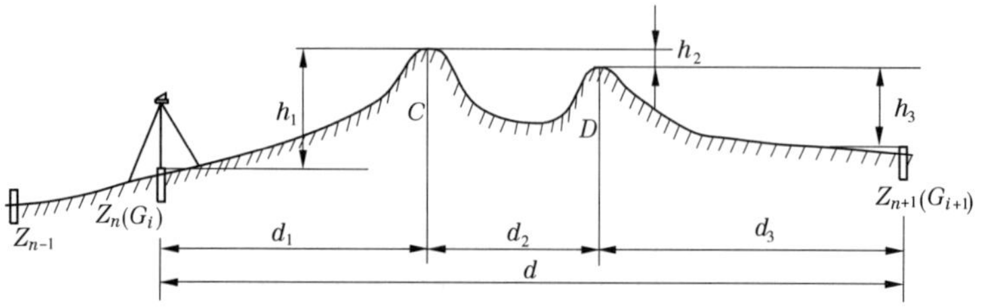

图 8-4　复测档距和标高

将仪器安置于 Z_n 点上，以 Z_{n-1} 方向为后视方向，标出线路前视方向后，将棱镜置于线路方向上的 C 点，测出 d_1 和 h_1；而后将仪器搬至 C 点，依同法测出 d_2 和 h_2；若 C 点与 Z_{n+1} 点通视，则可直接观测 Z_{n+1} 点，若不通视则将仪器搬至 D 点，测出 d_3 和 h_3，则 G_i ~ G_{i+1} 的档距为 $d = d_1 + d_2 + d_3$，C 点标高为 $H_{Zn} + h_1$，D 点标高为 $H_{Zn} + h_1 + h_2$，G_{i+1} 点标高为 $H_{Zn} + h_1 + h_2 + h_3$。

最后将复测结果与原设计值相比较，检查是否符合限差要求。如误差超过限差，应查明原因，予以纠正。

8.1.1.4　补桩测量

在复测中若发现直线桩及杆塔桩丢失或移动，则应进行补桩测量。

1. 补直线桩

当发现直线桩丢失或移动时，应根据线路平断面图上设计的桩位距离数据，采用正倒镜分中延长直线的方法测定补桩，且测量精度应满足相应电压等级的规范要求。

2. 补直线杆塔桩

当发现直线杆塔桩丢失或移动时，应按照线路杆塔明细表上的设计数据，结合线路平断面图上直线桩与塔位桩的关系数据，采用正倒镜分中延长直线的方法测定补桩，其测量精度应符合相应电压等级的规范要求。

3. 补转角杆塔桩

个别转角杆塔桩丢失后，应进行补桩测量。如图 8-5 所示，J_i 为丢失的转角杆塔桩，Z_{n-3}、Z_{n-2} 为 J_i 后视方向的直线桩，Z_n、Z_{n+1} 为 J_i 前视方向的直线桩。

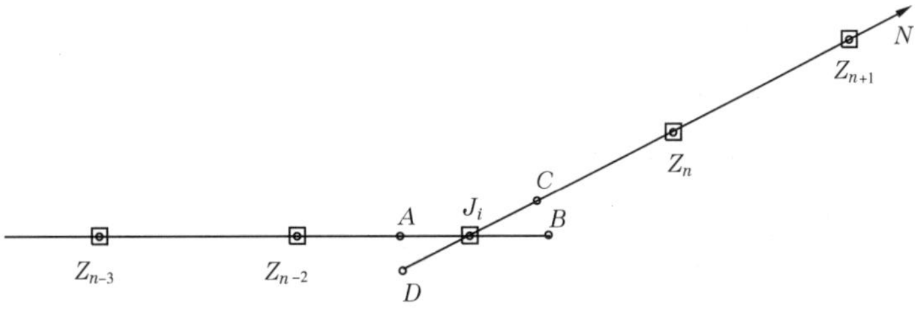

图 8-5　转角杆塔桩补桩测量

将仪器安置于 Z_{n-2} 点，以 Z_{n-3} 点为后视标定线路方向，采用正倒镜分中延长直线的方法，依据设计图纸提供的桩间距离，在前视方向 J_i 的前后分别钉 A、B 两个临时桩，并钉上钉。将仪器移至直线桩 Z_n 上安置，以前视直线桩 Z_{n+1} 为方向标定线路方向，依同法在 J_i 前后分别钉 C、D 两个临时桩，并钉上钉。然后用细线分别绑在 A、B、C、D 桩的小钉上，拉紧后，AB 与 CD 两线交点即为 J_i 转角桩中心位置。钉上木桩后，再利用两线交点投射到木桩上，钉上钉后，利用仪器观测补桩后的 J_i 点的标高，则完成转角桩的补桩测量。

8.1.1.5　钉辅助桩

当线路杆塔中心桩经复测确定无误后，应及时钉杆塔中心桩的纵向及横向辅助桩。钉辅助桩的目的是当因基础施工或其他原因杆塔中心桩被覆盖、移动或丢失时，可利用辅助桩恢复中心桩，同时可用辅助桩检查基础根开和杆塔组立质量。

如图 8-6 所示为直线杆塔辅助桩的测定方法。将仪器安置于直线杆塔中心桩 G_i 上，瞄准前后杆塔或直线桩，标定线路方向，在本杆塔桩位不远处的合适位置，钉立 A 桩；在倒镜视线方向上钉立 B 桩，则 A、B 桩称为纵向辅助桩。然后将仪器望远镜沿水平方向旋转 90°，在线路中心线垂直方向上钉立 C、D 桩，则称为横向辅助桩。

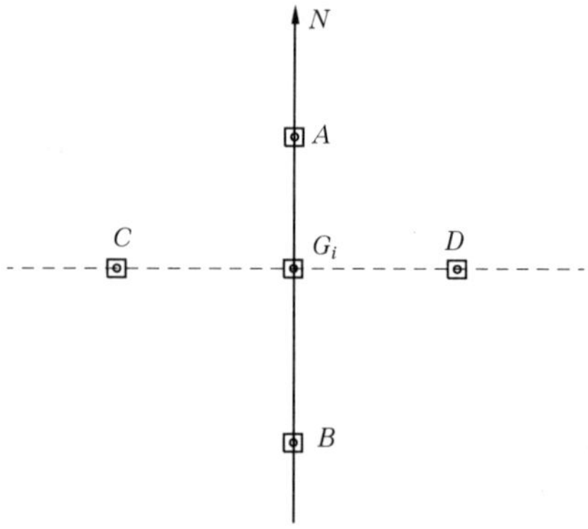

图 8-6　直线杆塔辅助桩的测定方法

辅助桩的位置应根据地形情况和杆塔的高度而定，若地形平坦，其距离可选在大于杆塔高度且不易受到破坏的地方。当地形条件较差时，也可根据地形情况，适当调整辅助桩位置。

8.1.2　分坑测量

分坑测量就是把杆塔基础坑的位置测设到线路指定的杆塔位上，并钉立木桩作为基坑开挖的依据，包括分坑数据计算、基础坑测定和基础坑检查三个步骤。

8.1.2.1　分坑数据计算

分坑数据是根据设计的各种杆塔基础施工图中提供的基础根开（相邻基础中心距离）、基础底座宽和坑深等数据计算的。在坑口放样时，还要考虑基础施工中的操作裕度和基础开挖的安全坡度系数。

坑口尺寸应根据基础埋深和土质情况确定，可通过下式计算：

$$a = D + 2e + 2fH \tag{8-1}$$

式中，a 为坑口尺寸；D 为基础底面宽度（设基础底面为正方形）；e 为坑底施工操作裕度；f 为安全坡度系数；H 为设计坑深。

图 8-7 是铁塔基础坑剖视图，图中 a 为坑口尺寸；D 和 H 为基础施工图中分别给定的基础底面设计宽度和埋深；e 为施工安装模板而增加的操作裕度；f 为与土质有关的安全坡度系数，根据不同的土质，取值不同。

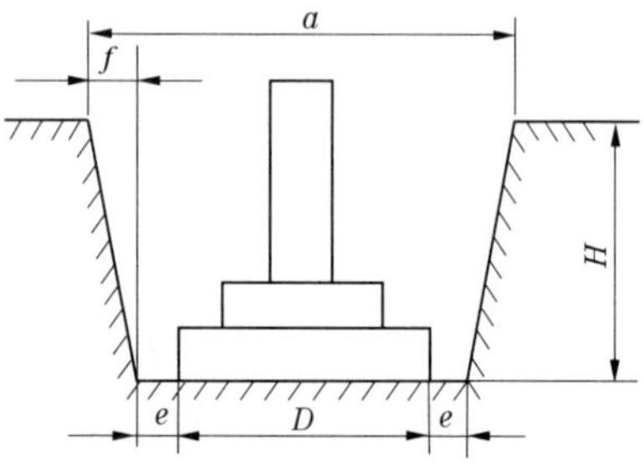

图 8-7　铁塔基础坑剖视图

8.1.2.2　基础坑测定

杆塔基础的形式有多种，分坑方法各有差别。随着社会经济的发展，早期的一些杆塔形式如门形杆、门形塔、拉线塔已经逐步被淘汰，现在常用的杆塔形式是单杆、钢管杆、四腿铁塔等。下面主要介绍常用的单杆、直线四腿塔、转角塔的基础坑测定方法。

1. 单杆基础坑测定

单杆基础是混凝土电杆和钢管杆塔的主杆基础，如图 8-8 所示为单杆基础坑测定方法。

将仪器安置于杆位中心桩 G_i 点上，瞄准前后直线桩或杆塔桩，标定线路前进方向（箭头方向），钉立 A、B 辅助桩。将全站仪水平角归零，水平旋转望远镜使读数处于 45°方向，将钢卷尺的零刻划对准杆位中心桩 G_i 上的铁钉，在仪器标定方向上量取$\frac{\sqrt{2}}{2}a$ 长度并钉桩，即图中 1 点。依同法分别将仪器望远镜旋转至 135°、225°和 315°方向，量取同样的距离，分别得到 2、3、4 点，并钉桩。这四点即为单杆基础坑的四个顶点标志。

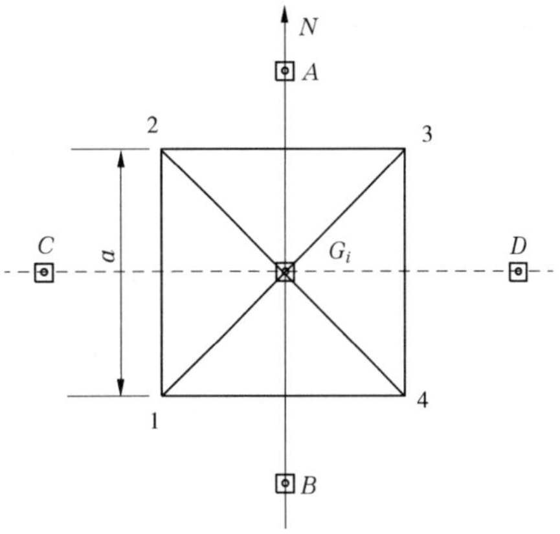

图 8-8　单杆基础坑测定方法

2. 直线四腿塔基础坑测定

四腿铁塔基础的形式一般有三种：一是基础根开相等、坑口宽度相等；二是基础根开不相等、坑口宽度也不相等；三是基础根开不相等、坑口宽度相等。下面分别针对上述三种形式的基础坑的测定方法加以介绍。

1）基础根开相等、坑口宽度也相等的基础坑测定

如图 8-9 所示为基础根开相等、坑口宽度也相等的基础形式，四个基础坑中心构成正方形，由于坑口宽度相等，因此塔位中心桩 G_i 到四个基础坑对角线内、外顶点的距离也分别相等。

由图 8-9 中关系可知 $\theta=45°$，则存在以下关系

$$\left.\begin{aligned} d_0 &= \frac{\sqrt{2}}{2}L \\ d_1 &= \frac{\frac{1}{2}(L-a)}{\sin 45°} = \frac{\sqrt{2}}{2}(L-a) \\ d_2 &= \frac{\frac{1}{2}(L+a)}{\sin 45°} = \frac{\sqrt{2}}{2}(L+a) \end{aligned}\right\} \tag{8-2}$$

式中，d_0为塔位中心桩 G_i 至基础坑中心的距离；d_1为塔位中心桩 G_i 至基础坑内对角线顶点的距离；d_2为塔位中心桩 G_i 至基础坑外对角线顶点的距离。

分坑时，将仪器安置于杆塔中心桩 G_i 上，瞄准前后直线桩或杆塔桩，标定线路前进方向（箭头方向），钉立 A、B 辅助桩和 C、D 辅助桩。使仪器照准部对准 A 点并归零，然后水平旋转照准部45°，用钢卷尺的零刻划对准杆塔中心桩 G_i 上的钉子，水平拉紧尺子沿视线方向量取 d_1 和 d_2 的长度，得到基础坑内、外对角线顶点 1、3 点，并钉桩。用皮尺或细绳量取 $2a$ 长，将其两端分别固定在 1、3 桩上，将皮尺或细绳向外侧拉紧拉平，在皮尺或细绳的中点处构成直角，分别折向两侧钉立 2、4 桩，即完成了一个基础坑的测定工作。用仪器依次测出水平角 135°、225°、315°，依上述步骤，可测定其余三个基础坑的坑位桩。

2）基础根开不相等、坑口宽度也不相等的基础坑测定

如图 8-10 所示为基础根开不相等、坑口宽度也不相等的基础形式。

由图 8-10 可知，$H=H_1+H_2$，$H_1=\frac{1}{2}L_1$，$H_2=\frac{1}{2}L_2$，故 $\theta=45°$，即两条对角线互相垂

直。由图 8-10 中几何关系可得

$$\left.\begin{aligned}
d_1 &= \frac{\frac{1}{2}(L_1 + b)}{\sin45°} = \frac{\sqrt{2}}{2}(L_1 + b) \\
d_2 &= \frac{\frac{1}{2}(L_1 - b)}{\sin45°} = \frac{\sqrt{2}}{2}(L_1 - b) \\
D_1 &= \frac{\frac{1}{2}(L_2 + a)}{\sin45°} = \frac{\sqrt{2}}{2}(L_2 + a) \\
D_2 &= \frac{\frac{1}{2}(L_2 - a)}{\sin45°} = \frac{\sqrt{2}}{2}(L_2 - a)
\end{aligned}\right\} \tag{8-3}$$

基础坑测定方法与前述方法相同,不再赘述。这种基础形式一般适用于高低腿铁塔和转角塔。

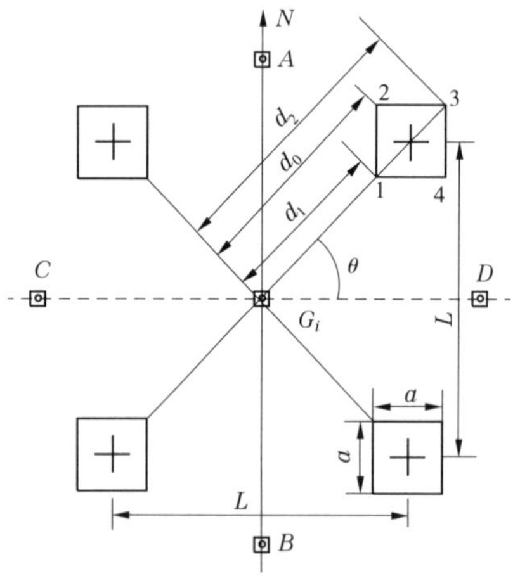

图 8-9　基础根开相等、坑口宽度也相等的基础形式

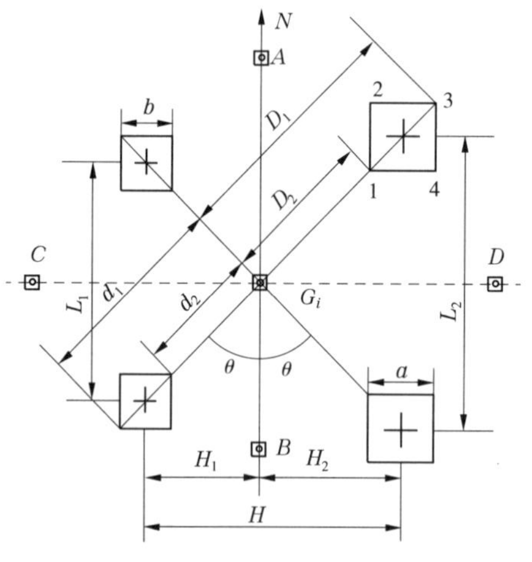

图 8-10　基础根开不相等、坑口宽度也不相等的基础形式

3)基础根开不等、坑口宽度相等的基础坑测定

如图 8-11 所示为基础根开不相等、坑口宽度相等的基础形式。

由图 8-11 中可知,基础根开不等,坑口宽度相等,基础根开组成的图形为长方形,故称为矩形基础。矩形基础的基础坑口内、外顶点不同时在基础的对角线上。测定方法为:

将仪器安置于杆塔中心桩 G_i 上,分别钉立辅助桩 A、B、C、D,使各桩顶面大致在同一水平面上,并使各桩距杆塔中心 G_i 的距离 $G_iA = G_iB = \frac{L+a}{2}$,$G_iC = G_iD = \frac{H+a}{2}$。在钢卷尺或皮尺上量取 $\frac{L+a}{2} + \frac{H+a}{2} = a + \frac{L+H}{2}$ 的长度,将该长度的尺子两端分别置于 A、C 两桩的钉子上,然后将尺子向左前方拉紧拉平,使 $\frac{L+a}{2}$ 或 $\frac{H+a}{2}$ 长度处构成直角,即测定了图 8-11

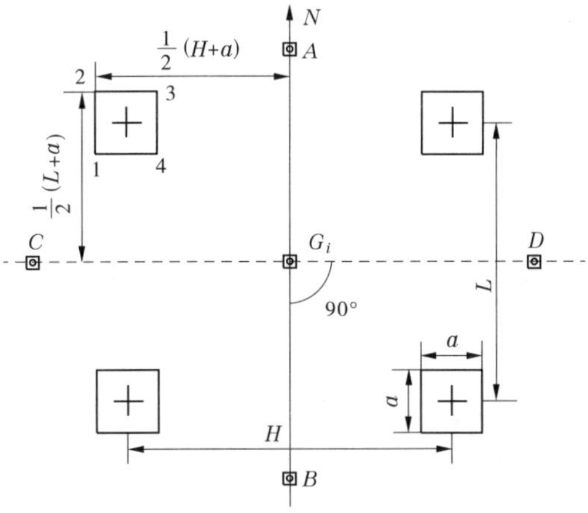

图 8-11　基础根开不相等、坑口宽度相等的基础形式

中所示基础坑的位置2,然后钉桩。再由 2 点处分别向 A、C 桩位方向量取距离 a,即可得到位置 3、1。取 $2a$ 尺长,将两端置于 1、3 点,将尺子的中心向塔位中心方向拉紧拉平,使尺子中点构成直角,即得到基础坑的位置 4。重复上述步骤,即可测定其余基础坑。

3. 转角塔基础坑测定

转角塔通常有两种形式:一是塔位中心桩即为转角塔的塔位桩,称为无位移转角塔;二是塔位中心桩不是转角塔的塔位桩,需经过测算定出塔位桩,称为有位移转角塔。

1) 无位移转角塔基础坑测定

如图 8-12 所示为无位移转角塔基础形式。由图 8-12 可知,转角塔塔位桩 G_i 的转角值为 α,G_i 后方有一直线桩 Z_n,其基础坑的测定方法为:

将仪器安置于 G_i 点上,以线路后视方向 Z_n 为基准方向,按逆时针方向旋转照准部 $\frac{180^\circ-\alpha}{2}$ 水平角,沿视线方向钉辅助桩 D,倒转望远镜钉辅助桩 C;旋转照准部 90°,沿正、倒镜方向钉辅助桩 A、B。然后按照前述直线塔的基础坑测定方法进行基础坑测定。

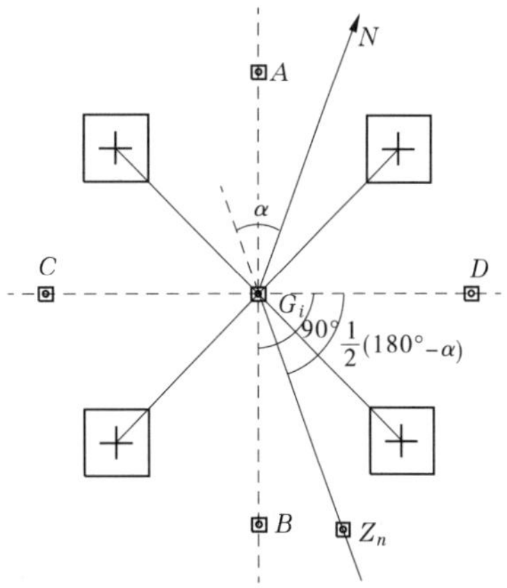

图 8-12　无位移转角塔基础形式

2) 有位移转角塔基础坑测定

由于转角值较大,受转角塔的导线横担等因素的影响,在导线挂线后,线路方向发生变化,为消除这种影响,需将转角塔中心桩向线路转角内侧的角平分线方向平移一定的距离。

对于有位移转角塔基础坑,首先应进行转角塔中心桩的平移,然后根据平移后的塔位中心桩,利用无位移转角塔基础坑的测定方法测定。

等长宽横担转角塔的塔位桩位移如图 8-13 所示。

图 8-13 中 S 为中心桩位移值,即

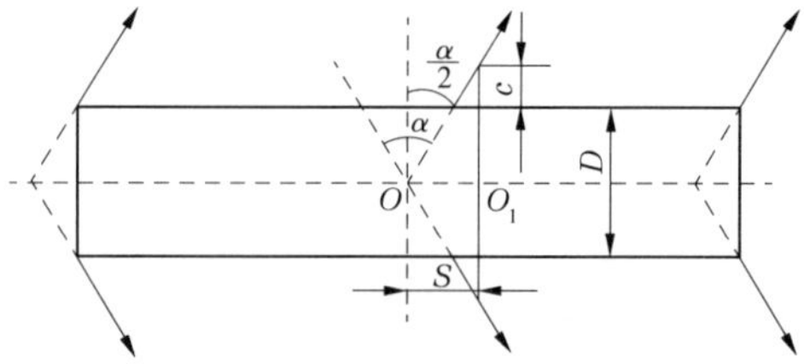

图 8-13　等长宽横担转角塔的塔位桩位移

$$S = \left(\frac{D}{2} + c\right)\tan\frac{\alpha}{2} \tag{8-4}$$

式中，D 为横担宽度；c 为挂绝缘子串的金具长度；α 为线路转角值。

不等长宽横担转角塔的塔位桩位移如图 8-14 所示。

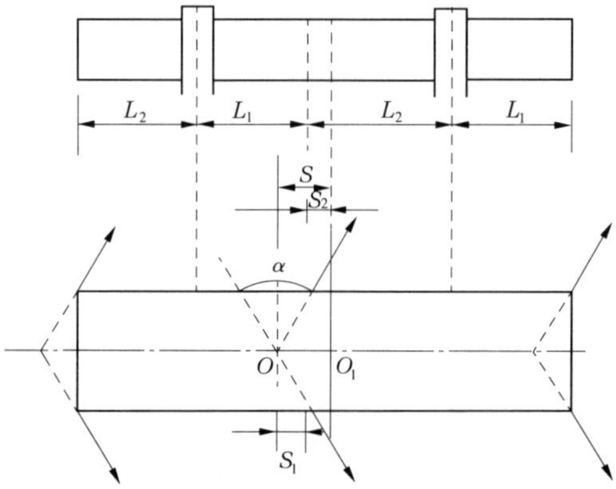

图 8-14　不等长宽横担转角塔的塔位桩位移

由图 8-14 可知

$$S = S_1 + S_2 \tag{8-5}$$

$$S = \left(\frac{D}{2} + c\right)\tan\frac{\alpha}{2} + \frac{1}{2}(L_2 - L_1) \tag{8-6}$$

式中，L_1 为转角塔短横担长度；L_2 为转角塔长横担长度；S_2 为悬挂点设计预偏距离；D 为横担的宽度；C 为挂绝缘子串的金具长度。

基础坑测定完成后，应进行基础坑检查。

4. 基础坑检查

基础坑挖完后，必须对坑位方向、距离、坑上口和坑底的宽度、坑深进行全面的检查，以保证各部尺寸符合原施测数据，保证基础正确施工。

检查坑深时，在杆塔桩上安置仪器，将水准尺分别立于各坑底上，用水平视线读出尺上读数（见图 8-15），如坑深与设计数值相符，当施工基面为负或正时，尺上正确读数分别为：

$$\left.\begin{aligned} R &= i + K + H \\ R' &= i - K_1 + H \end{aligned}\right\} \tag{8-7}$$

式中各符号意义同前。

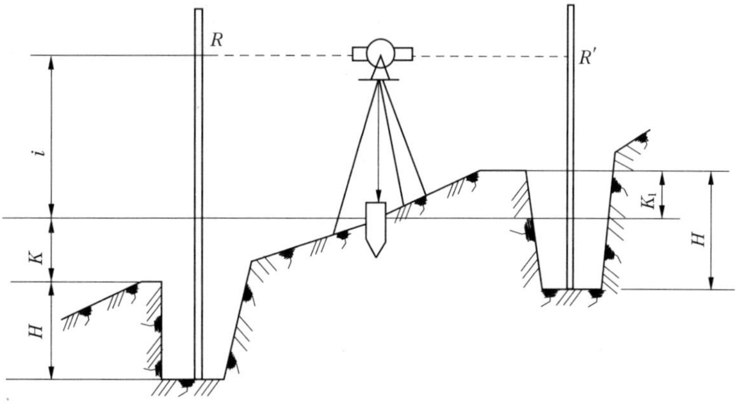

图 8-15　基础坑检查示意图

如各坑深与设计数值在允许限差之内,应以最深坑为准整平其余各坑。如误差超限,则应按设计规定处理。

8.1.3　降低施工基准面测量

输电线路工程技术规定,凡在线路杆塔明细表的说明栏中没有注明基面的,均以塔位中心桩地面作为杆塔基础坑深的起始基准计算面,这个面称为施工基准面,简称施工基面。由于基坑地面之间并不水平,相互间存在高差,为了确定每个基坑从地表面起应挖的实际深度,必须测出各基坑地面对施工基面的高差值。为控制并检查基坑开挖的深度尺寸,需在坑口位置测定一个基准,一般选择较低的坑位桩作为基准。

当铁塔基础处于丘陵和山地时,它的四个基坑地面的高差较大,为了保证每个基础的上部周围有足够的土壤覆盖,使基础满足稳定要求,设计人员在杆塔定位测量时,根据基础受力情况及地质情况,测定了杆塔的施工基准面。即杆塔的高度和基础坑深都以测定的施工基准面为起始计算面,这就是施工中的降低施工基准面。

杆塔桩基面与施工基准面之间的高差 K 如图 8-16(a)所示。当塔位处于坡度较大的地面时,为减少土石方开挖量,往往采用高低腿铁塔,这类铁塔基础一般有两个或两个以上的施工基准面,如图 8-16(b)所示。

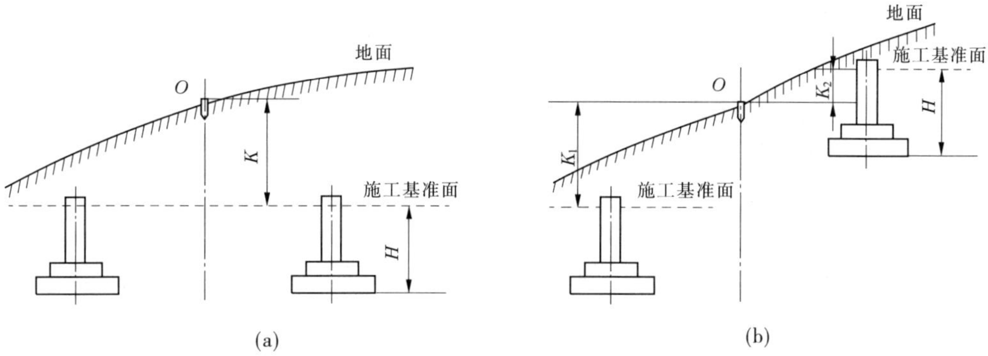

图 8-16　施工基准面

降低施工基准面测量的方法为：首先标定杆塔周围的四个辅助桩，并测出其与塔位中心桩之间的距离和与施工基准面间的高差，然后测量辅助桩与施工基准面之间的高差，如图 8-17 所示。

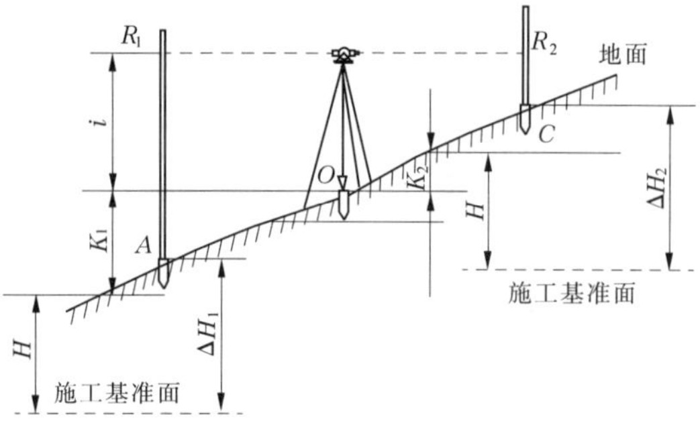

图 8-17　降低施工基准面测量

设 A、C 两个塔腿的施工基面分别为 K_1、K_2，设计坑深为 H，将仪器安置于塔位中心桩 O 点上，量取仪器高 i，当视线水平时，读出水准尺的读数为 R_1、R_2，则 A、C 腿自地面起需挖坑深 ΔH_1、ΔH_2 分别为

$$\left.\begin{aligned}\Delta H_1 &= i + K_1 + H - R_1 \\ \Delta H_2 &= i + K_2 + H - R_2\end{aligned}\right\} \tag{8-8}$$

同理，可测出 B、D 腿的施工基准面的高差。

当施工基面铲除后，应及时恢复塔位中心桩的位置。将仪器安置于辅助桩 A 点上，用照准部对准辅助桩 B，沿视线方向按照 OA 间的距离钉新塔位桩，并在桩位上画一条与视线方向重合的线；将仪器搬至辅助桩 C 点安置，瞄准辅助桩 D 点，在视线方向上与新塔位桩交点处钉钉子，则该点即为降低施工基准面后的塔位中心桩位置。

§8.2　基础的操平找正及杆塔检查

8.2.1　基础坑检查

完成基础坑的开挖后，需对基础坑的方位、距离、坑口及坑底的宽度，以及坑深进行检查。目的是保证满足设计要求，避免因尺寸不符而影响基础施工的正常进行。基础坑检查的重点是基坑深度。

8.2.1.1　基础坑方位及坑口、坑底宽度检查

图 8-18 为一个根开相等、坑口宽度相等的基础坑示意图，图中 1、2、3、4 点表示基础坑坑口顶角点位置；1′、2′、3′、4′点表示基础坑坑底顶角点位置。

基础坑方位及坑口、坑底宽度检查就是检查开挖后的基础坑是不是一个由坑口和坑底组成的倒立锥体；坑口及坑底相应的对角线是否与基础的对角线一致。检查方法是利用仪器分别检查塔位桩中心 N_2 到 1、2、3、4 点的实际距离是否和分坑数据相同；G_i 到 1′、3′的距离是否分别为$\frac{\sqrt{2}}{2}(L-b)$、$\frac{\sqrt{2}}{2}(L+b)$；坑口和坑底的边长 a、b 是否与分坑数据相同。

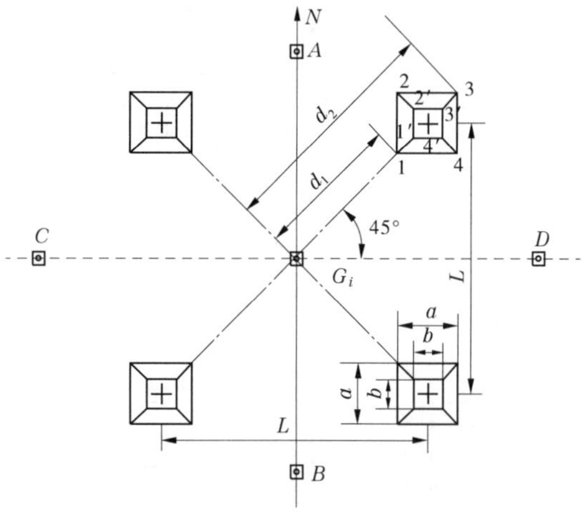

图 8-18　根开相等、坑口宽度相等的基础坑示意图

当检查数据与设计数据不一致时，应及时进行修正。

8.2.1.2　基础坑深检查

如图 8-19 所示为基础坑深检查示意图。将仪器安置于塔位中心桩 O 点上，量取仪器高 i 和棱镜高 l，并分别输入到仪器中，观测塔位中心到坑底的高差 H。如果 H 值等于设计值，则坑深满足设计要求。同时，应比较各个基础坑的 H 值是否相同，应保证各个基础坑的坑深差值满足限差要求。

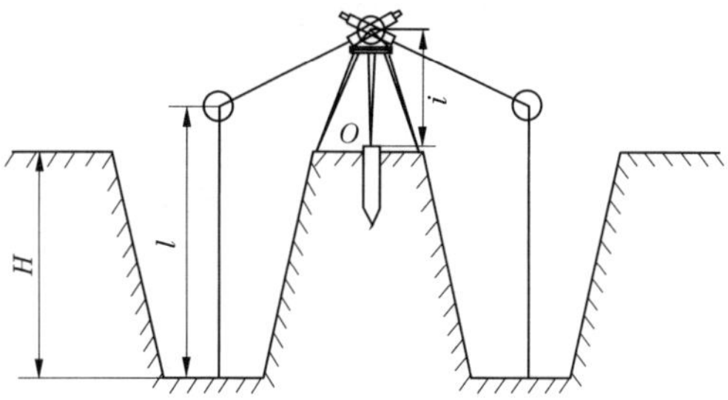

图 8-19　基础坑深检查示意图

8.2.2　基础的操平找正

在基础施工中为保证基础方位及各部位设计尺寸正确无误、基础顶面平整而进行的测量工作叫做基础的操平找正。

根据地形的情况，铁塔基础通常设计为等高塔腿和高低腿（即不等高塔腿）两种基础形式，而常用的基础类型有地脚螺栓基础和塔脚插入式基础。

8.2.2.1　等高塔腿基础的操平找正

1. 有地脚螺栓基础的操平找正

在工程中有地脚螺栓基础的类型很多，下面以正方形铁塔有地脚螺栓板式现浇基础为例介绍其操平找正方法。

如图 8-20 所示为一正方形铁塔有地脚螺栓板式现浇基础的施工控制图。

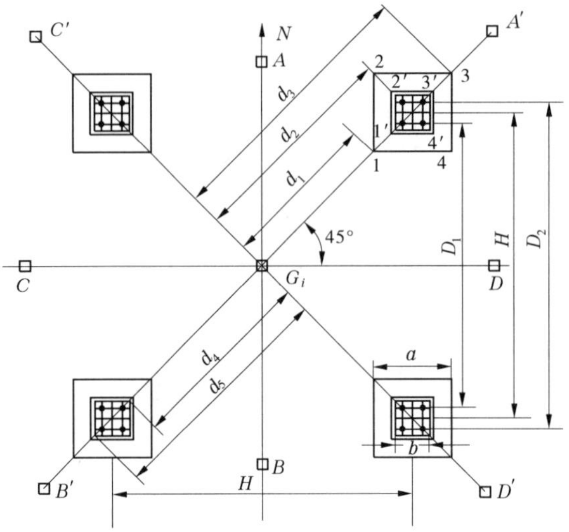

图 8-20　正方形铁塔有地脚螺栓板式现浇基础的施工控制图

由图 8-20 中几何关系可知

$$
\left.
\begin{aligned}
d_1 &= \frac{\frac{1}{2}(H-a)}{\sin 45^\circ} = \frac{\sqrt{2}}{2}(H-a) \\
d_2 &= \frac{\frac{H}{2}}{\sin 45^\circ} = \frac{\sqrt{2}}{2}H \\
d_3 &= \frac{\frac{1}{2}(H+a)}{\sin 45^\circ} = \frac{\sqrt{2}}{2}(H+a) \\
d_4 &= \frac{\frac{1}{2}(H-b)}{\sin 45^\circ} = \frac{\sqrt{2}}{2}(H-b) \\
d_5 &= \frac{\frac{1}{2}(H+b)}{\sin 45^\circ} = \frac{\sqrt{2}}{2}(H+b)
\end{aligned}
\right\}
\tag{8-9}
$$

式中，a 为基础底座宽度；b 为基础立柱宽度；d_1 为塔位中心桩 G_i 到基础底座内对角线间的水平距离；d_2 为塔位中心桩 G_i 到基础底座中心的水平距离；d_3 为塔位中心桩 G_i 到基础底座外对角线间的水平距离；d_4 为塔位中心桩 G_i 到基础立柱内对角线间的水平距离；d_5 为塔位中心桩 G_i 到基础立柱外对角线间的水平距离。

基础操平找正步骤为：将仪器安置于塔位中心桩 G_i 处，对中、整平，以辅助桩 A、B 为前视和后视点，将仪器水平度盘归零，拨转仪器至 45°方向，在基础中心对角线方向上，用正、倒镜法钉立辅助桩 A'、B'；依同法根据辅助桩 C、D 钉立辅助桩 C'、D'，使四个辅助桩顶点与塔位中心桩 G_i 的顶点等高。在桩中心钉小钉，用细线将小钉与塔位中心桩 G_i 上的小钉相连，并拉紧拉平。用钢尺从塔位中心点起在细线上精确量取 d_1、d_3 的长度，并做标记。

将基础底座模板在基础坑内按设计尺寸组合后，即可进行底座模板盒的操平找正，如图 8-21 所示。

分别在细线的 d_1、d_3 标记处悬挂垂球，当垂球静止时，移动模板盒对角线顶点与垂球重合，并使模板盒各边互相垂直，然后将模板盒固定。将水准尺先后立于模板盒的四边，旋转仪器使照准部水平，用中丝读取水准尺读数。注意，模板盒四边上的读数应相同，否则应调整模板盒的高度使其一致。

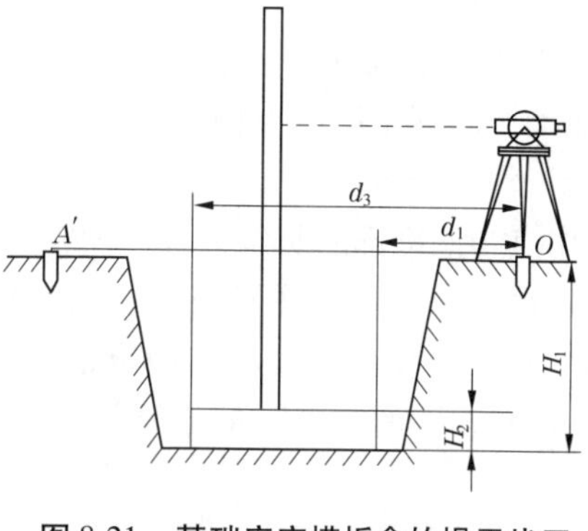

图 8-21　基础底座模板盒的操平找正

当基础底座模板盒操平找正后，将基础的立柱模板盒竖直地组装在底座模板盒上。根据计算的 d_4、d_5 的数值，依上述方法操平找正各立柱模板盒并固定。

地脚螺栓的操平找正通常采用小样板进行。小样板由一块比立柱模板上口对角线稍长一点的木板或钢板制成，在样板上按地脚螺栓间距确定。

2. 塔脚插入式基础的操平找正

塔脚插入式基础即把铁塔的塔腿角钢浇制在基础混凝土中。塔脚材料不能直接安放在坑底地下，而是安放在按设计规格预制的混凝土垫块上，并与基础混凝土浇制在一起。塔脚插入式基础的操平如图 8-22 所示。

将仪器安置于塔位中心桩 O 点上，首先检查基础坑，然后操平找正每个基础坑中的预制混凝土垫块，并在垫块上画垂直平分线标记，垫块找正后进行固定。

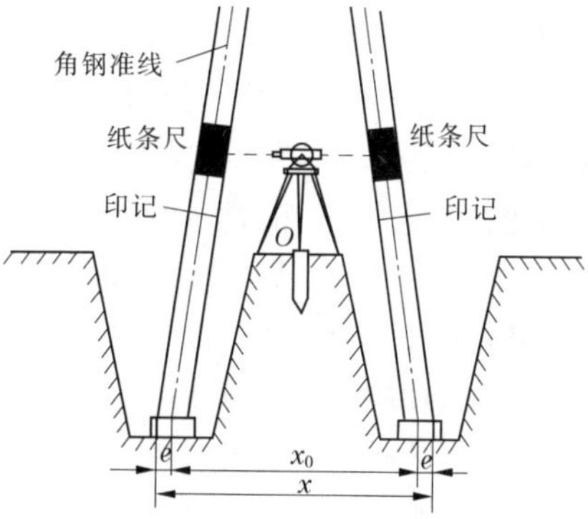

图 8-22　塔脚插入式基础的操平

将第一段侧面两片塔材组装好并分别放到基础坑的垫块附近，然后将第一段完整组装。组装时应留有调整余地以便拨正。然后将四个塔脚放到垫块的指定位置。

在第一段主材的同一部位做印记，作为塔脚操平找正的参照点，该印记是专为操平找正和量塔脚根开而设置的。根开是指两塔脚间的距离。设计根开是两塔脚主材准线间的水平距离 x_0，而施工中的施工根开是为量距方便而采用的两塔脚主材背棱线间的距离 x，由图 8-22 中关系可知

$$x = x_0 + 2e \tag{8-10}$$

式中，e 为角钢准线与角钢背棱线之间的宽度。

测出各塔脚的高差，以印记为准，要求四个塔脚在同一水平面上。在望远镜水平视线方向的塔脚角钢内侧，各贴一条长约 10 cm、宽约 1.5 cm、最小分划为毫米的纸条尺。调整望远镜使照准部水平，用中丝瞄准纸条尺上的读数，调整四个塔脚，使中丝读数一致，即完成了塔脚的操平。

塔脚插入式基础的找正如图 8-23 所示。将仪器安置于塔位中心桩 O 点上，对中、整平，使照准部瞄准线路前进方向上的辅助桩 A。拨动照准部至塔脚方向，在视线方向上调整塔脚，使其根开符合设计数据，同时使其根开的中点与照准部的竖丝重合。倒转照准部，依同法拨正其他两侧塔脚根开。用钢尺丈量塔脚内侧对角线的距离 E，若塔脚根开拨动正确，则两对角线的距离 E 值相等。

$$E = \sqrt{2}(x' - l) \tag{8-11}$$

式中，l 为塔脚主材的宽度。

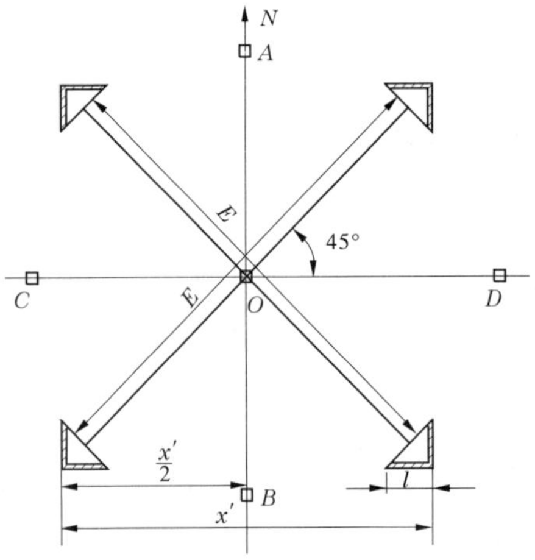

图 8-23　塔脚插入式基础的找正

注意，对于这种基础的操平找正工作，须经过多次反复的操平和拨正，才能使塔脚各部分尺寸符合设计要求。

8.2.2.2　不等高塔腿基础的操平找正

不等高塔腿基础有其自身的特点，两对基础之间存在一定的高差，基础的大小也不相等，正面根开和侧面根开不等距，如图 8-24 所示。

由图 8-24 中可知，尽管塔腿长度不同，但塔腿的坡度是一致的，铁塔第一节水平铁的螺丝也是互相对称的。沿短腿外侧背棱自印记起至第一段水平材螺孔中心量取一段长度 H，再从两长腿第一段水平材螺孔中心沿角钢外侧背棱向下各量取与 H 等长距离，做一标记。在这个标记处的四侧塔腿根开是相等的，且等于短腿根开 y。因此，可根据短腿根开 y 用等高塔腿的施测方法来进行不等高塔腿的操平找正。

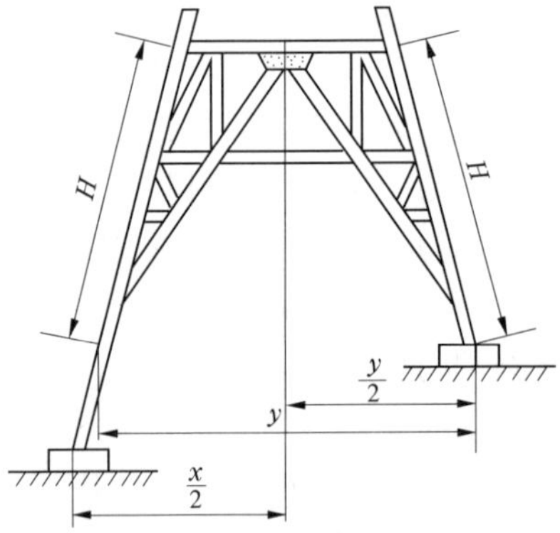

图 8-24　不等高塔腿基础的操平找正

8.2.3　基础检查

8.2.3.1　整基基础偏移的检查

如果铁塔准确地组立在线路中心线指定位置，则整基基础中心与塔位中心正好重合，否则整基基础中心会发生偏移。如图 8-25 所示为整基基础偏移检查示意图。

检查时，将仪器安置于塔位中心桩 O 点上，使照准部瞄准前视方向线路塔位桩或直线桩，同时观测照准部视线是否与实测根开中心 a 点重合，如不重合，用钢尺量出实际偏移值 D_1，再倒转望远镜，依同法量出后视方向的偏移值 D_2，则整基基础的垂直线路方向偏移值如下：

当偏移值在望远镜视线两侧时

$$\Delta x = \frac{1}{2}|D_1 - D_2| \tag{8-12}$$

当偏移值在望远镜视线同一侧时

$$\Delta x = \frac{1}{2}\left| D_1 + D_2 \right| \tag{8-13}$$

同理,可计算出顺线路方向的偏移值 Δy。

8.2.3.2　整基基础扭转的检查

整基基础在正常情况下,通过线路中心桩的顺线路方向和垂直线路方向,应分别与基础的纵向和横向根开的中点重合,如不重合,则说明整基基础存在扭转。如图 8-26 所示为整基基础扭转检查示意图。

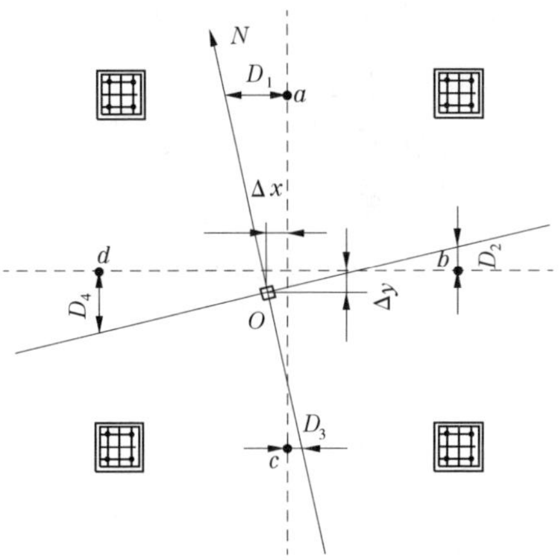

图 8-25　整基基础偏移检查示意图

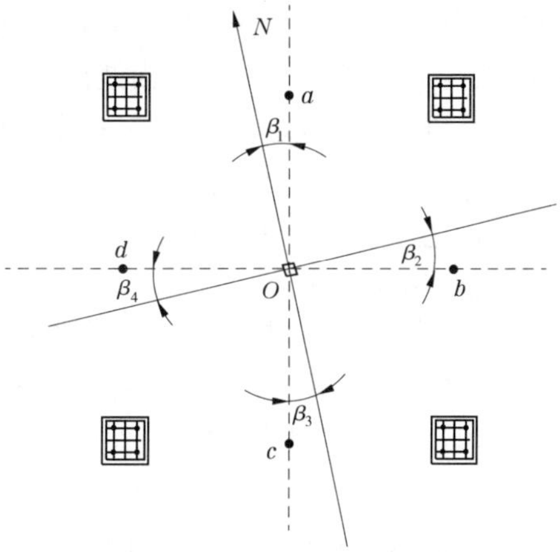

图 8-26　整基基础扭转检查示意图

检查时,将仪器安置于塔位中心桩 O 点上,使照准部瞄准前视方向线路塔位桩或直线桩,并将水平度盘归零,观测照准部视线方向是否与两侧的基础根开中心 a 点重合,如不重合,则旋转照准部瞄准 a 点,测出 β_1。然后按顺时针方向旋转 90°,观测 b 点是否与视线重合,如不重合,测出 β_2。因此,顺线路方向扭转角为

$$\beta = \frac{1}{2}(\beta_1 + \beta_2) \tag{8-14}$$

同理,可得到横线路方向扭转角 β'

$$\beta' = \frac{1}{2}(\beta_3 + \beta_4) \tag{8-15}$$

8.2.4　杆塔检查

铁塔检查的主要内容为横担水平状况、横担扭转和塔体结构倾斜。

8.2.4.1　横担水平状况检查

横担水平状况检查方法为:将仪器安置于铁塔正面距铁塔适当距离的线路中心线上,使望远镜的十字丝交点对准横担的一端端点;然后保持垂直度盘不变,旋转照准部,使望远镜的十字丝交点对准横担的另一端端点,如果望远镜十字丝与横担端点重合,则说明横担处于水平状态,否则应测出横担两端端点的相对高差。若相对高差不满足规范要求的限差,应采取相应处理措施。

8.2.4.2　横担扭转检查

将仪器安置于铁塔侧面横担方向的辅助桩上,使望远镜的十字丝交点对准横担一端中点,若横担另一端点与十字丝交点重合,则说明横担没有扭转,否则应测出横担扭转值并进行必要的处理。

8.2.4.3　塔体结构倾斜检查

将仪器安置于线路中心线距铁塔 60 ~ 70 m 的位置上,使望远镜的十字丝交点瞄准塔顶横担中点,如图 8-27 所示。若铁塔平口处水平材中点 b 和接腿处水平材中点 c 都与望远镜竖丝重合,则说明铁塔结构正面无横线路方向倾斜。若不重合,则表明铁塔结构正面有横线路方向倾斜。此时,应量出望远镜竖丝与 c 点之间的距离 Δx_1,Δx_1 即为铁塔结构正面在横线路方向的倾斜值,如图 8-28 所示。

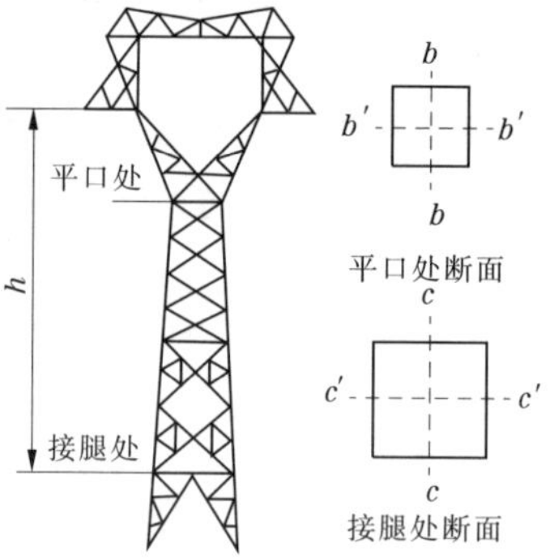

图 8-27　铁塔单线结构

将仪器安置于铁塔背面线路中心线适当位置,依上述方法,测出铁塔结构背面在横线路方向的倾斜值 Δx_2,则铁塔结构在横线路方向的倾斜值如下:

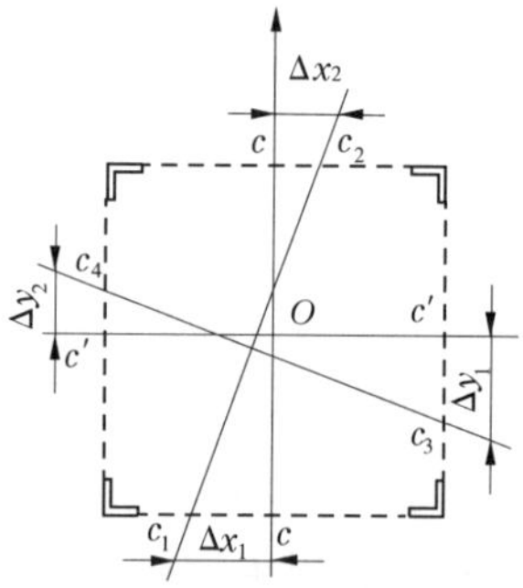

图 8-28　铁塔结构倾斜检查示意图

当 Δx_1、Δx_2 在横线路方向不同侧时

$$\Delta x = \frac{|\Delta x_1 - \Delta x_2|}{2} \tag{8-16}$$

当 Δx_1、Δx_2 在横线路方向同一侧时

$$\Delta x = \frac{|\Delta x_1 + \Delta x_2|}{2} \tag{8-17}$$

再将仪器分别安置于通过塔位中心桩的横线路方向上,使望远镜的十字丝交点瞄准横担轴线上的任一点,下旋望远镜,若望远镜视线与铁塔接腿处水平材中点 c' 重合,则说明铁塔结构在顺线路方向无倾斜。如果不重合,应分别量取铁塔两侧的 c' 点与望远镜竖丝间的距离 Δy_1、Δy_2,则铁塔结构在顺线路方向的倾斜值如下:

当 Δx_1、Δx_2 在顺线路方向不同侧时

$$\Delta y = \frac{|\Delta y_1 - \Delta y_2|}{2} \tag{8-18}$$

当 Δx_1、Δx_2 在顺线路方向同一侧时

$$\Delta y = \frac{|\Delta y_1 + \Delta y_2|}{2} \tag{8-19}$$

$$\text{整基铁塔结构倾斜值} = \frac{\sqrt{\Delta x^2 + \Delta y^2}}{h} \tag{8-20}$$

式中,H 为铁塔横担中心至接腿中心的垂直距离。

§8.3　架空线测量

8.3.1　架空线弛度测量

输电线路杆塔建立完毕，经检查合格后，在杆塔上要架设导线和避雷线（合称架空线）。架线工程包括放线、紧线、弛度观测及检查和附件安装等工作。本节介绍弛度观测及检查方法。

8.3.1.1　弛度的概念

高压输电线路杆塔上所悬挂的导线和避雷线（地线）都不是绷得平直的，而是呈现大小不同的弧形，这个弧形就是弛度的形象，因此弛度也称弧垂。

如图8-29（a）所示，在架空线悬挂点 A、B 等高情况下，弛度 f 恰好在档距中点。而当架空线悬挂点不等高时，有两个弛度，如图8-29（b）所示，f_1 为最小弛度，f_2 为最大弛度，而通常所说的弛度，是指平行两悬挂点 A、B 所作架空线弧垂切线 A_1B_1 与 AB 中点的垂直距离 f，f 也叫中点弛度。

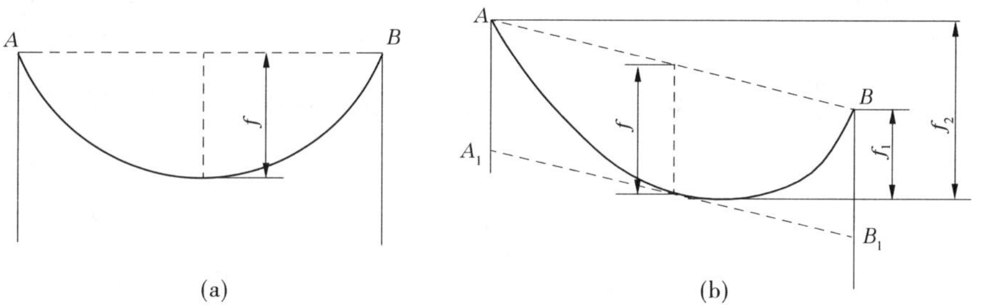

图8-29　弛度示意图

由于架空线受温度、风力、冰雪和自重等因素的影响，因此弛度有一个变化的范围。若弛度太小，遇寒冷季节，导线没有收缩余地，容易断线或发生倒塔事故。若弛度过大，当人、畜接近导线时，会危及生命，而且对被跨越物，如铁路、公路、其他管线以及通航河流上的船只，也会造成重大事故。

因此，设计部门应根据线路所在地区气象、架空线的比载、应力、弹性系数、档距以及悬挂点高度等条件，通过一系列计算，编制出架空线弛度技术资料，施工单位根据这些设计资料在架线时对弛度进行精确的观测，这样才能保证线路安全运行。

8.3.1.2　弛度观测档的选择和弛度计算

设计部门在设计线路塔位时，把线路分成若干耐张段，给出每个耐张段的规律档距（又称代表档距），在架空线弛度曲线中，按不同温度给出规律档距弛度。架线前，施工单位在每个耐张段中选择弛度观测档，并计算观测档的弛度。

1. 观测档的选择

若每一个耐张段里有多个档，称为连续档；若只有一个档，称为孤立档。孤立档可按设计所给的弛度曲线中的数据观测弛度。而在连续档中，从一个耐张段中选择一个或几个观测档进行弛度观测，为了使一个耐张段的各档弛度都达到平衡，可按下列要求进行选择。

耐张段在 6 档以下时，选择靠近中间一档作为观测档；耐张段在 7 ~ 15 档时，靠近两端各选一档为观测档；而耐张段在 15 档以上时，在耐张段两端及中间各选一档作为观测档，弛度应力求选在档距较大及悬挂点高差较小的档。

2. 观测档弛度计算

根据送电线路塔位明细表按不同情况计算观测档弛度。

1）连续档弛度计算

（1）观测档内未连耐张绝缘子串。

当架空线悬挂点高差 $h<10\% l$ 时，观测档的弛度 f 为

$$f = f_{db}\left(\frac{l}{l_{db}}\right)^2 = f_0 \tag{8-21}$$

当架空线悬挂点高差 $h \geqslant 10\% l$ 时，观测档的弛度 f 为

$$f = f_{db}\left(\frac{l}{l_{db}}\right)^2 \frac{1}{\cos\varphi} = f_{db}\left(\frac{l}{l_{db}}\right)^2\left[1+\frac{1}{2}\left(\frac{h}{l}\right)^2\right] = f_0\left[1+\frac{1}{2}\left(\frac{h}{l}\right)^2\right] = f_\varphi \tag{8-22}$$

式中，f 为观测档的观测弛度值（指平行四边形切点的弛垂度），m；f_0 为悬挂点高差 $h<10\% l$ 时的档距中点弛度，m；f_φ 为悬挂点高差 $h \geqslant 10\% l$ 时的档距中点弛度，m；l_{db} 为耐张段架空线规律档距，m；f_{db} 为对应于规律档距的架空线弛度，m；φ 为观测档架空线悬挂点的倾角，$\varphi = \arctan\frac{h}{l}$，如图 8-30 所示；$l$ 为观测档架空线的档距，m；h 为观测档架空线悬挂点高差，m。

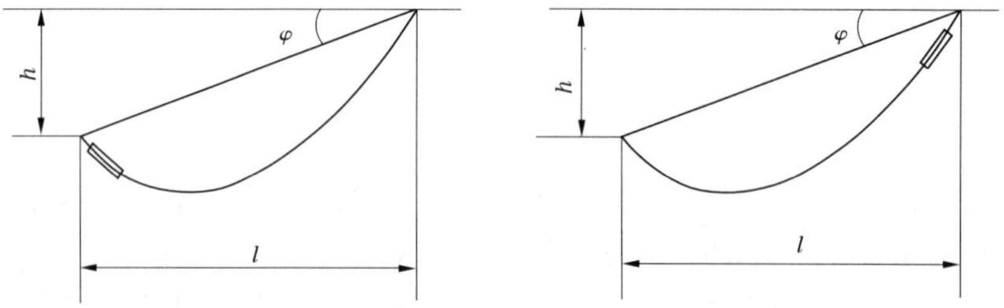

图 8-30 架空线悬挂点高差示意图

（2）观测档内一侧有耐张绝缘子串。

当观测档架空线悬挂点高差 $h<10\% l$ 时

$$f = \left(\frac{l}{l_{db}}\right)^2 f_{db}\left(1+\frac{\lambda^2}{l^2}\times\frac{g_0-g}{g}\right)^2 = f_0\left(1+\frac{\lambda^2}{l^2}\times\frac{g_0-g}{g}\right)^2 \tag{8-23}$$

当观测档架空线悬挂点高差 $h \geqslant 10\% l$ 时

$$f = \left(\frac{l}{l_{db}}\right)^2 \frac{f_{db}}{\cos\varphi}\left(1+\frac{\lambda^2\cos^2\varphi}{l^2}\times\frac{g_0-g}{g}\right)^2 = f_\varphi\left(1+\frac{\lambda^2\cos^2\varphi}{l^2}\times\frac{g_0-g}{g}\right)^2 \tag{8-24}$$

式中，g 为架空线的比载，kg/（m · mm²）；g_0 为耐张绝缘子串的比载，kg/（m · mm²）；λ 为耐张绝缘子串的长度，m。

2）孤立档弛度计算

（1）档内一侧连耐张绝缘子串：在孤立档紧线观测弛度时，架空线的一端已连有耐张绝缘子串，其弛度观测值按式（8-23）和式（8-24）计算。

（2）档内两侧都连耐张绝缘子串：在孤立档挂线后复测弛度时，架空线的两端已连有耐张绝缘子串，其弛度复测值应为：

当架空悬挂点高差 $h < 10\% l$ 时

$$f = \left(\frac{l}{l_{db}}\right)^2 f_{db}\left(1 + 4\frac{\lambda^2}{l^2} \times \frac{g_0 - g}{g}\right) = f_0\left(1 + 4\frac{\lambda^2}{l^2} \times \frac{g_0 - g}{g}\right) \tag{8-25}$$

当架空悬挂点高差 $h \geq 10\% l$ 时

$$f = \left(\frac{l}{l_{db}}\right)^2 \frac{f_{db}}{\cos\varphi}\left(1 + 4\frac{\lambda^2\cos^2\varphi}{l^2} \times \frac{g_0 - g}{g}\right) = f_\varphi\left(1 + 4\frac{\lambda^2\cos^2\varphi}{l^2} \times \frac{g_0 - g}{g}\right) \tag{8-26}$$

式中各符号意义同前。

8.3.1.3　弛度观测

一般的弛度观测方法有异长法、平行四边形法（等长法）、角度法和平视法。弛度观测前，应参阅送电线路断面图，选择适当的观测方法。

无论在观测档内是否连耐张绝缘子串，其观测方法和步骤都是相同的。但因受连耐张绝缘子串的影响，观测弛度所需的数据和计算公式不同。

下面介绍的是观测档内未连耐张绝缘子串的弛度观测以及检查的几种方法。

1. 异长法

如图 8-31（a）所示，A、B 为架空线悬挂点，A_1、B_1 为架空线切线与杆塔的交点。a、b 分别为 A 至 A_1、B 至 B_1 间的垂直距离，f 为要观测的弛度。

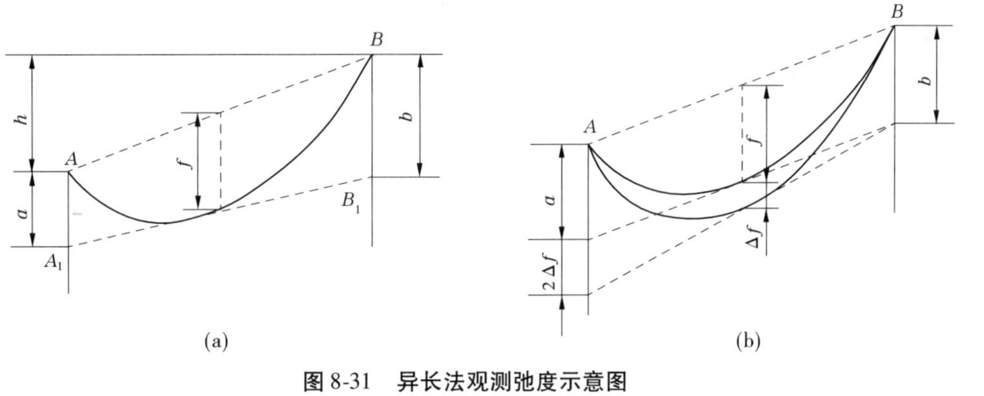

图 8-31　异长法观测弛度示意图

弛度计算的基本公式为

$$\left.\begin{aligned} f &= \frac{1}{4}(\sqrt{a} + \sqrt{b})^2 \\ b &= (2\sqrt{f} - \sqrt{a})^2 \end{aligned}\right\} \tag{8-27}$$

在弛度观测前，根据架空线悬挂点高差情况，按式（8-21）或式（8-22）计算 f。选定一适当的 a 值并按式（8-27）计算相应的 b 值。在观测弛度时，自架空线悬挂点 A 量出垂直距离 a，在 A_1 处绑一弛度板（长约 2 m，宽 10 ~ 15 cm，红白色相间），在 B_1 处绑同样的弛度板。

当紧线时，透视两弛度板上部边缘，待架空线弧垂稳定且恰与视线相切时，则弛度 f 即为计算的数值。

根据架空线悬挂点高差情况，式(8-27)中的 f 值应分别取 f_0($h<10\% l$ 时)和 f_φ($h\geqslant 10\% l$ 时)。

弛度计算好后，当紧线时可能因气温变化，弛度产生变化。为使测定的弛度及时调整到变化后的要求弛度值，应调整观测一侧弛度板的垂直距离 Δa，一般取弛度变化值 Δf 的 2 倍进行调整，如图 8-31(b)所示。精确的调整方法可按下式

$$\Delta a = 2\sqrt{\frac{a}{f}}\Delta f \tag{8-28}$$

进行计算。

2. 平行四边形法(等长法)

如图 8-32 所示，自观测档内两侧杆塔架空线悬挂点 A、B 向下量出 a、b 两段垂直距离，使 a、b 恰等于所要测定的弛度 f($a=b=f$)。在 A_1、B_1 处，各绑一块弛度板。紧线时，从一侧弛度板上部边缘透视另一侧弛度板上部边缘，当架空线弧垂稳定且恰与视线相切时，则弛度 f 即可确定。这与异长法是相同的。

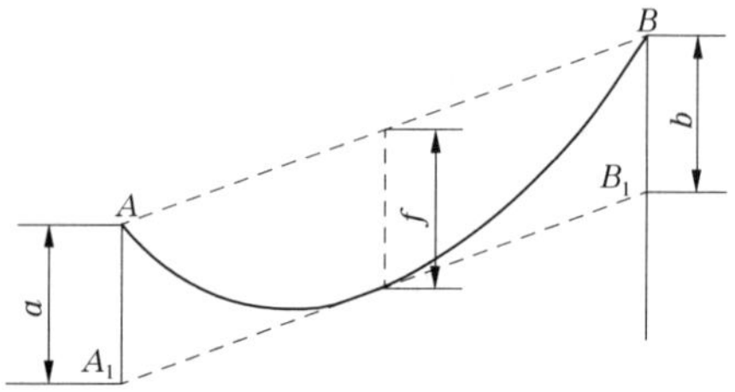

图 8-32　平行四边形法测定弛度示意图

弛度 f 可按式(8-21)或式(8-22)计算，其调整方法也与异长法相同。

3. 角度法

角度法是用经纬仪观测竖角以确定弛度的一种方法。它又分为档端、档侧任一点、档侧中点、档内、档外等五种观测方法。下面介绍使用较多的端点角度法。

如图 8-33 所示，置经纬仪于架空线悬挂点的垂直下方，利用事先计算好的竖角 θ 来测定架空线弛度。

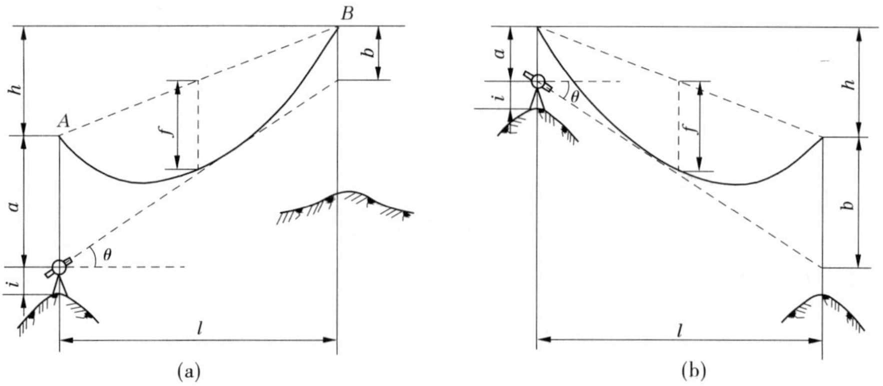

图 8-33　角度法测定弛度示意图

观测时根据线路纵断面图所选定的弛度观测站，实测观测档架空线悬挂点高差 h 和档距 l。量出自架空线悬挂点至仪器中心(横轴中心)的垂直距离 a 和仪器高 i。按

式(8-21)或式(8-22)计算弛度 f。

计算弛度观测角 θ。根据图 8-33 的关系可得

$$\theta = \arctan \frac{\pm h + a - b}{l} \tag{8-29}$$

从异长法弛度计算公式(8-27)可知

$$b = (2\sqrt{f} - \sqrt{a})^2 = 4f - 4\sqrt{fa} + a$$

代入式(8-29),则

$$\theta = \arctan \frac{\pm h + a - (4f - 4\sqrt{fa} + a)}{l} = \arctan \frac{\pm h - 4f + 4\sqrt{fa}}{l}$$

当仪器在低侧时 h 为正,当仪器在高侧时 h 为负。算出的 θ 角,正值为仰角,负值为俯角。

预计观测弛度时的气温,计算出不同温度时的弛度 f 和观测角 θ,制成弛度观测表,以备观测时查用。观测时按当时气温查出的弛度观测角,并使竖角为 θ,待架空线弧垂稳定且与视线相切时,则弛度 f 即可测定了。

为使弛度误差不致太大,a 值应小于 $3f$。观测时,应注意竖盘指标差的改正。

4. 平视法

平视法是利用水准仪或经纬仪的水平视线来观测弛度的一种方法。当线路经过高山深谷时,或在架空线悬挂点高差大、档距大以及在其他特殊情况下可采用本法。

图 8-34 是平视法测定弛度示意图。最小弛度 f_1 及最大弛度 f_2 的计算公式如下:

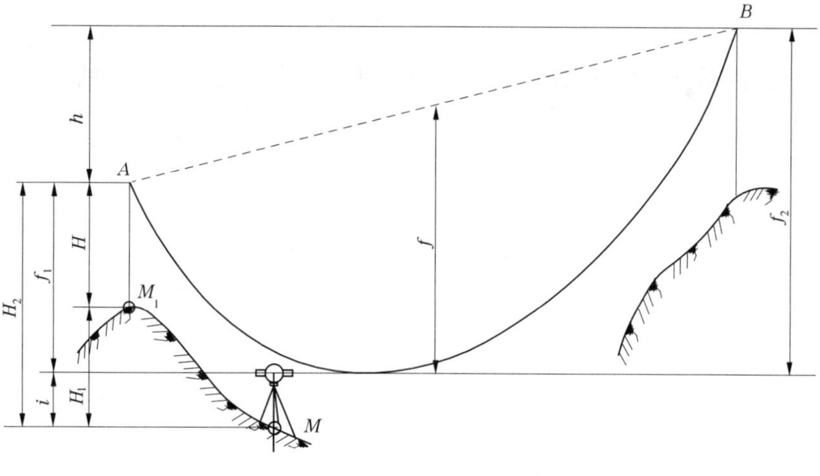

图 8-34　平视法测定弛度示意图

当观测档架空线悬挂点高差 $h < 10\% l$ 时

$$\left.\begin{aligned} f_1 &= f_0\left(1 - \frac{h}{4f_0}\right)^2 \\ f_2 &= f_0\left(1 + \frac{h}{4f_0}\right)^2 \end{aligned}\right\} \tag{8-30}$$

当观测档架空线悬挂点高差 $h \geqslant 10\% l$ 时

$$\left.\begin{aligned} f_1 &= f_\varphi\left(1-\frac{h}{4f_\varphi}\right)^2 \\ f_2 &= f_\varphi\left(1+\frac{h}{4f_\varphi}\right)^2 \end{aligned}\right\} \tag{8-31}$$

应用本法的关键问题是选择好弛度观测站 M，并预定仪器高 i。当将仪器安置在 M 点，望远镜视线水平时，视线至架空线两悬挂点的垂直距离恰好等于先前计算的 f_1、f_2 值，架空线弧垂正好与水平视线相切，则弛度 f 即测定了。

在弛度观测时，要考虑到当时气温变化对弛度的影响，对仪器高作相应的升降调整。如弛度因气温变化较大，升降仪器不能满足要求，则应重设弛度观测站。

8.3.1.4　弛度检查

架线工程竣工后，对导线、地线的弛度要进行检查，其结果要符合有关设计和技术规范的规定，特殊大跨越及特殊大档距的弛度误差允许值按设计规定。

检查弛度误差的方法很多，现以异长法和档端角度法为例进行说明。

1. 异长法

用异长法观测弛度时，是根据 a、f 值计算出 b 值，而检查弛度时，是根据 a、b 值反算出 f 值。

b 值的测法如图 8-35 所示。先选定适当的 a 值，在 A_1 处绑一块弛度板。从 A_1 处弛度板上部边缘透视架空线弧垂 O 点，使视线 A_1O 的延长线相交于杆塔 B_1 处，量出架空线悬挂点 B 至 B_1 的垂直距离 b，则该弛度 f 为

$$f = \frac{1}{4}(\sqrt{a}+\sqrt{b})^2$$

若 f 值与标准弛度比较符合规定标准，则证明这一档的弛度是合格的。

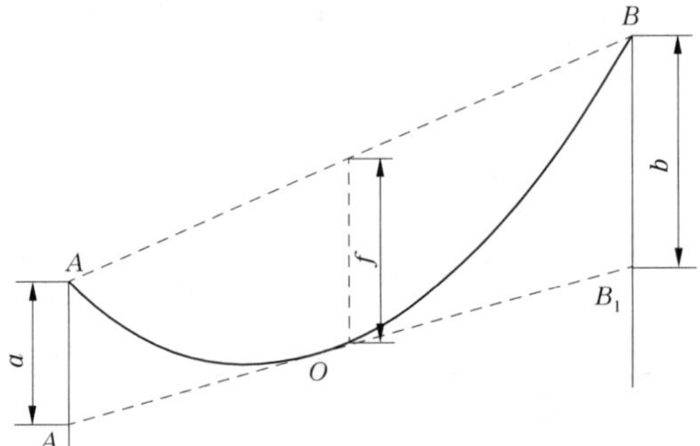

图 8-35　用异长法检查弛度

2. 档端角度法

如图 8-36(a) 所示，在低悬挂点观测时，将经纬仪安置在架空线悬挂点 A 的垂直下方，量出 A 至仪器横轴间的垂直距离 a，用视距法或其他方法测出检查档的水平距离 l；使望远镜视准轴分别照准架空线悬挂点 B 与弧垂相切处，用正、倒镜观测得竖直角 θ_1 及 θ，则

$$b = l(\tan\theta_1 - \tan\theta)$$

代入式(8-27)得

$$f = \frac{1}{4}(\sqrt{a} + \sqrt{b})^2 = \frac{1}{4}[\sqrt{a} + \sqrt{l(\tan\theta_1 - \tan\theta)}]^2 \tag{8-32}$$

图8-36(b)是仪器在高悬挂处的情况,这时弛度观测为俯角,计算公式仍与前同。

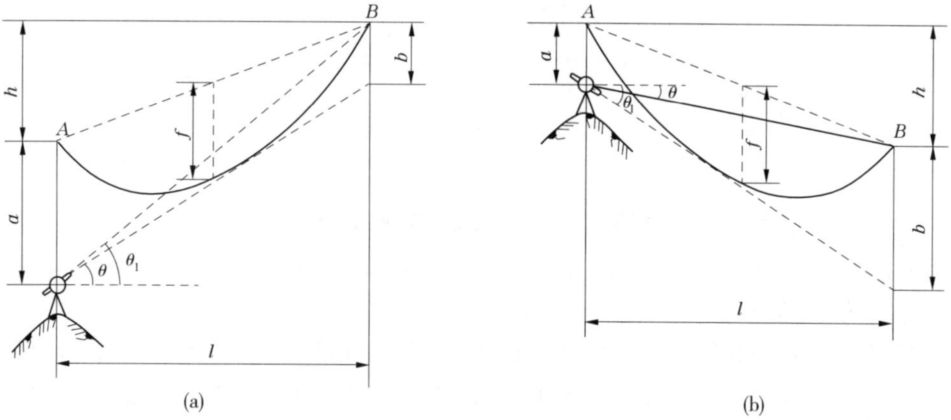

图8-36　用档端角度法检查弛度

按检查气温、检查档距及规律档距用式(8-21)或式(8-22)计算出标准弛度,以与检查时实测弛度相比较,求出弛度差值Δf,再与规范规定的允许值比较,以衡量弛度是否符合质量标准。

8.3.2　跨江线缆垂弧测量

跨江线缆垂弧测量(弛度)与架空线弛度观测的工作有类似之处。弛度观测是测定架线时线缆应有的位置(放样工作),以下介绍的是测定现有线缆位置。在航道运营中,为了确定在高水位时能否允许船舶在航道内通过,需要对跨越航道的高压电线及其他线缆的垂弧,特别是垂弧最低点的高程和位置进行测定。因此,可用弛度观测检查方法来测定横跨航道架空线缆的垂弧。

8.3.2.1　直接水准法

本法是以水准仪测弧底点高程,用经纬仪(或平板仪)交会弧底点位置。

为了使水准仪的视线与垂弧底点相切,常以手水准在一岸线缆投影竖直面的线位上,往高处或低处移动,至水平视线与弧底相切,再按此高度架好水准仪,调整仪器高,反复数次,使视线切于垂弧最低点。然后用水准测量或三角高程测量进行连接。

根据测量数据求得悬挂点位置(如架线杆和悬挂点相差不远,可以杆的位置作为悬挂点位置),也可根据地形图定出悬挂点位置,在上游或下游选择一测站点位置,如图8-37所示,注意与线缆交角较好,确定测站点点位,并于测站点安置经纬仪或平板仪,测量悬挂点与垂弧底间的水平角,计算或图解出该点的水平位置。

8.3.2.2　点瞄法

与直接水准法相似,点瞄法也需要知道测站点位置,还需要知道测站点高程以及两悬挂点的平面位置和在地面上投影点的高程。根据这三点组成一三角形。在代表线缆的

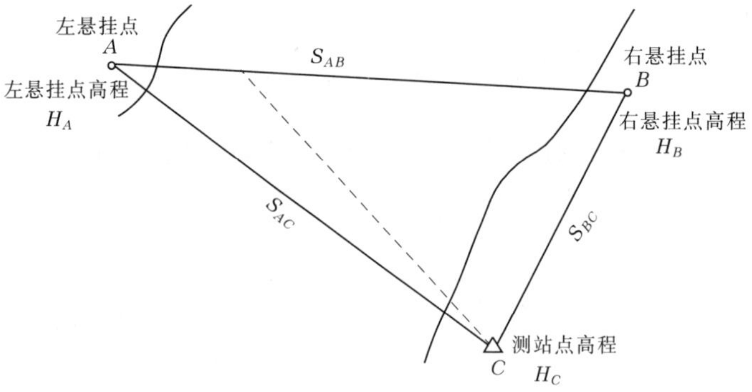

图 8-37　直接水准法测定跨江线缆

AB 边上选若干点，在弧底处可布设密一些。测量以 AC 为起始边的水平角，并观测该点的竖直角。解三角形，可求得线缆上点的位置和高程。

如将此三角形的数据按比例绘出图形，当观测水平角和竖角后，可求得瞄准点距起点 A 的水平距离和该点高程。如图 8-38 中左、右悬挂点的投影点为 A、B，瞄准点为 P，观测 P 点的水平角为 β，竖直角为 θ，则

$$D_{AO} = \frac{D_{AC}\sin\beta}{\sin\angle AOC}$$

$$D_{CO} = \frac{D_{AC}\sin A}{\sin\angle AOC}$$

$$H_P = H_C + i + H_{PO} = H_C + i + D_{CO}\tan\theta$$

式中，D_{AO}与 D_{CO}分别为悬挂点和测站点到瞄准点 P 的水平距离；D_{AC}为左悬挂点 A 至测站点的距离；β 为以左悬挂点为起始至瞄准点方向的水平角；θ 为瞄准点的竖直角；i 为仪器高；H_P为 P 点高程。

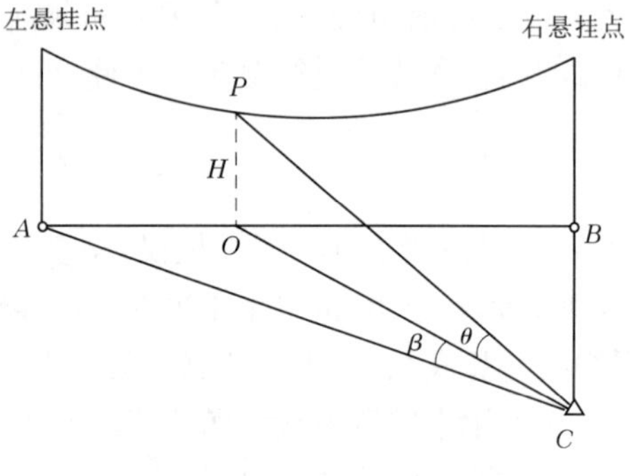

图 8-38　测定垂弧点位置示意图

8.3.2.3　角度法

在前文中，根据抛物线原理算出垂弧最低点位置的角度法同样也适用于跨江线缆的垂弧测量。如档端角度法，先置经纬仪于任一线杆悬挂点所投影的点上，当十字丝中丝与弧底相切时读取竖直角(用两测回测定)，仪器的测站高程用水准或三角高程测量测定。在准备工作中，应量取必要的已知数据，如图 8-36 中的 a、b、l 等，可按式(8-32)计算 f 值。

这里公式中符号仍与前同。这样,通过实测计算的 f 值就是垂弧。同理,可按式(8-30)或按式(8-31)计算两端悬挂点至垂弧点的高度 f_1 及 f_2。

除将仪器置于档端观测外,还可将仪器置于档外(或档内)观测。

8.3.3　相间间隔棒的观测计算

高压架空输电线路导线摆动是线路安全运行的主要威胁之一,是线路正常运行的主要危害因素,导线相间间隔棒是用于防止架空输电线路摆动的有效措施之一。相间间隔棒是使各相导线之间保持一定几何布置的装置,在输电线路上安装相间间隔棒,主要是有效地减轻导线摆动造成的灾害。

由于在线路架成之后,各相导线的弛度不同,因此无论各相导线在同一铁塔上的挂线点是否同高,在它们距离铁塔相等的位置上,各相导线的高度也不相同。

如图 8-39 为塔位导线俯视图,A、B、C 和 A'、B'、C'(间距相等,可能不同高)为三相导线的挂线点,相间距离为 d,现要在两基塔之间的相邻相间安装相间间隔棒,具体的操作如下:

(1)在任意一点 P_1 设站,按三角形法观测 $\triangle BP_1B'$,经计算可按线路定线、定位的方法继续操作。

(2)作 $P_1P_2 /\!/ BB'$,且 P_2 位于垂直于要安装相间间隔棒的位置。

(3)将仪器安置于 P_2,垂直于线路方向,分别观测三相导线的竖直角 V_1、V_2、V_3,由此可计算出 1、2 点之间的高差 Δh_{12} 和 2、3 点之间的高差 Δh_{23}。

因此,相间间隔棒的长度为

$$\left.\begin{aligned} S_{12} &= \sqrt{d^2 + \Delta h_{12}^2} \\ S_{23} &= \sqrt{d^2 + \Delta h_{23}^2} \end{aligned}\right\} \tag{8-33}$$

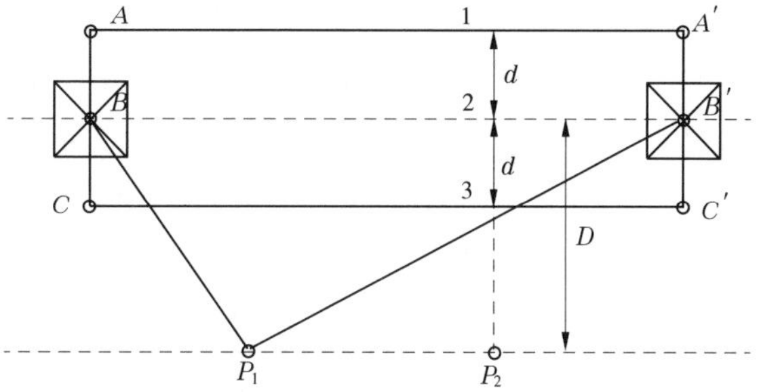

图 8-39　塔位导线俯视图

如图 8-40 所示,如果 A、B、C 和 A'、B'、C' 间距不相等,也不同高,则需要分别求出 d_{12}、d_{23} 和 Δh_{12}、Δh_{23}。操作如下:

(1)在任意一点 P_1 设站,按三角形法观测 $\triangle BP_1B''$,经计算可按线路定线、定位的方法继续操作。

(2)作 $P_1P_2 /\!/ BB''$,且 P_2 位于垂直于要安装相间间隔棒的位置。

(3)用前方交会法,分别在 P_1、P_2 点设站,观测六个挂线点 A、B、C 和 A'、B'、C',并计

算出这六个点的坐标。

(4)分别计算出 1、2、3 三个点的坐标,并计算出 1、2 之间的距离 d_{12} 和 2、3 之间的距离 d_{23}。

(5)将仪器安置于 P_2,垂直于线路方向,分别观测三相导线的竖直角 V_1、V_2、V_3,由此可计算出 1、2 点之间的高差 Δh_{12} 和 2、3 点之间的高差 Δh_{23}。

(6)按式(8-33)计算出相间间隔棒的长度。

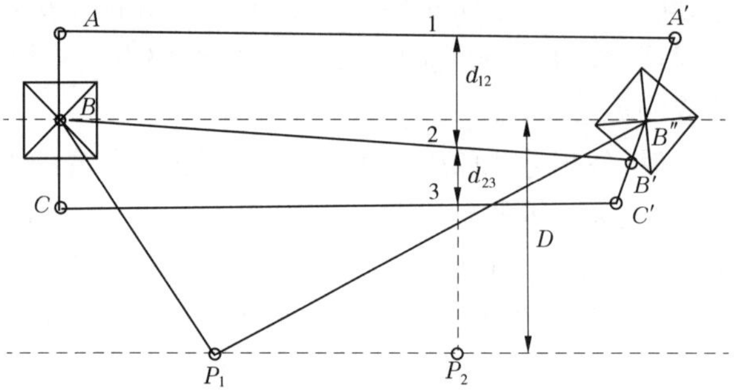

图 8-40　相间间隔棒观测示意图

第 9 章　输电线路三维地理信息系统

§9.1　地理信息系统概述

9.1.1　地理信息系统

地理信息系统(Geographical Information System 或 Geo – Information System,简称 GIS)有时又称为地学信息系统或资源与环境信息系统。它是一种特定的十分重要的空间信息系统。它是在计算机硬件、软件系统支持下,对整个或部分地球表层(包括大气层)空间中的有关地理数据进行采集、储存、管理、运算、分析、显示和描述的技术系统。地理信息系统处理、管理的对象是多种地理空间实体数据及其关系,包括空间定位数据、图形数据、遥感图像数据、属性数据等,用于分析和处理在一定地理区域内的各种现象和过程,解决复杂的规划、决策和管理问题。

通过上述分析和定义,可提出如下基本概念:

(1)GIS 的物理外壳是计算机化的技术系统,它由若干个相互关联的子系统构成,如数据采集子系统、数据管理子系统、数据处理和分析子系统、图像处理子系统、数据产品输出子系统等,这些子系统的优劣、结构直接影响着 GIS 的硬件平台、功能、效率、数据处理的方式和产品输出的类型。

(2)GIS 的操作对象是空间数据,即点、线、面、体等地理实体。空间数据的最根本特点是每一个数据都按统一的地理坐标进行编码,实现对其定位、定性和定量的描述,这是 GIS 区别于其他类型信息系统的根本标志,也是其技术难点之所在。

(3)GIS 的技术优势在于它的数据综合、模拟与分析评价能力,可以得到常规方法或普通信息系统难以得到的重要信息,实现对地理空间演化过程的模拟和预测。

(4)GIS 与测绘学和地理学有着密切的关系。大地测量、工程测量、矿山测量、地籍测量、航空摄影测量和遥感技术为 GIS 中的空间实体提供各种不同比例尺和精度的定位数据;电子速测仪、GPS 技术、解析或数字摄影测量工作站、遥感图像处理系统等现代测绘技术的使用,可直接、快速和自动地获取空间目标的数字信息产品,为 GIS 提供丰富和更为实时的信息源,并促使 GIS 向更高层次发展。

GIS 按研究的范围大小可分为全球性的、区域性的和局部性的,按研究内容的不同可分为综合性的与专题性的。将同级的各种专题应用系统集中起来,可以构成相应地域同级的区域综合系统。

9.1.2　GIS 的发展概况

GIS 是 20 世纪 60 年代中期开始发展起来的。它最初为解决地理问题,至今已成为一门涉及测绘学科、环境学科、计算机学科等多学科的交叉学科。1963 年,加拿大测量学家 R. F. Tomlinson 首先提出了地理信息系统这一术语,并建成世界上第一个实用的地理信息系统——加拿大地理信息系统(CGIS),用于自然资源的管理和规划。不久,美国哈佛大学设计了较完整的系统软件 SYMAP,这可算是 GIS 的起步。进入 20 世纪 70 年代以后,由于计算机软硬件水平的提高,GIS 朝着实用方向迅速发展,一些经济发达国家先后建立了许多专业性的 GIS,在自然资源管理和规划方面发挥了重大的作用。如 1970 ~ 1976 年,美国国家地质调查局就建成 50 多个地理信息系统,分别作为处理地理、地质和水资源等领域空间信息的工具。其他国家如加拿大、德国、瑞典和日本等也先后发展了自己的地理信息系统。20 世纪 80 年代后兴起的计算机网络技术,使地理信息的传输时效得到了极大的提高,其应用从基础信息、管理与规划转向更复杂的实际应用,而且不再受国家界线的限制,地理信息系统开始用于解决全球性的问题。20 世纪 90 年代,由于计算机的软硬件均得到飞速发展,网络已进入千家万户,地理信息系统已成为许多机构必备的工作系统,社会对地理信息系统的认识也普遍提高,需求大幅度增加,从而导致地理信息系统应用的扩大与深化。市场上涌现出的地理信息软件达上千种之多,具有代表性的 GIS 软件如 ARCINFO、MAPINFO 等。

我国地理信息系统的发展从 20 世纪 70 年代初开始,共经历了四个阶段,即起步(1970 ~ 1980 年)、准备(1980 ~ 1985 年)、发展(1985 ~ 1995 年)、产业化(1996 年以后)阶段。随着 GIS 在许多部门和领域的广泛应用,地理信息系统已在资源开发、环境保护、城市规划建设、土地管理、农作物调查与生产、交通、能源、通信、地图测绘、林业、房地产开发、自然灾害的监测与评估、金融、保险、石油与天然气、军事、犯罪分析、运输与导航、110 报警系统及公共汽车调度等方面得到了具体应用。一批地理信息系统软件已研制开发成功(如 GeoSTAR、CityStar、MapGIS 等),一批高等院校已设立了一些与 GIS 有关的专业或学科,一批专门从事 GIS 产业活动的高新技术产业部门相继成立,还成立了中国 GIS 协会和中国 GPS 技术应用协会等。总之,中国地理信息系统事业经过几十年的发展,取得了重大的进展。地理信息系统的研究和应用正逐步形成产业,具备了走向产业化的条件。

9.1.3　三维 GIS

地理信息技术问世以后,已被广泛应用于各个领域,并取得了很大的效益。但是当前的地理信息应用产品绝大部分都是二维的。二维 GIS 只能处理平面 X、Y 轴上的信息,不能处理铅垂方向 Z 轴上的信息。它在表达上通常是将 Z 值投影到二维平面上进行处理,因此对于同一 X、Y 位置的多个 Z 值不能表达,本质上是基于抽象符号的系统,不能给人以自然界的本原感受。

随着应用的深入,人们越来越迫切地需要基于真正三维的地理信息技术的出现。人们很早就开始这方面的研究工作,但是由于当时应用要求、数据获取手段及相关的计算机技术发展条件的局限,所以遇到了很多困难,一直没有出现成熟的、系统的、通用的三维地理信息系统。直到 20 世纪末,由于二维 GIS 数据模型与数据结构理论和技术的成熟,图形学理论、数据库理论和技术及其他相关计算机软硬件技术的进一步发展,加上应用需求的强烈推动,大力研究和加速发展三维 GIS 已成为可能。当前研究和开发三维 GIS 的思路可归纳为两种：

(1)三维 GIS 要将地理数据变为可见的地理信息。人们从三维可视化领域向三维 GIS 扩展，这一点同早期的二维 GIS 来源于计算机制图管理一样，是从可视化角度出发的。

(2)GIS 需要存储和管理大量的空间信息和属性信息。人们从数据库的角度出发向三维 GIS 发展，从商用数据库向非标准应用领域扩展，将三维空间信息的管理融入关系数据库管理系统(RDBMS)中，或从底层开发新的面向对象的空间数据库管理系统。新的发展方向是将三维可视化与三维空间对象管理形成一个集成系统。

§9.2　输电线路三维地理信息系统应用

随着电网结构日趋庞大、电网设施日趋复杂，整个大电网的安全运行管理也日趋重要。为了满足电网发展的需要，适应电力市场建设和电网日益复杂化的要求，努力提高电力生产调度的整体素质，保证电网安全生产，应为各级管理人员提供一套简单、迅速、方便的电网运行管理系统，这已成为现代电力企业提高管理水平和工作效率的有效手段。因此，建设输电线路三维地理信息系统势在必行。

9.2.1　输电线路信息化的现状及需求

输电线路(Power Transmission Line，简称 PLT)是电力系统重要的组成部分，因此如何提高输电线路规划、施工、运行、维护的安全性和经济性是电力运行与管理人员、相关科研人员历来关注的焦点。随着我国经济建设和社会的快速发展，用电负荷日益增长，电网运行的控制及管理工作变得较以往任何时期都更为复杂。而随着电网电压等级的提高和规模的扩大，商业化运营的逐步实施，各项研究工作又面临着新的挑战。

多年来，以电子计算机为核心的各种应用系统不断提高输电线路运行的自动化、信息化水平，成功地提高了输电线路的生产效率，亦取得了较大的经济效益。然而，随着输电线路运行要求的不断提高，数据采集、通信方式的不断完备，电网需采集信息量与可采集信息量也迅速增加。这种信息量不断增加的趋势，激化了原有输电线路管理系统的处理能力和实际需求的矛盾。因此，解决这一矛盾成为当今电网信息化进程的重要课题。

现阶段，输电线路设计或管理软件与电力系统的实际需求相比存在着不小的差距。要想解决现有问题，就必须运用当前开放且规范的软件体系技术、数据结构及计算机可视化技术，建立一个具有统一标准的、能非常直观体现现有信息数据以及具有强大信息分析功能的软件平台，为输电线路的设计、运行、管理提供有效的决策支撑。三维 GIS 可以将相关的数据信息以三维的方式展示，如导线之间的位置关系，导线、地线的电气间隙以及导线对地安全距离等。三维 GIS 在三维场景可视化、实时漫游等方面有着比二维 GIS 明显的优势，对问题的分析、评估、决策也摆脱了二维 GIS 仅基于平面问题进行求解的限制。

9.2.2　输电线路三维地理信息系统

9.2.2.1　输电线路三维 GIS 的技术特点

输电线路三维地理信息系统除具备 GIS 的基本特点外,还具备以下特点。

1. 多源数据的稳定性和可靠性

输电线路的多属性数据要求 GIS 具备足够的稳定性和可靠性,根据电力行业技术标准及电力企业业务需求,系统必须具有良好的可维护性。输电线路三维 GIS 能够实现数据的一次输入和多次输出,以保证数据的一致性,实现数据的统一管理和多层保护等,构建高稳定性和高可靠性的业务系统。

2. 海量数据

电网系统是一个庞大复杂的系统,实时信息量大,不仅涉及地理特征、网架结构系统内对象的属性等静态信息,还包括随时产生的能够描述系统运行状态的动态信息。另外,电网的各种电压等级及多用户连接等要求 GIS 具备拓扑分析和转换能力。因此,海量数据是一个基本属性。

3. 地理相关特征

输电线路固有的特性决定了绝大部分的输电线路信息是与地理相关的,而且这些与地理相关的信息中有相当一部分与输电线路信息管理的空间分析任务相关。因为空间分析任务无论在存储还是在处理上都与其他的任务有所不同,所以对输电线路的地理相关数据必须采取专门的处理方法。

4. 数据信息的实时性

电网系统是一个实时动态系统,其运行参数及信息具有动态变化性,需要对瞬间信息及时收集、处理和分析,很多信息需要带有时间属性,这样就会使得数据量迅速增加,因此对数据处理、存储容量和传输速度均有较高的要求。

9.2.2.2　输电线路三维 GIS 的设计目标

为实现输电线路勘测、设计、施工、运行和维护的可持续发展,搭建一个基础数据平台,用以持续、广泛、准确、及时地支持线路规划,并考虑在将来扩展到为电网的运行维护提供持续有效的管理显得日益重要。

建立输电线路三维 GIS 的总体目标是综合运用现代地理空间信息技术,通过系统研究和开发,力争达到可根据电网建设管理各阶段的实际情况和需求,建立和逐步完善 GIS 数据库系统,以空间数据库存储各种空间地理、行政、地质、经济等要素信息。在此基础上,建立完善的线路规划、路径优化、杆塔排位、施工组织、电网运行、事故定位、运行决策等用户模型,通过对空间数据和属性数据的有效存取,进行科学的模拟分析,从而形成比传统手段更为可靠有效、经济实用的电网发展决策、系统规划、勘测设计、施工建设和运行管理系统,其成果可以数字形式存放,直接为电网、设计、建设、运行的不同阶段服务。

输电线路三维 GIS 能在更大的空间范围内支持线路走廊资源的有效规划,同时能更加广泛地兼顾历史的输电线路数据,保证在统筹规划和持续发展的前提下,实现新建线路的优化规划设计,从而节约输电线路走廊,提升综合效益,促进国家电网的可持续发展。

输电线路三维 GIS 将依据电网运行的空间信息、设计资料和不断积累的运行维护信息,提供一个规范化、标准化的运行维护工作平台,大大提高运行维护的信息化水平。也可建立公司总部与基层运行维护单位之间的紧密联系,保证基层单位的运行维护数据快速、有效地上传到总部,总部的数据可以快速发布到各基层单位,为总部与基层单位提供一个统一的工作平台,形成一个协调运作的基础。通过这一系统,可进一步推进相关业务的标准化、规范化、流程化。

输电线路三维 GIS 应该达到以下几个目标。

1. 开放性

输电线路三维 GIS 涉及三维 GIS、虚拟现实、科学计算、可视化、计算机软件等技术,而这些技术本身尚处在不断发展中,新的技术不断出现,所以输电线路三维 GIS 的软件体系结构应该是开放的,保证其良好的可扩充性,只有这样才能跟上新技术的发展。

2. 数据处理的统一性

输电线路三维 GIS 需处理的数据形式多样,数据来源也不尽相同,应用系统不可能遇见所有的数据形式和来源,却需要预先提供所有的数据操作,因此就必须有统一的数据处理方式。在设计可视化解决方案的软件体系结构时,应该将空间数据库操作与具体的数据库实现方式相分离,以保证应用系统不受具体数据库实现方式的影响,即以统一的方式处理不同来源的数据。

3. 互操作性

输电线路三维 GIS 不可避免地要使用其他软件或它们提供的数据,也不可避免地需要提供其他软件使用的数据,因此系统应当具有良好的应用编程接口和遵循业界标准,以得到良好的互操作性。

9.2.3 输电线路三维地理信息系统的应用

9.2.3.1 输电线路三维 GIS 的辅助设计的特点

在输电线路工程设计阶段,可以利用三维地理信息系统中的辅助设计功能实现可视化设计,该功能具有明显的优势,主要体现在以下方面。

1. 提供更加直观、形象和高效的设计方式

三维辅助设计系统与三维地理信息系统结合起来,采用最新的航空影像和卫星影像恢复三维地面立体模型,并将线路走廊内用户关注的重要交叉跨越和杆塔模型等显示在真实的三维场景内。利用线路走廊及相关交叉跨越的三维可视化展现,可有效辅助路径复杂区段的路径选择工作。利用三维地形地貌信息,可为方案技术经济评价中的拆迁、赔偿等工作提供直观有效的数据支持。

2. 充分发挥 GIS 与专业设计软件各自优势,高效融合

三维地理信息系统采用最新的航空影像和卫星影像恢复三维地面立体模型,影像分辨率高、版本新、信息全、数据新,并能够直观形象地展示设计成果。专业设计软件的专业性强,计算分析功能强大,符合设计人员的操作习惯。三维地理信息系统解决与地理影像相关的工作,输出专业设计软件所能够读取的与地理影像相关的信息,如平断面图、路径图、拆迁图等,并能够读取专业设计软件对上述信息的处理成果,在系统中进行设计成果的三维展示。

3. 实现网络化协同操作

输电线路的路径跨度长，其优化设计工作往往需要多人共同完成。三维辅助设计系统提供了网络化协同操作的机制，不同的用户可以针对同一组设计数据作不同的设计操作，并可以根据相应的权限控制功能，控制设计数据在不同用户之间的共享与加密。同时，三维辅助设计系统采用了良好的版本管理和矛盾处理机制，保证协同工作期间不同工作的员工之间可以相互协调。

4. 更加有效的优化设计方法

三维辅助设计系统具有二维与三维联合设计的功能，用户可以在传统的平断面图上进行设计工作，也可以在二维空间地图上工作，还可以使用三维场景作为设计基础，各种设计方式之间是相互联动的。同时，三维辅助设计系统采用数据库管理方式，将参考数据库、工程数据库、设计数据库在三维空间数据平台下统一协调，通过数据库来控制设计输入数据，从而在很大程度上减少了设计者在工程执行过程中对数据的输入和汇总，极大地降低了人为因素对工程设计成品质量产生影响的可能性。

5. 更加有效的设计过程管理功能

三维辅助设计系统提供了有效的设计过程管理功能。系统利用数据版本机制，使用设计数据库，记录了整个设计过程。由于记录了设计过程，因此整个设计工作具备良好的可追溯性，这对工程质量的提高以及相应的管理工作的简化，都有很大的帮助。

9.2.3.2　输电线路三维 GIS 的辅助设计的工程应用

1. 路径选择和优化

输电线路前期设计的传统作业方式是在 1∶5万或 1∶1万地形图上进行的，由于地图资料陈旧，城市及村庄发展较快，因此图纸上规划与实际情况差距较大，需要现场大量的调绘工作支持，劳动强度大，工作效率较低，需要工期较长，不能很好地进行经济指标统计与分析及直观地进行全方位的方案比选，不能考虑微地形等因素，支持差异化规划设计。利用高清晰卫星影像，结合数字地面模型，可以对线路走廊进行全数字化表达，进行多方案比选，结合多种专题数据，提高路径成立的可行性和准确性，减少林木砍伐、农田占用、房屋拆迁和交叉跨越，有效地降低工程造价，提升电网工程的环境效益和社会效益。

利用 GIS 技术结合层次分析法，可对线路路径方案进行优化及多方案比较，并提供数据支持。影响线路路径的因素很多，主要是技术、经济、施工维护、生态、电气影响等因素，这些因素在实际中大都是相互矛盾的，顾及一个可能会牺牲另一个。目前尚没有一套数学分析方法可以对路径作合理的评价、定量分析。利用层次分析法对输电线路路径进行优化，实现路径方案的对比分析，以便跳出过去手工加经验的设计模式，使线路设计更科学、更合理。

2. 杆塔排位设计优化

输电线路三维 GIS 系统可以利用航空摄影测量数据生成的高精度数字高程模型自动提取断面，生成与杆塔排位软件相适应的平断面数据文件，供软件进行杆塔优化排位。排位后的成果可导入三维地理信息系统进行三维展示，实现设计可视化，提供更加符合工程实际条件的杆塔使用条件信息，为有效确定杆塔经济档距、杆塔序列和方案技术经济指标分析提供相对准确的基础信息。

3. 辅助基础选型

杆塔采用全方位长短腿设计后，塔位处土石方工程量有较大的减小，特别是与不等高基础的配合使用，有效地解决了前期工程中出现的小“簸箕”问题，做到少开或不开基面，达到近乎完美的最佳效果。但是要做到全方位长短腿与不等高基础的完美配合，设计人员往往需要到现场了解情况，摸清地质条件，收集现场资料。只有通过对整条线路杆塔位置的勘察，在后续的内业设计中才能有据可依，才能根据准确的塔基资料、地质资料进行相应基础的设计。但是由于现场情况复杂多变，许多地形不能完整准确地记录下来，铁塔基础设计也会出现偏差。例如在进行初勘定位时，勘测设计人员不可能对每基塔的塔基断面进行测量，而只是挑选其中比较重要的塔位进行测量。这样就会造成结构设计人员无法掌握比较准确的设计资料，在进行基础配置时，只能凭借经验进行估算，势必造成经济指标的浪费。再如在终勘定位时，设计人员测量塔基断面点时，一般只记录地形对角线点位，测量的范围也只能局限在铁塔保护范围内，很多中间控制点、基础侧坡点、地形突变点被忽略了。当在进行内业设计时，这些数据的缺失就有可能造成误差，导致基础加高或铁塔剪腿配置误差、经济指标的浪费，甚至结构的不安全。另外，如果设计人员想小范围移动塔位也是不可能的，必须到现场进行重新测量，大大浪费了人力、物力。

利用高分辨率的影像和高精度的地面模型，在GIS平台上可以真实还原施工现场的地形和地貌，给设计人员直观、清晰的感受。通过平台可以查询塔基任一点的高程，并可对塔基任一断面进行剖切，从而获得设计人员需要的设计资料，进行全方位长短腿和不等高基础的配置，并且通过模拟计算，保证测量数据的准确性，弥补侧坡测量数据的缺失，修正测量时部分控制点的误差。

4. 影像输出

输电线路设计工作外业工作量比较大，便利的高清晰影像能够方便设计人员现场使用。系统能够将输电线路按照路径走向设定缓冲宽度，切割三维影像和二维影像。三维影像可供现场作业，二维影像可作为设计文件的组成部分。

5. 输电线路工程的三维建模

根据各设备的外形、使用条件、电压等级、地形条件分类建立标准模型库。在建模时，将整体分解为各种基本的结构模块，通过对结构模块的空间变化和集成，最终生成复杂的三维模型。在杆塔和绝缘子串三维设计的基础上，结合线路坐标，可以在三维地理信息系统中，按照线路实际设定规则，自动装配杆塔和绝缘子串，动态地生成三维线路。

因此，将三维地理信息系统应用于线路工程中，可以为工程设计提供详细、直观、真实的地形地貌资料和电网现状及设计资料。设计人员充分利用三维地理信息系统辅助设计平台进行高效的动态设计，使设计的产品更符合实际，提高线路的设计水平。三维GIS及其辅助设计功能为建立智能化电网奠定了基础。三维GIS的不断完善，将会更好地为施工、运行、调度、管理等工作服务。

参 考 文 献

[1]潘正风,等. 数字测图原理与方法[M]. 武汉:武汉大学出版社,2002.
[2]陆国盛,等. 测量学[M]. 北京:测绘出版社,1991.
[3]章书寿,华锡生. 工程测量[M]. 北京:水利电力出版社,1994.
[4]李征航,黄劲松. GPS 测量与数据处理[M]. 武汉:武汉大学出版社,2005.
[5]李天文. GPS 原理及应用[M]. 北京:科学出版社,2003.
[6]徐绍铨,等. GPS 测量原理及应用[M]. 武汉:武汉大学出版社,1998.
[7]杨铨曾,等. 控制测量学[M]. 北京:测绘出版社,1986.
[8]张正禄. 工程测量学[M]. 武汉:武汉大学出版社,2002.
[9]孙家抦. 遥感原理与应用[M]. 武汉:武汉大学出版社,2003.
[10]梅新安,等. 遥感导论[M]. 北京:高等教育出版社,2001.
[11]王佩军,徐亚明. 摄影测量学[M]. 武汉:武汉大学出版社,2005.
[12]金为铣,等. 摄影测量学[M]. 武汉:武汉大学出版社,2001.
[13]汤国安,赵牡丹. 地理信息系统[M]. 北京:科学出版社,2000.
[14]王宇,等. 三维地理信息系统及电力应用技术[M]. 西安:西安地图出版社,2010.
[15]GB 50026—2007　工程测量规范[S].
[16]DL/T 5076—2008　220 kV 及以下架空送电线路勘测技术规程[S].
[17]DL/T 5122—2000　500 kV 架空送电线路勘测技术规程[S].
[18]DL 5049—2006　架空送电线路大跨越工程勘测技术规程[S].
[19]GB 50548—2010　330kV ~ 750kV 架空输电线路勘测规范[S].
[20]GB/T 18134—2009　全球定位系统(GPS)测量规范[S].
[21]GB/T 23236—2009　数字航空摄影测量 空中三角测量规范[S].
[22]GB/T 12409—2009　地理格网[S].
[23]高首都. 遥感图像三维可视化在输电线路选线中的应用[D]. 西安:西安科技大学,2007.
[24]杨振军. 三维输电线路地理信息系统的研究与开发[D]. 西安:西安科技大学,2009.
[25]张长书,高首都. 浅析 SRTM 数据研究进展[J]. 测绘科学,2010(10 专刊):27-28.
[26]张长书,张中原,高首都. SRTM 数据实用化试验研究[J]. 测绘科学,2011(4 专刊):97-98.
[27]孙建勇,张中原. 应用 GPS - RTK 技术进行送电线路航测外控的技术探讨[J]. 中国城市经济,2010(5):10.
[28]孙建勇,张中原. GPS - RTK 技术在航测外控中的应用[J]. 华北水利水电学院学报,2010(3):40-41.
[29]孙建勇,张中原. 航测技术的发展及其在架空送电线路中的应用[J]. 河南电力,2010(4):52-54.
[30]孙建勇,张中原. HNCORS 在电力工程测量中的应用[J]. 测绘与空间地理信息,2011(3):121-122.
[31]剧成宇,师艳,孙建勇,等. 基于 GPS 的 InSAR 大气延迟校正方法研究[J]. 大地测量与地球动力学,2012,32(1):141-144.
[32]高首都. 测绘应用系统中权限管理模型研究[J]. 测绘科学,2010(1):156-158.
[33]高首都. 遥感三维可视化技术在输电线路选线中的应用[J]. 地理空间信息,2010(10):19-23.